一本書讀懂
智能家居

海天電商金融研究中心 著

內 容 簡 介

本書是一本全面揭秘智能家居的發展狀況、變革模式、場景構成、智能控制、系統方案、軟體控制的專著，特別是對安防警報產品、控制系統產品、音訊共享產品、智能廚房產品及智能硬體產品等做了詳細的介紹，為傳統家居的跨界、轉型，提供實戰指導。

書中透過 7 大空間設計方案、11 章專題內容精講、40 多個產品介紹、470 多張圖片全程圖解，深度剖析「智能家居」的精華之處，讓您一書在手，即可徹底讀懂智能家居現狀、自動化管理、功能產品、設計方案，從菜鳥成為達人，從新手成為智能家居領域的高手。

本書結構清晰、語言簡潔、圖表豐富，特別適合在智能家居領域創業就業、準備向智能家居行業轉型、擁有相關產品或技術的人群，以及對智能家居產業、先進技術感興趣的人士閱讀。

書　　名　一本書讀懂智能家居
作　　者　海天電商金融研究中心
發 行 人　程顯灝
總 企 劃　盧美娜
編　　輯　譽緻國際美學企業社 ・ 潘儀君、許津琔
美　　編　譽緻國際美學企業社 ・ 羅光宇

藝文空間　三友圖書藝文空間
地　　址　106 台北市大安區安和路二段 213 號 9 樓
電　　話　（02）2377-1163

出 版 者　四塊玉文創有限公司
總 代 理　三友圖書有限公司
地　　址　106 台北市安和路 2 段 213 號 9 樓
電　　話　（02）2377-4155
傳　　真　（02）2377-4355
E-mail　service@sanyau.com.tw
郵政劃撥　05844889 三友圖書有限公司

總 經 銷　大和書報圖書股份有限公司
地　　址　新北市新莊區五工五路 2 號
電　　話　（02）8990-2588
傳　　真　（02）2299-7900

初　版　2016 年 12 月
定　價　新臺幣 320 元
ISBN　978-986-5661-95-3(平裝)

國家圖書館出版品預行編目 (CIP) 資料

一本書讀懂智能家居 / 海天電商金融研究中心作 . -- 初版 . -- 臺北市 : 四塊玉文創 , 2016.12
面；　公分
ISBN 978-986-5661-95-3(平裝)

1. 數位產品 2. 生活科技 3. 產業分析

484.6　　105021755

三友官網

三友 Line@

前言

■寫作驅動

智能家居概念進入中國已經有近十年的時間了，隨著人們對它由陌生變熟悉，由「遠觀」到真正應用到自己家中，已經迅速成為年度熱門話題之一，得到各國和各領域的回應。在未來的 10 ～ 20 年內，「智能家居」將會引領全球各領域產業的發展。

智能家居單品類產品覆蓋了家居生活設施的各個方面，比如空調、電視、床、燈、冰箱、熱水器、微波爐、溫濕度控制器、影像門鈴、安防監控、門窗控制、遠端控制等。智能家居儘管受到人們廣泛的注意，但是到目前為止，還未實現真正的普及。從概念到現實生活，以及最後普及到各家各戶，還需要較長時間的累積和發展。

本書緊扣「智能家居」，系統地分析了整個行業的發展現狀、智能生活場景及構成、自動化家居管理、系統產品的功能、智能家庭設計方案以及微信在智能家居中的應用，以便讓讀者能夠更加確實地理解智能家居的概念和演變，從中提煉有效的資訊。

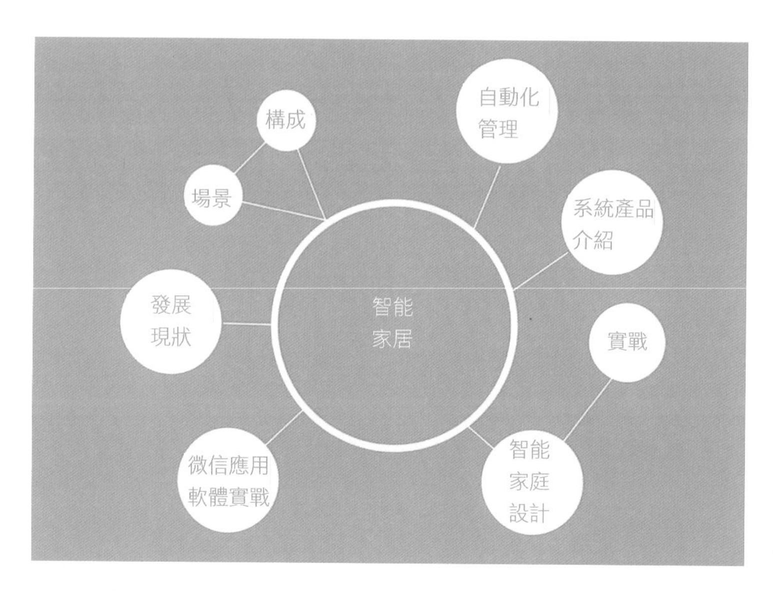

■ 本書特色

（1）詳細具體，提供 11 大專題講解：本書體系完整，詳細介紹「智能家居」的基本知識，同時還詳細分析「智能家居」5 大系統功能下的產品特色及功能，幫助讀者正確認識「智能家居」帶來的契機和挑戰。

（2）一看就懂，470 多張圖片全程圖解：本書全面剖析與「智能家居」相關的產品和知識，配以 470 多個圖解說明，知識點直觀、具象，讓讀者一看就懂。

■ 寫作分工

本書由海天電商金融研究中心編著，同時參加編寫的人員還有賀琴、譚賢、柏松、譚俊傑、徐茜、蘇高、曾傑、張瑤、劉嬪、羅磊、羅林、蔣鵬、田潘、李四華、劉琴、周旭陽、袁淑敏、譚中陽、楊端陽、盧博、徐婷、餘小芳、蔣珍珍、吳金蓉、陳國嘉、曾慧、向彬珊、李龍禹、徐旺等人，在此表示感謝。

由於作者知識水準有限，書中難免有錯誤和疏漏之處，懇請廣大讀者批評、指正。聯繫郵箱：itsir@qq.com。

目錄

第 11 章 微信應用與軟體控制實戰 253

初識：物聯網下的智能家居

第 1 章

智能家居的相關概念

智能家居的主要特徵

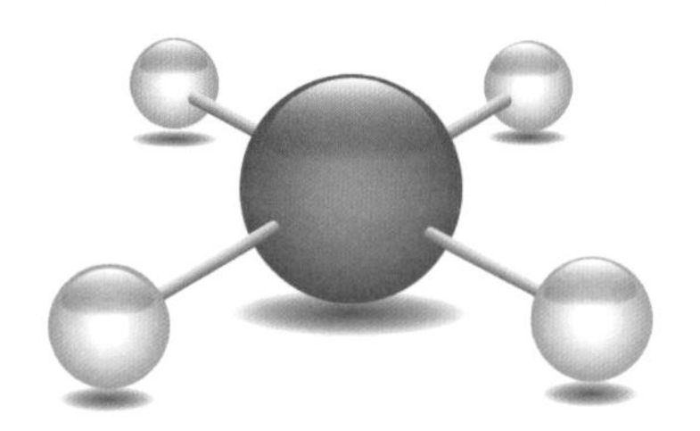

智能家居的影響與變革

智能家居系統的組成

1.1 智能家居的相關概念

近年來，智能家居、智能社區和智能生活已經成了人們口中的熱門話題，它們不僅僅是媒體關注的焦點，也是傳統家居行業、家電行業、房產商、互聯網企業進軍的領域。目前，隨著越來越多的生產廠商介入，智能家居領域的產品和技術得到了越來越成熟的發展，智慧化的家庭生活已經成為現代家庭追求的新目標。本節將為大家介紹與智能家居相關的幾點概念。

1.1.1 智能家居

什麼是智能家居？智能家居就是以家庭住宅為平臺，利用綜合布線技術、安全防範技術、網路通訊技術、自動控制技術、音視頻技術將家居生活有關的設施進行整合後，建構高效智能的住宅設施及家庭日常事務的管理系統，在實現環保節能的基礎上，提升家居生活的安全性、便利性、舒適性以及高效性等，如圖 1-1 所示。

智能家居平臺：

- 綜合布線技術
- 安防技術
- 網路通訊技術
- 自動控制技術
- 音視頻技術

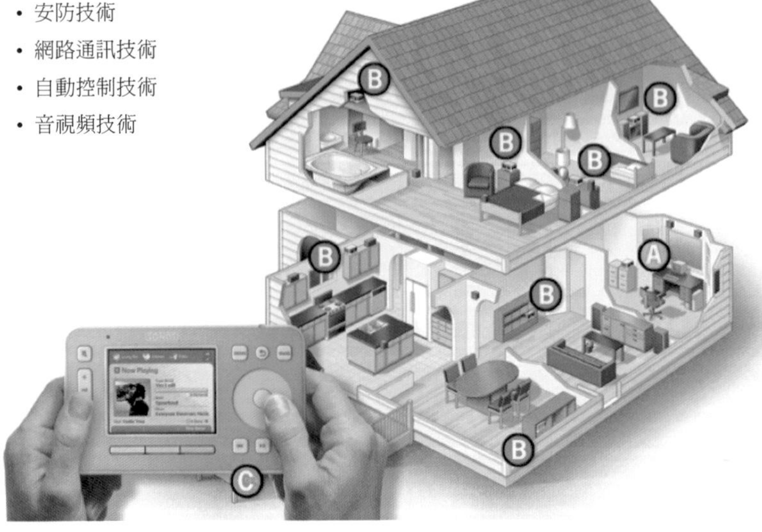

圖 1-1 智能家居

智能家居不是單一智能設備的簡單組合，而是一個整合性的系統體系，它透過物聯網技術，將家裡的燈光、音響、電視、冰箱、空調、洗衣機、電風扇、電動門

窗甚至瓦斯管線等所有光、聲、電設備連在一起，提供視頻監控、智能防盜警報、智能照明、智能電器控制、智能門窗控制、智能影音控制等多種功能和手段，用戶只要透過平板電腦、平板手機、智慧手機和筆記型電腦，即可遠端觀看家裡的監控畫面，還能即時控制家裡的燈光、窗簾、電器等，如圖 1-2 所示。

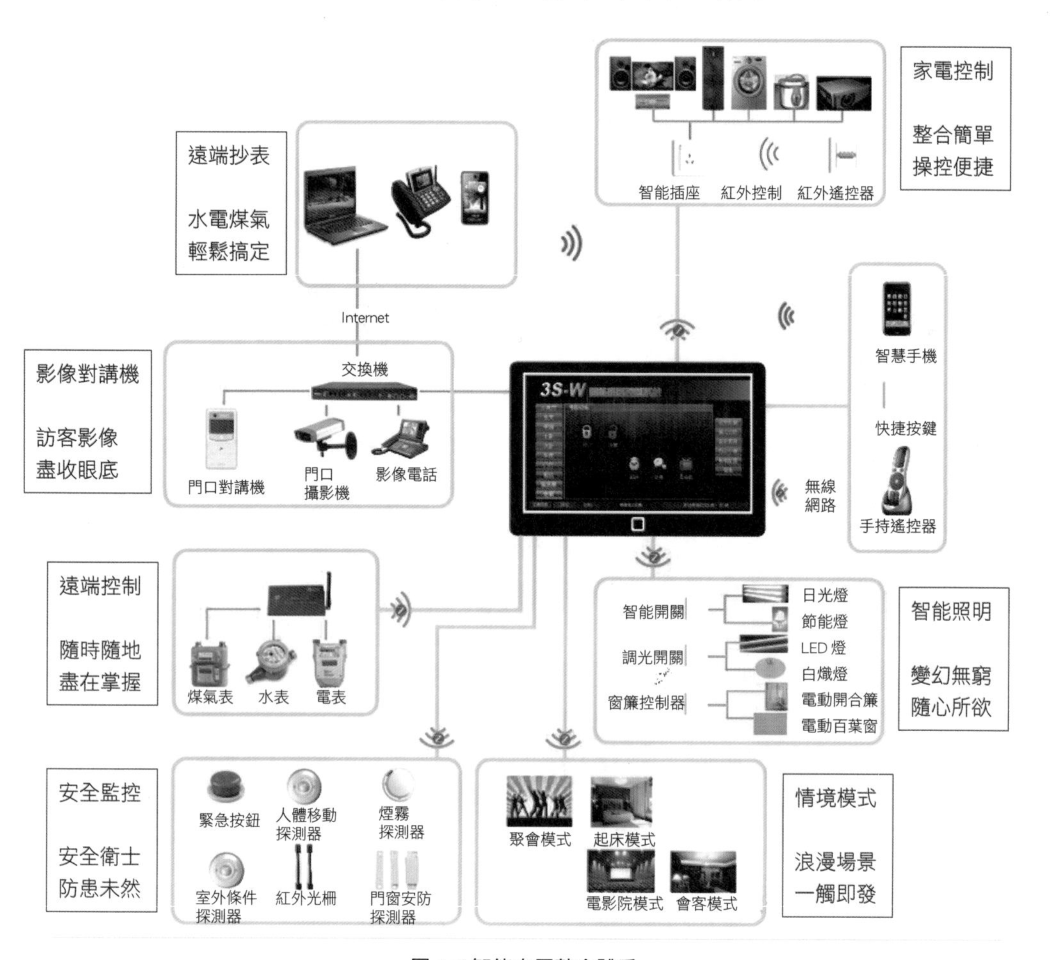

圖 1-2 智能家居整合體系

1.1.2 智能家電

智能家電是一種新型的家用電器產品，如圖 1-3 所示，它是將微處理器、傳感器技術、網路通訊技術引入家電設備後形成的家電產品，具有自動感知功能，能夠感

知住宅空間狀態和家電自身的狀態以及家電服務的狀態，還具備自動控制、自動調節與接收遠端控制資訊的功能。

圖 1-3 智能家電

作為智能家居的組成部分，智能家電並非單一的智能產品，它們還能與住宅內其他的家電、家居設施等互聯互通，形成一個完整的智能家居系統，幫助人們實現智能化的生活，如圖 1-4 所示。

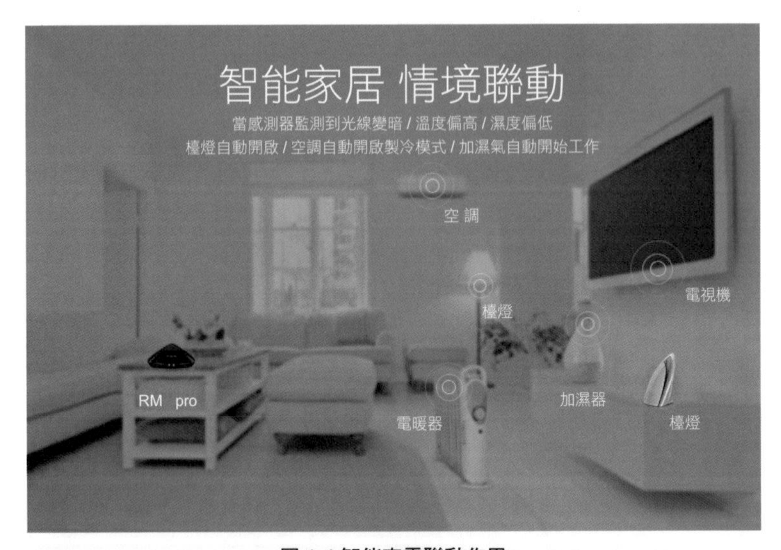

圖 1-4 智能家電聯動作用

與傳統的家用電器相比，智能家電具有如圖 1-5 所示的特點。

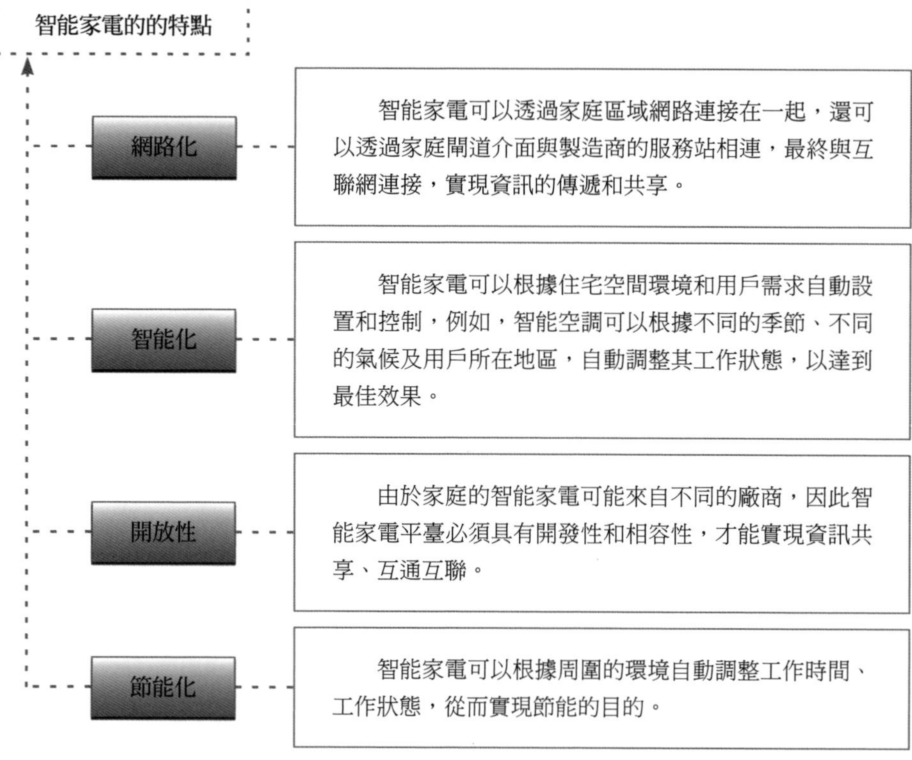

智能家電的的特點
網路化
智能家電可以透過家庭區域網路連接在一起，還可以透過家庭閘道介面與製造商的服務站相連，最終與互聯網連接，實現資訊的傳遞和共享。
智能化
智能家電可以根據住宅空間環境和用戶需求自動設置和控制，例如，智能空調可以根據不同的季節、不同的氣候及用戶所在地區，自動調整其工作狀態，以達到最佳效果。
開放性
由於家庭的智能家電可能來自不同的廠商，因此智能家電平臺必須具有開發性和相容性，才能實現資訊共享、互通互聯。
節能化
智能家電可以根據周圍的環境自動調整工作時間、工作狀態，從而實現節能的目的。

圖 1-5 智能家電的特點

1.1.3 物聯網

物聯網是以感知為目的，利用區域網路或互聯網等通訊技術把感測器、控制器、機器、人和物等透過某種新方式聯繫在一起，實現人與人、人與物、物與物相連，從而建成資訊化、遠端系統管理控制和智能化的網路，如圖 1-6 所示。

圖 1-6 物聯網

互聯網的應用中有三項關鍵技術，如圖 1-7 所示。

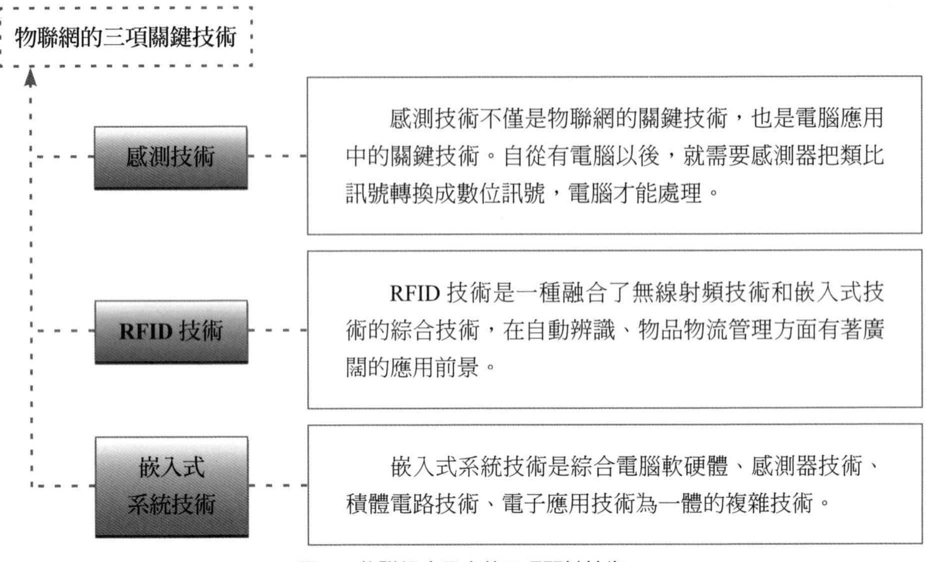

圖 1-7 物聯網應用中的三項關鍵技術

1.1.4 雲端運算

雲端是網路、互聯網的一種比喻說法，它是一種基於互聯網的新型運算方式，運算能力是每秒 10 萬億次，透過這種方式，可以按需求提供共享的軟硬體資源和資訊給電腦和其他設備。雲端可以分為基礎平臺、管理中心、應用中心、安全中心等幾個類型，如圖 1-8 所示。

對於智能家居來說，雲端的所有功能都建立在互聯網和移動互聯網基礎上，典型的雲端供應商會提供通用的網路業務應用，透過其他軟體或 Web 服務來登入，數據都儲存在伺服器上。

智能家居就是一個小型物聯網，它有龐大的硬體群，這個硬體群搜集了龐大的數據和資訊，這些資訊的穩定性和可靠性必須建立在良好的硬體基礎上，這就需要容量足夠大的存放裝置，如果沒有足夠容量的存放裝置，就會造成資訊難以儲存，甚至導致資訊數據大量遺失。因此，雲端運算應運而生，它將龐大的數據集中起來，實現智能家居自動管理。

圖 1-8 雲端運算

雲端運算是商業化的超大規模分散式運算技術，即用戶可以透過既有的網路，將所需要的龐大的計算處理程式自動分拆成無數個較小的副程式，再交由多部服務器所組成的更龐大的系統，經搜尋、運算、分析之後，將處理的結果回傳給用戶，其主要特點，如圖 1-9 所示。

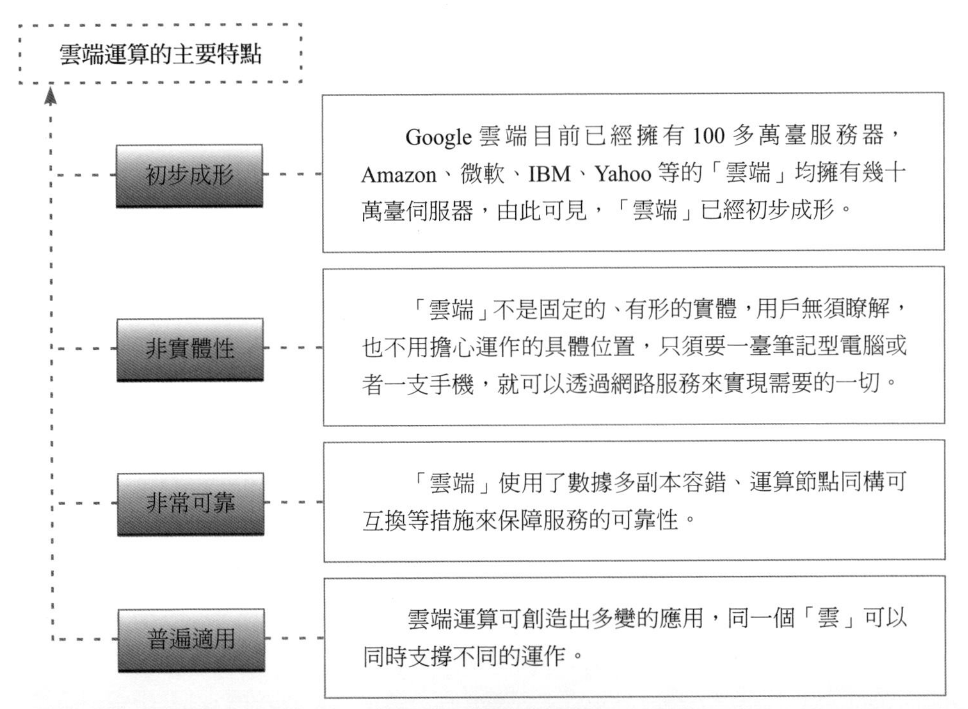

雲端運算的主要特點
初步成形
Google 雲端目前已經擁有 100 多萬臺服務器，Amazon、微軟、IBM、Yahoo 等的「雲端」均擁有幾十萬臺伺服器，由此可見，「雲端」已經初步成形。
非實體性
「雲端」不是固定的、有形的實體，用戶無須瞭解，也不用擔心運作的具體位置，只須要一臺筆記型電腦或者一支手機，就可以透過網路服務來實現需要的一切。
非常可靠
「雲端」使用了數據多副本容錯、運算節點同構可互換等措施來保障服務的可靠性。
普遍適用
雲端運算可創造出多變的應用，同一個「雲」可以同時支撐不同的運作。

圖 1-9 雲端運算的特點

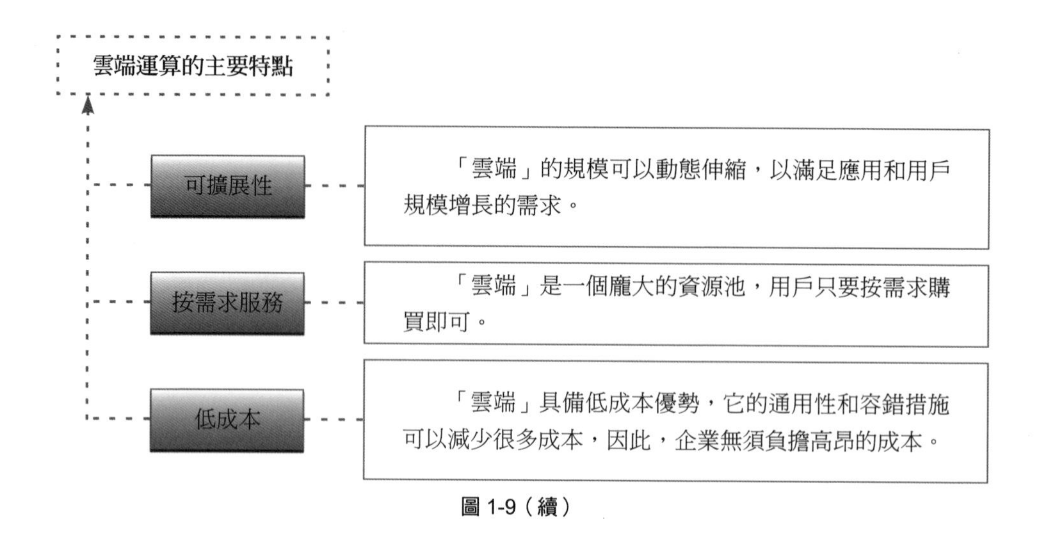

雲端運算的主要特點
可擴展性
「雲端」的規模可以動態伸縮，以滿足應用和用戶規模增長的需求。
按需求服務
「雲端」是一個龐大的資源池，用戶只要按需求購買即可。
低成本
「雲端」具備低成本優勢，它的通用性和容錯措施可以減少很多成本，因此，企業無須負擔高昂的成本。

圖 1-9（續）

1.2 智能家居的主要特徵

為了組成人們舒適、安全、節能、環保的居住環境，智能家居的特徵可以歸納為操作方式多樣化、提供便利的服務、滿足不同的需求、安裝規格一致性和系統穩定可靠。

1.2.1 操作方式多樣化

智能家居的操作方式十分多樣化，可以用智能觸控式螢幕進行操作，也可以用情境遙控器進行操作，還可以用手機或平板電腦進行操作，沒有時間和空間的限制，可以在任何時間、任何地點對任何設備實現智能控制。例如照明控制，只要按幾下按鈕就能調節所有房間的照明，情境功能可實現各種情境模式，全開全關功能可實現所有燈具的一鍵全開和一鍵全關功能等。

1.2.2 提供便利的服務

智能家居系統在設計時，應根據用戶的真實需求，為人們提供與日常生活息息相關的服務，例如燈光控制、家電控制、電動窗簾控制、防盜警報、門禁影像對講機、瓦斯洩漏安全隱患等，同時，還可以拓展諸如三表抄送、視頻點播等的增值服務。

我們知道，智能家居最基本的目標，就是為人們提供一個舒適、安全、方便和高效的生活環境，因此，智能家居產品最重要的是以實用為核心，把那些華而不實的功能去掉，以實用性、易用性和人性化為主。

1.2.3 滿足不同的需求

智能家居系統的功能具備可拓展性，因此能夠滿足不同用戶的需求。例如，最初，用戶的智能家居系統只可以與照明設備或常用的電器設備連接，而隨著智能家居的發展，將來也可以與其他設備連接，以適應新的智能生活需求。為了滿足不同類型、不同等級、不同風格的用戶需求，智能家居系統的控制主機還可以線上升級，控制功能也可以不斷完善，除了實現智能燈光控制、家電控制、安防警報、門窗控制和遠端監控之外，還能拓展出其他的功能，例如餵養寵物、看護老人小孩、花園灌溉等，如圖 1-10 所示。

圖 1-10 智能家居系統可以滿足不同的需求

1.2.4 安裝規格一致性

智能家居系統的智能開關、智能插座與普通電源開關、插座規格一樣，因此，不必破壞牆壁，不必重新布線，也不需要購買新的電器設備，可直接代替原有的牆壁開關和插座，系統完全可與用戶家中現有的電氣設備，如燈具、電話和家電等進行連接。假設新房裝修採用的是雙線智能開關，則需多布一根零線到開關即可。智能家居產品的另一個重要特徵，是普通電工看著簡單的說明書就能組裝完成整套智能家居系統，如圖 1-11 所示。

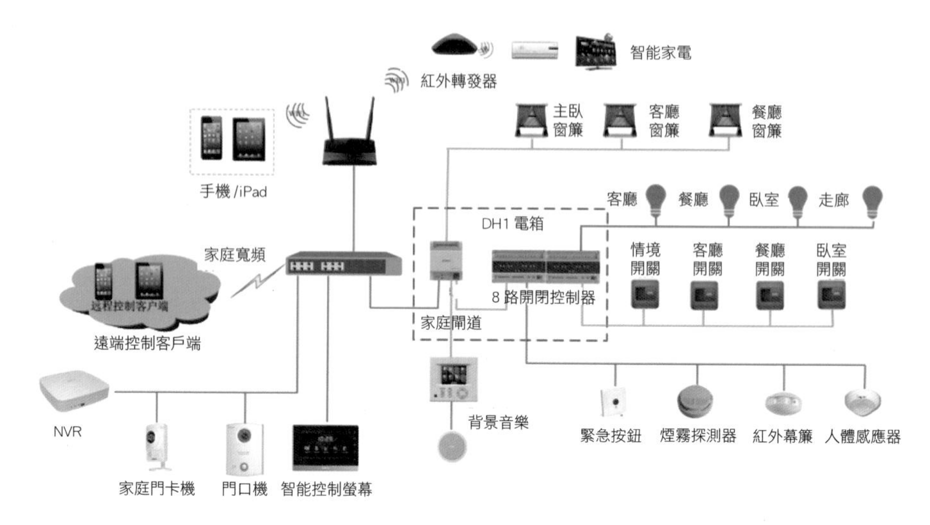

圖 1-11 智能家居安裝簡單

1.2.5　系統穩定且可靠

由於智能家居整個建築的智能化系統都必須保證 24 小時運作，因此，對智能家居系統的安全性、穩定性和可靠性必須給予高度重視，要保證即使在某些互聯網網速較低或不穩定的情況下，依然不影響智能家居系統的主要功能。對各個子系統，從電源、系統備份等方面採取相應的容錯措施，保證系統正常安全使用、性能良好，具備應付各種複雜環境變化的能力。

1.3　智能家居系統的組成

智能家居系統主要由控制主機（又稱智能閘道）、感測器、探測器、遙控器、智能開關、智能插座以及家用網路組成，如圖 1-12 所示。

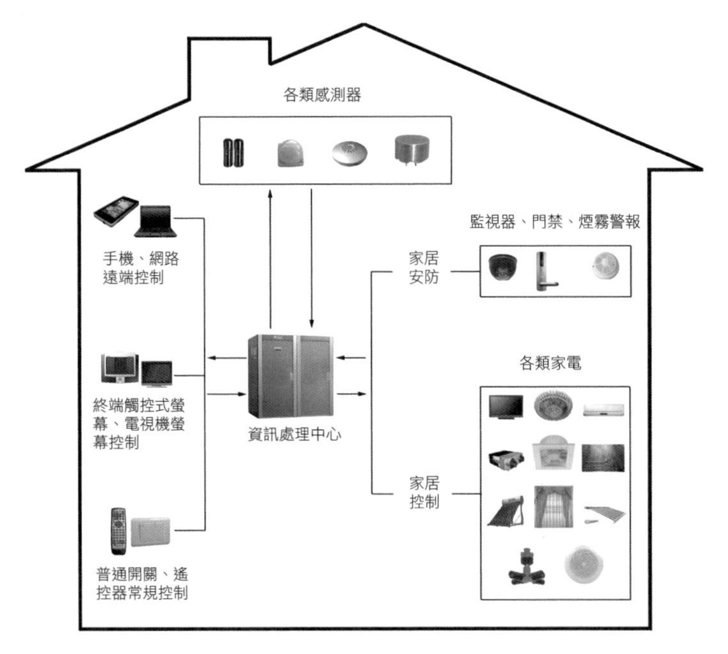

圖 1-12 智能家居系統的組成

1.3.1 控制主機

在智能家居中，控制主機就如同一個翻譯器，對不同的通訊協定、數據格式或語言等資訊進行「翻譯」，然後將分析處理過的資訊進行傳輸，再通過無線網路發出。可以說，控制主機是家用網路與外界網路溝通的橋梁，是智能家居的重要組成部分之一，如圖 1-13 所示。

圖 1-13 智能家居控制主機

除具備傳統的路由器功能外，控制主機還具備無線轉發功能和無線接收功能，即把外部的所有訊號轉化成無線訊號，當人們操作遙控設備或無線開關的時候，控制主機又能將訊號輸出，完成燈光控制、電器控制、情境設置、安防監控、物業管理等一系列操作，或透過室外互聯網、GSM 網（全球移動通訊系統）向遠端用戶手機或電腦發出家裡的安防管理等操作。可以說，控制主機就是智能家居的「指揮部」。

1.3.2 感測器和探測器

感測器和探測器就如同人體的感官，它們將看到、聽到、聞到的資訊轉換為電訊號，傳送到控制主機上。智能家居中主要的感測器和探測器產品有溫濕度一體感測器、可燃氣體感測器、煙霧感測器、人體紅外探測器、玻璃破碎探測器、無線幕簾探測器、無線門磁探測器等，如圖 1-14 所示。

溫濕度一體化感測器

由於溫度和濕度與人們的實際生活有著密切的關係，所以溫濕度一體的感測器就由此產生了，溫濕度感測器是指能將溫度和濕度轉換成容易被測量處理的電訊號的設備或裝置，市場上的溫濕度感測器一般是測量溫度和相對濕度。

可燃氣體感測器

可燃氣體感測器是對單一或多種可燃氣體濃度回應的探測器，目前可燃氣體感測器主要有催化型和半導體型兩種。催化型可燃氣體感測器是利用難熔金屬鉑絲加熱後的電阻變化來測定可燃氣體的濃度，當可燃氣體進入探測器時，在鉑絲表面會引起氧化反應，其產生的熱量使鉑絲溫度升高，使鉑絲的電阻率發生變化，從而測出可燃氣體的濃度；半導體型探測器是利用靈敏的氣敏半導體零件運作，當可燃氣體進入探測器時，半導體電阻下降，下降值與可燃氣體濃度相對應。

煙霧感測器

煙霧感測器就是通過監測煙霧的濃度來實現火災防範，是一種將空氣中的煙霧濃度變數轉換成有一定對應關係的輸出訊號的裝置，煙霧感測器分為光電式煙霧感測器和離子式煙霧感測器兩種。

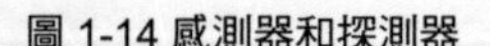
圖 1-14 感測器和探測器

人體紅外探測器

因為人體都有一定的溫度，一般在37℃左右，所以會發出10μm左右波長的紅外線，而人體紅外探測器對波長為10μm左右的紅外輻射非常敏感，它就是靠探測人體發射的10μm左右的紅外線進行運作。

玻璃破碎探測器

玻璃破碎探測器是智能家居的安防探測器之一，它用來探測家裡的窗戶玻璃是否被人破壞，如果有人破壞玻璃而非法入侵室內，則會發出警報訊號。根據運作原理的不同，玻璃破碎探測器可以分為聲控型的單技術玻璃探測器和雙技術玻璃破碎探測器兩類。雙技術玻璃破碎探測器又分為聲控型與震動型組合的雙技術玻璃破碎探測器、同時探測次聲波及玻璃破碎高頻聲響的雙技術玻璃破碎探測器。

無線幕簾探測器

因價格低廉、技術性能穩定等特徵，無線幕簾探測器被廣泛應用到智能家居領域中。無線幕簾探測器是一種被動式紅外探測器，一般安裝在窗戶旁邊或頂部，當有人進入探測的區域時，探測器就會自動探測該區域內的人體活動，如發現動態移動現象，無線幕簾探測器就會向控制主機發送警報訊號。

無線門磁探測器

無線門磁探測器在智能家居的安防領域和門窗控制領域中應用得比較多，它是用來探測門、窗、抽屜等是否被非法打開或移動的裝置，它本身並不能發出警報，只能發送某種編碼的警報訊號給控制主機，當控制主機接收到警報訊號後，會將訊號傳遞給警報器，警報器會發出警報聲音。

圖1-14（續）

1.3.3 智能面板與插座

智能面板和智能插座，是在物聯網概念下，伴隨智能家居概念而生的產品。

1. 智能面板

目前市面上比較流行的智能面板有智能燈光面板、智能窗簾面板兩種，如圖1-15、1-16所示。

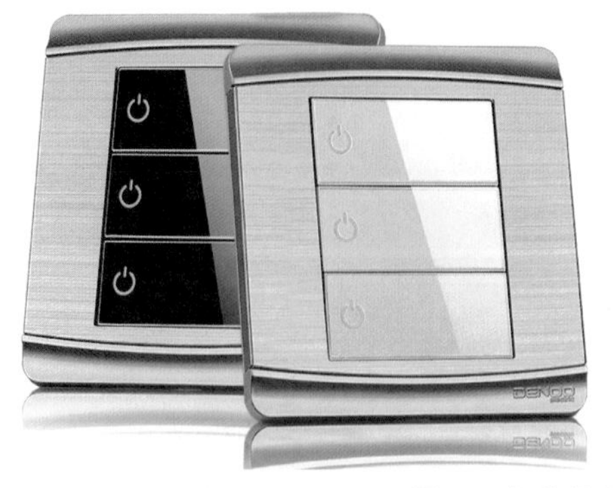

圖 1-15 智能燈光面板

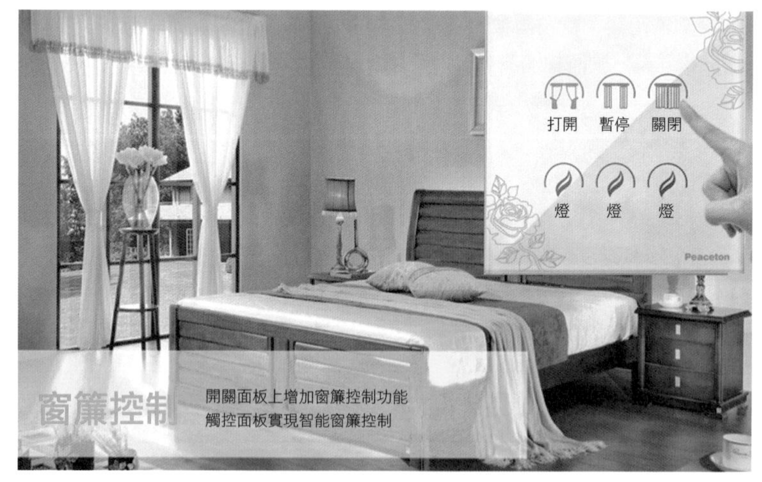

圖 1-16 智能窗簾面板

智能燈光面板分為智能燈光開關面板和調光面板，主要作用是實現智能燈光的開關控制和亮度調節，用戶只要用手輕輕觸碰面板，就能控制燈具的開、關。

2. 智能插座

在智能家居中，智能插座可透過電腦、手機或遙控器實現對電器通電及斷電的控制。例如，透過智能手機的用戶端來進行功能操作的智能插座，如圖 1-17 所示，其最基本的功能是透過手機用戶端遙控插座通斷電流，當電器不運作時，可關閉智能插座的供電回路，這樣既安全又省電。智能插座還能設定定時開關家用電器的電源，達到便捷、節能、防止用電火災的作用，如圖 1-18 所示。

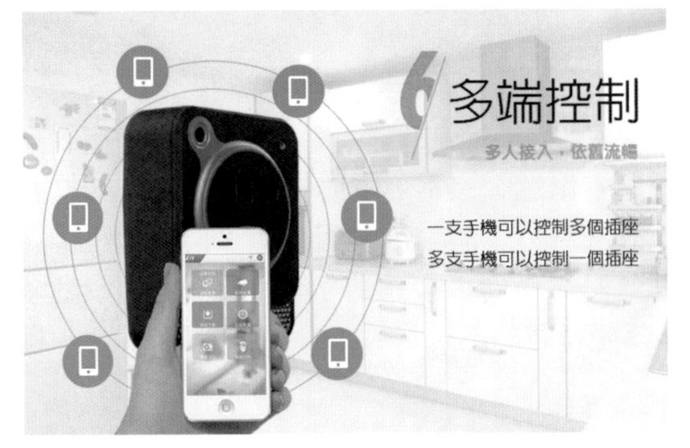

圖 1-17 透過智能手機用戶端控制的智能插座

圖 1-18 智能插座的定時開關功能

1.3.4 無線遙控器

無線遙控器是一種用來遠端控制機器的裝置，如圖 1-19 所示。市面上常見的有兩種：一種是家電常用的紅外線遙控模式，另一種是防盜警報設備、門窗遙控、汽車遙控等常用的無線電遙控模式。在智能家居中，無線遙控器除了一個按鍵控制一種功能外，還能一鍵控制多個功能組合，實現各種組合情境模式。

圖 1-19 無線遙控器

1.3.5 家用網路

家用網路是融合家庭控制網路和多媒體資訊網路於一體的家庭資訊化平臺，是在家庭範圍內，將電腦、電話、家電、安防控制系統、照明控制和廣域網路相連，實現資訊設備、通訊設備、娛樂設備、家用電器、自動化設備、照明設備、監控裝置及四表合一的水電氣熱表設備（水、電、氣、熱表）、家庭求助警報等設備互連互通，共享數據和多媒體資訊的系統。

1.4 智能家居的影響與變革

科技的進步，讓人們過上了美好舒適的生活，智能家居作為一個新興產業，其高科技技術讓人們對家居生活有了更多的期待，在萬物互聯的大環境下，智能家居所打造的未來體系將會給人們的生活帶來什麼樣的影響？物聯網對傳統家居又會造成什麼樣的影響？在智能家居興起後，傳統家居和智能家居之間又有哪些區別？

1.4.1 物聯網對傳統家居的影響

物聯網是什麼？物聯網即「萬物皆可相連」，它突破了互聯網只能透過電腦交流的局限，也超越了互聯網只負責聯通人與人之間的功能，它建立了「人與物」之間的智能系統，如圖 1-20 所示。

圖 1-20 物聯網

在智能家居中，物聯網的目標是透過射頻辨識（RFID）、紅外線感應、探測系統、智能插座和開關、無線遙控器等設備，按預先的設定，透過網路把家居中的燈光控制設備、音訊設備、智能家電設備、安防警報設備、視頻監控設備等任何設備與互聯網連接起來，進行資訊交換和通訊，從而實現智能化辨識、監控和管理，如圖 1-21 所示。

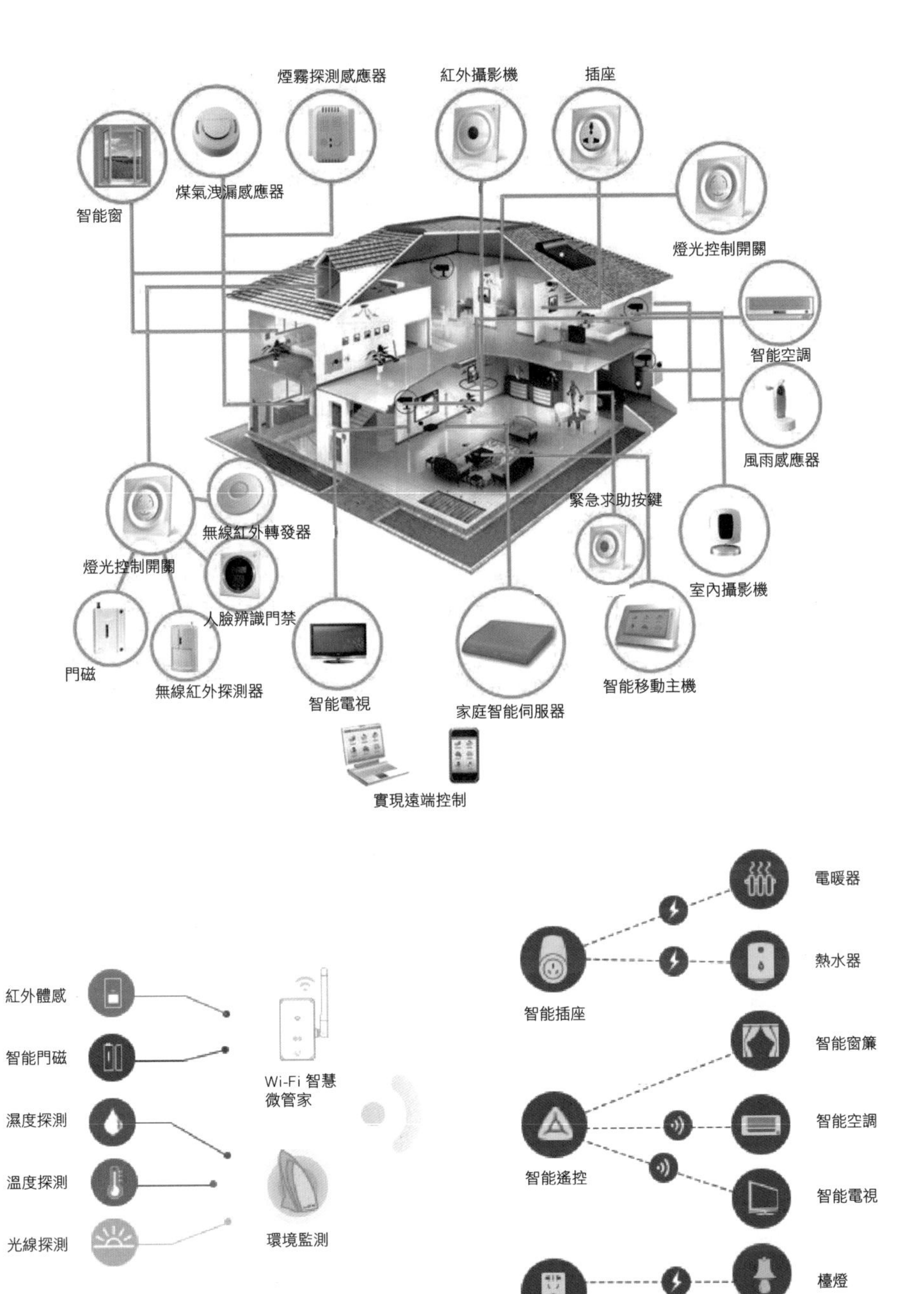
煙霧探測感應器
紅外攝影機
插座
智能窗
煤氣洩漏感應器
燈光控制開關
智能空調
風雨感應器
緊急求助按鍵
室內攝影機
無線紅外轉發器
燈光控制開關
人臉辨識門禁
門磁
無線紅外探測器
智能電視
家庭智能伺服器
智能移動主機
實現遠端控制
電暖器
熱水器
智能插座
智能窗簾
智能空調
智能遙控
智能電視
檯燈
智能插座
加濕器
紅外體感
智能門磁
濕度探測
溫度探測
光線探測
Wi-Fi 智慧
微管家
環境監測

圖 1-21 智能家居物聯網

物聯網技術為傳統家居帶來了全新的產業機會。傳統家居行業發展了很多年，但由於其技術落後、創新乏力、觀點陳舊等原因，造成了中國傳統家居行業的發展一直停滯不前。物聯網的出現，為這些企業帶來了生機，一些優秀的傳統企業紛紛涉足物聯網智能家居行業。

物聯網的應用領域已經十分廣泛，例如現代商品上的條碼、車用的 GPS 衛星定位系統；又如，現在查詢郵件快遞轉到何地，只要透過射頻技術，以及在傳遞物體上植入晶片等技術手段，取得物品的具體資訊即可。

對於傳統家居行業來說，物聯網的價值不僅僅在於「物」，而應該是「感測器互聯網」，即感測器作為物聯網的根，向作為主幹的互聯網收集和提供各種數據資訊，這些數據資訊能夠為傳統家居領域的領導者提供從前商業上不可見的深入洞察資訊，以及在組織中提升人的重要作用，並提供在「工業互聯網」時代製造業所能夠利用的發展優勢。

1.4.2 傳統家居與智能家居的區別

物聯網智能家居的目標是發展綠色全無線技術，包括感知、通訊等，不僅功耗低，而且連接穩定可靠、通訊安全、能自我修復、操作簡單、擴展能力強。而傳統家居採用的都是有線的方式，不僅需要專業人員施工、專門公司維護，而且施工週期長，施工費用高，專案建成後，系統的維護維修較難、擴展能力低，也根本無法更新升級，讓消費者苦不堪言。

智能家居用戶能夠利用智慧手機或平板等移動終端，來遠端控制家中的各類設備，實現聯動控制、情境控制、定時控制等功能，如圖 1-22 所示。例如，一個遙控器就能控制家中所有的電器，可以讓家裡自動煮飯，自動打開空調、熱水器，每天晚上，所有的窗簾都能依定時自動關閉。

而傳統家居依然是一對一的分散式機械開關方式，智能家居和家庭自動化為人們的生活帶來了更多的便利，為人們營造了舒適、高效、安全的家居環境，使家庭生活上升到系統管理的高度。

不僅如此，隨著物聯網、雲端運算、無線通訊等技術的發展和應用，智能家居將會更加注重感知、探測和回饋能力，不僅能根據用戶的年齡階層、興趣愛好、生活習慣以及住宅環境等基本資訊，有針對性地呈現各類智能化功能，還能透過人機對話模式，提供更多的人性化服務。

圖 1-22 用智慧手機即可實現各種功能

1.4.3 傳統家電變革的優勢

在智能家居大爆發的時代，很多企業紛紛拋出橄欖枝，想在智能家居領域分一杯羹，這些企業包括大型互聯網企業、傳統家電企業、安防公寓對講企業、物聯網創業企業等。在眾多向智能家居領域轉型變革的企業中，傳統家電企業佔據著一定的優勢，如圖 1-23 所示。

產品優勢

傳統家電企業在產品上的優勢主要展現在企業擁有產品本身的設計、技術、生產、製造和行銷管道，其產品不論是從外觀設計、零件製造還是零件組裝技術各方面都具有優良的品質保證；同時，傳統家電企業還具備完整的產品策略和完整的產業鏈，可以將智能家電策略實施到一些小家電產品上，並且借助電腦、物聯網、大數據技術對單個產品進行整合，實現產品之間的聯動效果。無論是產品外觀設計、零件製造組裝，還是產品策略和產品產業鏈，都是非家電企業、互聯網企業等其他企業所不能企及的。

管道優勢

不像互聯網企業主要透過線上管道進行銷售，傳統家電企業主要以線下銷售為主，傳統家電的線下銷售管道讓其擁有了更多、更廣的用戶體驗群，同時，未來在發展智能家電的戰略合作上，可以充分發揮其線下為消費者提供諮詢、送貨、安裝、檢驗、維修、測試的優勢，把售後服務發揮到極致，與互聯網企業實現 O2O 的線上線下互動銷售、宣傳模式。

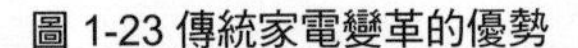
圖 1-23 傳統家電變革的優勢

升級優勢

「互聯網＋」戰略思想已經深入傳統行業中，傳統家電業也自然具備了互聯網精神，有些企業也漸漸具備了發展互聯網經營的能力，但是，傳統製造業的基礎和能力，卻不是每一個互聯網企業、電子商務企業都擁有的，所以這也算傳統家電在轉型升級互聯網道路上的一大優勢。

傳統家電的產品技術和產業基礎都相對完善，同時，傳統家電都在積極地與互聯網公司進行戰略合作，將線下的內容、服務、技術以及產品的開發能力與線上的行銷進行結合。

協同優勢

傳統家電擁有良好的產業圈，產業圈中最大的利器是產品，有了產品才能吸引用戶群。傳統家電可以憑藉這個優勢打通橫向的產業鏈，將傳統家電產品向互聯網方向延伸，以核心技術為基礎，最大限度地整合企業內外的資源，與互聯網企業協同發展，共同打造智能化時代。同時，還可以向智能社區、智能建築、智能城市等方向延伸產業鏈，以本身具備的產業圈基礎、產品技術，協同其他的智能戰略路線，打造出獨一無二的智能家居產業生態圈。

數據優勢

無論是傳統企業還是互聯網企業，最重要的還是消費群體。這裡的數據優勢指的是傳統家電在建構品牌優勢的同時，還累積了大量用戶的基本資訊以及用戶的生活數據。將這些數據建成數據庫，形成一個整體的數據分析系統，一方面能夠根據用戶的基本資訊製造滿足大眾需求的客製化產品；另一方面，當傳統家電想要進行轉型升級的時候，這些基本資訊和生活數據能夠幫助傳統家電企業進行產業鏈的延伸，並採擷出新的行銷模式，來更好地滿足大眾需求。

圖 1-23（續）

第 2 章

落地：智能家居生活構成與情境

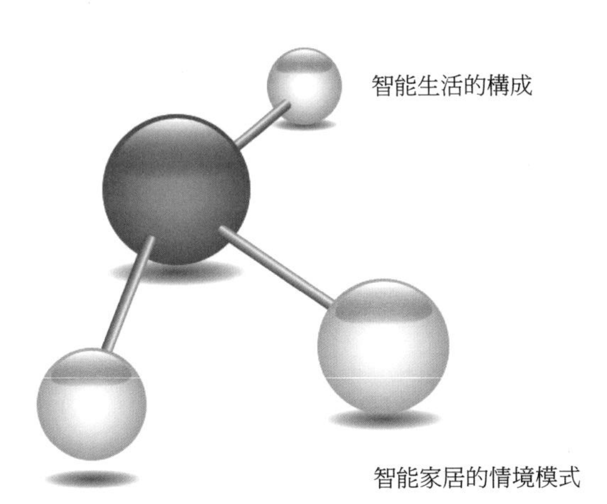

2.1 智能生活的構成

在萬物互聯的大環境下，建構智能化、人性化的智能家庭已經不是大問題，多年前關於未來智能家庭生活的美好構圖正在逐步成為現實。如今，智能生活已經成為基於互聯網平臺打造的一種全新生活方式。它藉由雲端運算技術，以分發雲端服務為基礎，在融合家庭情境功能、採擷增值服務的指導思想下，採用主流的互聯網通訊管道，配合豐富的智能家居終端，帶來新的生活方式。本節將為讀者介紹構成智能生活的幾個要素。

2.1.1 娛樂生活的創新—體感遊戲

科技的進步使人們的生活節奏日益加快。在快節奏的生活中，人們的身體和精神極易感到疲勞，尤其是在精神上。當社會給予的約束壓力難以釋放時，很多人都會選擇虛擬世界，透過遊戲釋壓。

而隨著虛擬實境等技術的發展，如果你的遊戲還僅限於 PC 端的網路遊戲或手機端的移動遊戲，那麼你就落伍了。傳統的互聯網遊戲存在諸多的弊端，尤其是對玩家的心理和生理造成的不良影響是眾人皆知的。那麼在物聯網時代的智能生活中，又會為家庭娛樂帶來哪些創新呢？

隨著移動終端功能的逐步完善，再加上與其他智能硬體的結合，體感遊戲正在逐步進入平常人的生活，成為家庭娛樂的重要組成部分。「體感遊戲」顧名思義，就是用身體去感應的電子遊戲。體感遊戲突破以往單純以手柄按鍵輸入的操作方式，是一種透過肢體動作變化來進行操作的新型電子遊戲，如圖 2-1 所示。

圖 2-1 體感遊戲

現在只要用自己的移動終端透過無線網路或藍牙連接，就可以直接進行遊戲控制。透過虛擬實境技術，就可以體驗到雄鷹翱翔於天際的獨特視角，或是置身於球場與 NBA 明星打一場籃球賽，或是足不出戶體驗異域風情。

一款名為「AIWI 體感遊戲」的手機應用就是這方面的代表。AIWI 體感軟體可以將智慧手機化身為體感遊戲手柄的專業軟體。智慧手機及電腦端安裝 AIWI 軟體後，透過無線連接，馬上就可以直接操作和控制電腦，並且開心地遊玩 AIWI 體感遊戲平臺上的遊戲，遊戲平臺也提供多款自製遊戲下載，如圖 2-2 所示。

圖 2-2 AIWI 體感遊戲

體感遊戲就是建立在移動物聯網基礎之上的一種家庭娛樂遊戲模式，它將手機、平板或專屬的遊戲手柄作為遊戲控制設備，透過 WiFi 或個人熱點與遊戲顯示終端（如智能電視、筆記型電腦）進行連接，從而實現對遊戲的控制，帶來不同的遊戲體驗。

2.1.2 家庭生活的關愛—貼心視訊

生活節奏的加快，使年輕人疲於工作，忽略了身邊的家庭，甚至是不遠千里背井離鄉去工作，越來越多的老年人處於「空巢」或「獨居」狀態，缺乏關愛和照料。

隨著視訊通話等技術的發展，上述狀況得到了改善，透過電話，不僅可以聽到聲音，還看得到家人，如圖 2-3 所示。即使一言不發，默默透過視訊看著兒女工作，父母也會得到滿足。隨著移動物聯網的發展，也許未來透過智能移動終端和家裡的智能硬體，就可以像陪伴在親人身邊一樣，給家人貼身的關懷。

圖 2-3 透過視訊關愛家人

例如，中國的互聯網公司樂視網，很早就開始嘗試利用移動物聯網實現產品之間的連接。在傳統的樂視大螢幕電視的基礎之上，樂視又開始在智能硬體領域布局，其中，親子智能硬體產品「樂小寶」無疑是樂視進軍移動物聯網領域最大的亮點，如圖 2-4 所示。

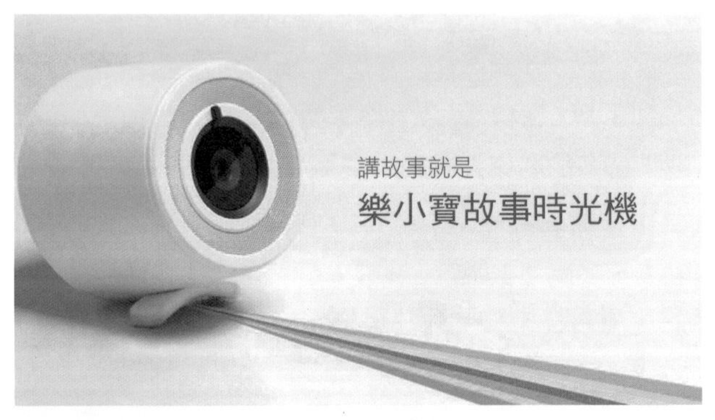

圖 2-4 樂小寶

樂小寶內建麥克風，並且在手機端開發了相應的對講功能。父母可以用手機與孩子進行語音對講，孩子按住樂小寶上的語音鍵，就能與父母對講溝通。透過手機APP和內建低亮度投影機，可幫助用戶對孩子講故事，如圖2-5所示。藉由樂視網親子頻道的豐富內容，為用戶提供涵蓋教育、冒險、童話和寵物等方面的16萬個兒童影片，時間長達240萬分鐘。

沒時間陪孩子
和孩子無話可說
越來越沒存在感

樂小寶讓你輕鬆地對孩子講故事
看字幕讀3分鐘，就是一個童話故事，
投影在孩子臥室的天花板上

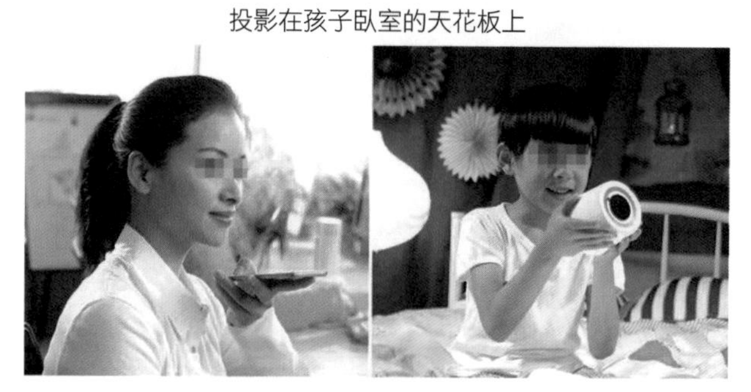

圖2-5 透過手機APP講故事

另外，樂小寶還可以根據樂視提供的故事範本，將用戶事先錄製好的講故事的影像傳送給自己的寶寶，就好像是一個故事版的卡拉OK。

親子領域的智能硬體能為父母和兒童間的互動提供更優質的服務，讓兩者之間的溝通更加有趣。智能硬體的作用應該是幫助父母促進孩子生理、心理的發育和各方面的健康成長，增進父母和孩子的情感聯繫，這些都是移動物聯網開發者需要考量的內容。

2.1.3 環境污染的改善—空氣淨化

「霧霾」已成為中國最廣泛關注的大事件之一，糟糕的環境嚴重地影響著我們的身體健康，長時間暴露在有污染的室內環境中，對我們的身體有百害而無一利。大環境我們一時難以改變，但是自己的家，是擁有完全控制權的，透過智能生活產品，可以改善自己的「一畝三分地」。

空氣中有許多污染物是很難透過肉眼感知，卻可以依靠智能設備監測室內環境，不僅可以鎖定污染物的來源，還能有效地改善空氣品質，透過對濕度、溫度、二氧化碳、氧氣濃度的智能調節，讓我們一直處在最適宜的居家環境中。

相關監測數據顯示，2014 年 10 月上旬，空氣淨化器線上市場的銷售額增長了 123.3%。未來，中國空氣淨化器銷量將保持 30% ～ 35% 的高速增長。這些數據一方面使我們對周邊的空氣環境產生一種危機感，另一方面，也直接說明了空氣淨化器在未來的重要性。

智能空氣淨化器的投資案例接連不斷，除了小米涉足空氣淨化器領域，互聯網企業在移動物聯網模式下的創新也從未停止過。例如，墨蹟天氣這家天氣應用公司推出了一款叫作「空氣果」的智能硬體，可以說，這就是一款可以測量天氣和空氣數據的小型個人氣象站，如圖 2-6 所示。

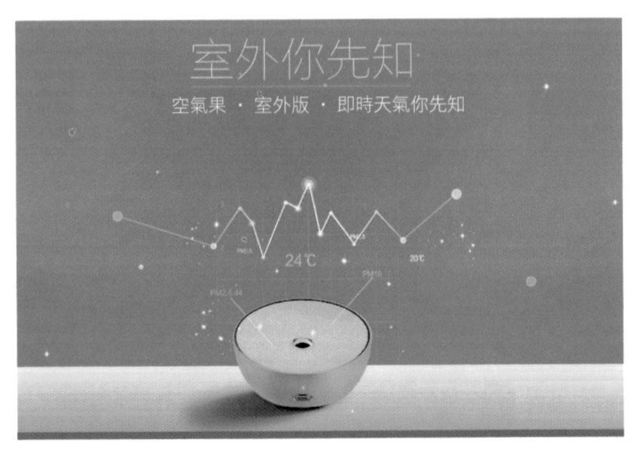

圖 2-6 墨蹟天氣的「空氣果」

透過與墨蹟天氣 APP 相連後，用戶可以在手機上一鍵監測空氣果所在室內的健康級別，獲得溫度、濕度、二氧化碳（CO_2）濃度、PM2.5 濃度等值。透過把空氣果的數據與墨蹟天氣的室外數據進行比對，得出健康級別，如圖 2-7 所示。

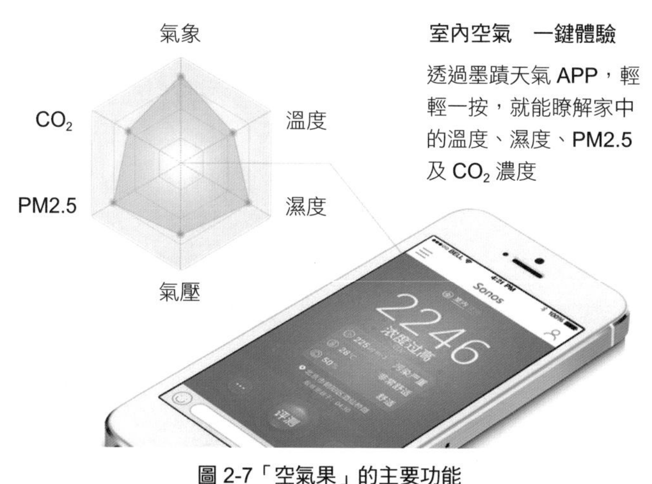

圖 2-7「空氣果」的主要功能

「空氣果」具備一般移動物聯網產品的連接功能，可以透過 WiFi 與手機的墨跡天氣 APP 進行連接，隨時瞭解室內環境的健康級別，即使出門在外，也能隨時隨地瞭解和掌握家人所處的空氣環境品質。

在移動物聯網這樣的大環境背景下，智能化的空氣淨化器正在成為剛需（剛性需求，現在必須解決的需求。）產品，並有機會成為智能生活的突破口。當然，空氣檢測與淨化還需要透過大數據形成從環境監測、數據收集到空氣淨化的良性循環，並以合理的價格讓廣大消費者接受。

2.1.4 家庭服務的體驗—智能廚具

隨著家用智能用品技術的發展，智能家庭服務不再是幻想，尤其是在移動物聯網的大環境下，智能家庭服務設備已變得越來越靈活。

常下廚的人會有如此的經驗：若一道料理需要花費很長時間慢火熬製，那麼，等待的時候並不輕鬆。你要時不時放下剛剛玩了一會的遊戲、看了半集的連續劇，跑進廚房查看。智能家居的物聯網理念，就是要讓人們的生活更方便。於是，智能廚具解決了用戶的「痛點」。

電子鍋經歷了最初僅靠一個按鍵控制對米進行加熱，到第二階段增加了 LED 顯示幕，可以顯示溫度等功能，再到第三代的電子鍋可以燉湯、煮粥，到如今的智能電子鍋可以全方位對米進行加熱，保障米飯的營養不流失、米質均一、口感統一。可以說，智能電子鍋已經打破了低端的魔咒，開始走向智能化。

隨著科技的發展，電子鍋的設計也愈加人性化。例如，市場上有的智能電子鍋設計就增加了嬰兒粥的功能，不僅可以烹飪出適合嬰兒食用的粥，還附帶語音功能。而在物聯網迅速發展的今天，電子鍋將更加智慧，可以直接連接手機 APP，透過手機控制電子鍋，在回家之前開啟電子鍋，回到家便能享受到美味、熱氣騰騰的米飯了，如圖 2-8 所示。

圖 2-8 從手機 APP 控制電子鍋

隨著移動物聯網思維的不斷深入，使用普通手機對家用電器進行遠端全自動智能控制系統的智能產品，將不斷出現。未來的移動物聯網智能生活靠的就是這一點一滴的智能創新。

2.1.5 智能生活的健康─運動設備

可穿戴設備不但是人體功能的延伸，同時也是智能生活的起步產品，大多設備都瞄準了個人健康管理、智能運動領域。例如，跑步計步、紫外線檢測、心率檢測，越來越多的設備，也開始向智能運動領域發展。

2014 年，人們似乎開始覺醒，從微信朋友圈天天曬步行和跑步的距離，到互聯網廠商紛紛推出記錄人們運動的軟硬體，這個市場似乎一夜之間流行了起來。在互聯網造就了「宅生活」之後，是時候利用移動物聯網技術還給用戶一些運動的生活了。

伴隨中國戶外運動人群規模的增加，結合體感技術、為運動量身訂做的智能硬體得到了越來越多的關注。專注於「大運動」概念的廠商現在也正陸續推出新產品來適應這一變化的到來，比如，雲狐時代推出「酷跑 APP+ 酷跑運動手錶」以及「酷玩相機 APP+ 酷玩相機」，現在研發的無人機也初步成形。

生命在於運動，然而，運動的意義很大程度上是透過競技來表現的，尤其是像羽毛球這種技術複雜程度高、民眾參與度大的運動。很多人都在追求羽毛球技術的提高，然而，一把普通的球拍能夠帶給你的幫助卻不大。

如果你熱愛打羽毛球，那麼一定不能錯過酷浪小羽智能羽毛球追蹤器。2014 年 10 月開始，「酷浪小羽」開始在羽毛球愛好者中悄悄流傳，這款產品在淘寶眾籌（群眾募資）上市十天不到就完成了眾籌（群眾募資）目標，表現不俗，如圖 2-9 所示。

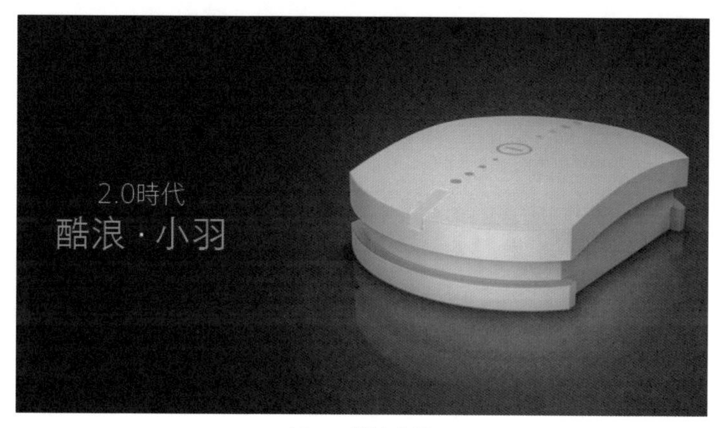

圖 2-9 酷浪小羽

酷浪團隊專為羽毛球運動愛好者開發了酷浪小羽 2.0 羽毛球追蹤器，只須將不到 6g的硬體貼在拍柄末端，按下開關即可。在你打球的過程中，小羽便會將數據透過藍牙即時無線傳輸至移動端 APP，一切統計分析都在後臺和雲端完成，如圖 2-10 所示。

從外觀上來看，酷浪小羽輕巧、時尚，跟球拍連接在一起也非常自然、美觀，顯然設計師下了不少功夫。

圖 2-10 對用戶的運動進行深入剖析

「酷浪小羽」透過在手機中安裝相對應的 APP，能夠智能辨識空揮、挑球、扣殺和搓球等精細動作，同時，還能即時記錄揮拍力度、弧度和速度等相關資訊，並形成直觀的統計圖表，使用戶的羽毛球運動過程能夠得到深入剖析，並能夠得到有針對性的改善。

另外「酷浪小羽」最大的亮點是能夠對挑球和扣殺這類精細運動進行辨識和記錄，這是大部分運動產品無法做到的，而其他運動產品能夠記錄的卡路里消耗、運動時間長度等，這些對酷浪小羽來說更是不在話下。

2.1.6 智能能源的管理—智能插座

以上描述的諸多情境都需要接入雲端，24 小時保持連網，你會心存疑慮：這樣下來，電費是否吃得消。作為智能生活，在能源的控制方面不僅要做到智能，還要省錢。所以，移動物聯網要能夠根據情況自動切斷待機電器的電源，既不打擾正常生活，又能做到節能。

許多人出門都有偶爾忘記關燈、關空調等情況，借助能源管理技術，家中的智能空調、智能 LED 燈等智能家居設備將能夠同步運作。在我們離家時，家裡的智能設備將可以自動斷電。

2014 年 10 月 10 日小米發布了小米智能插座，小米智能插座最大的亮點，就是可以透過手機 APP 遠端控制家電開關，回家的路上就能讓空氣加濕器、電熱水壺等

提前工作，到家時會倍感溫馨。當然，如果你出門以後發現家裡的電器沒有關，也可以透過遠端控制插座來斷電，如圖 2-11 所示。

簡單易用的獨立應用

小米智能插座可用手機 APP 來實現對它的操控，它不僅擁有簡潔的介面，同時它的設置也更簡單，你可以像設置鬧鐘一樣簡單幾步即可實現對電器的定時開關

圖 2-11 手機遠端控制小米智能插座

小米智能插座功能一

成套家電定時關閉，省電又省錢，更能完美匹配需要定時開啟的小家電，讓用戶的煮蛋器、咖啡機、麵包機每日清晨備好早餐，再也不用擔心害怕上班遲到而傷自己的胃了。

小米智能插座功能二

配合小米路由器，當你回家手機連上 WiFi 時，小米智能插座即可自動開啟，離家後自動關閉，無須掛念家裡的電器是否斷電。

小米智能插座功能三

配合小蟻智能攝影鏡頭（參考 P.102）的動作辨識探測功能，當監控畫面有較大變化時，小米智能插座可實現聯動開關。

圖 2-12 小米智能插座的其他功能

智能設備給人們的生活帶來了很多便利，科技的發展使生活變得更加有趣味。智能插座的出現，讓人們再也不用擔心家裡的設備電源忘記關閉而會帶來危險，你可以自由控制電源的開關，盡可能杜絕了意外的發生。

2.2 智能家居的情境模式

從上面的內容我們可以看出，智能家居生活中已經有了非常多的智能產品。它們既是作為人們智能生活構成的一部分，也是完整的智能家居系統中的一部分。在一個完整的智能家居系統中，將各種功能進行聯動，還能夠實現多種智能生活場景。

2.2.1 起床模式

清晨睜開眼，音樂聲緩緩響起，伴隨著〈聽媽媽的話〉的優美歡快的旋律，逐漸喚醒沉睡的細胞，窗臺的窗簾自動拉開，一縷溫暖的陽光灑到身上，美好的一天就這樣開啟了，如圖 2-13 所示。

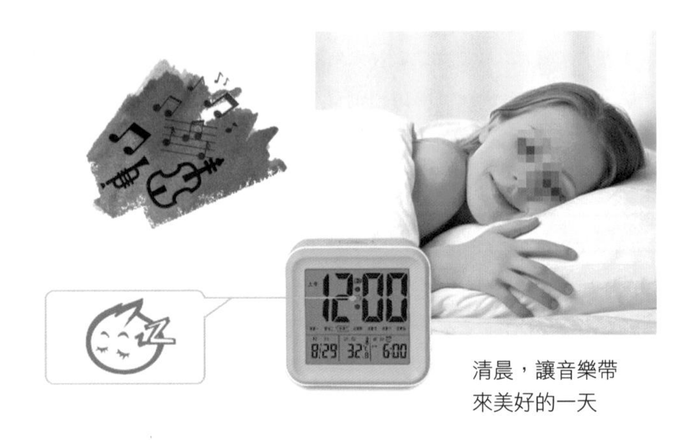

圖 2-13 在音樂和陽光中醒來

衛浴間的燈光已經調到最合適的亮度，加濕器已經開啟，浴缸裡放好了熱水，舒服地洗個澡，站在鏡子前露出迷人的微笑，鏡子將笑臉拍下來，傳送到用戶的手機中，離開時，只要一鍵即可關閉所有衛浴設備。智能衛浴如圖 2-14 所示。

圖 2-14 智能衛浴間

走進臥室，床鋪已經自動收拾好，來到更衣鏡前，進入「試穿」模式，用戶只要站在螢幕前，就能試穿系統已經搭配好的各類服飾，如果不滿意當前這套服飾，只要輕輕一揮手，就能換成下一套，如圖 2-15 所示。

圖 2-15 智能試衣

穿戴好後，走進廚房，精緻營養的早餐已經準備好：一杯溫熱的牛奶，一份美味的麵包，一份洗好的水果，一份剝了殼的雞蛋，用戶可以立即享受這頓美妙的早餐，如圖 2-16 所示。

圖 2-16 早餐

2.2.2 離家模式

吃完早餐，透過平板電腦一鍵選擇「離家」模式，背景音樂關了，燈光熄滅，窗簾關閉，安防模式開始啟動，如圖 2-17 所示。

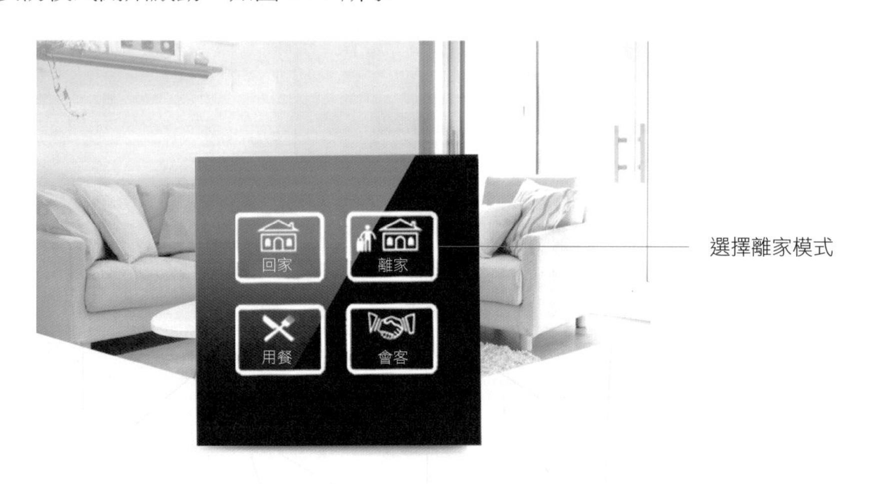

圖 2-17 選擇「離家」模式

中午在辦公室午休，突然想念家中的寶貝或者寵物了，打開手機就能遠端控制家中的攝影機，透過手機就能看到家中的情景，如圖 2-18 所示。

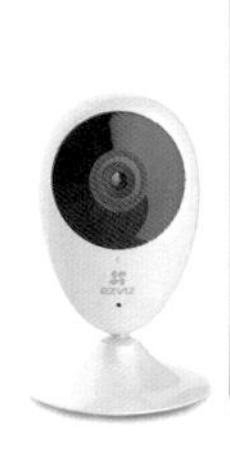

透過手機或平板電腦，隨時隨地瞭
解家中動態，和家人雙向溝通

圖 2-18 遠端查看家中情況

下班途中，可以透過手機提前打開空調、溫濕度感應器，調節室內溫度和濕度，創造一個舒適的家居環境，如圖 2-19 所示。

圖 2-19 遠端控制家中的電器

如果想回家泡個舒服的熱水澡，可以提前設置熱水器，到家後，就有熱水可以洗澡了，如圖 2-20 所示。

圖 2-20 設置熱水

2.2.3 回家模式

回到家，啟動「回家」模式，安防系統自動關閉，窗簾打開，背景音樂再次緩緩響起，客廳的燈光被調到合適的亮度，電視打開，播放用戶最喜愛的頻道，空氣中散發著淡淡香氣。如圖 2-21 所示。

圖 2-21 回家模式

2.2.4 晚餐模式

累了一天，到了用餐的時間，用戶只要一鍵打開「烹飪」模式，智能廚房的抽油煙機和排氣扇就被打開，微波爐和熱水壺的電源也被接通，用戶準備好烹飪的材料和調味料，設置好烹飪方式，就可以坐在客廳等著晚餐的到來，如圖 2-22 所示。

圖 2-22 智能烹飪

晚餐準備好之後，選擇「晚餐」情境模式，餐桌的燈光就會被調節到合適的亮度，背景音樂響起，一家人就可以圍坐在餐桌旁享受美味了，如圖 2-23 所示。

圖 2-23 享用晚餐

2.2.5 家庭電影院模式

吃完晚餐，打算看電影，只要一鍵打開「家庭電影院」模式，燈光就會調暗，音響被打開，美好的電影時光就開始了，如圖 2-24 所示。

圖 2-24 家庭電影院時間

2.2.6 晚安模式

將室內情境模式調節為「晚安」模式，系統就進入睡眠模式，窗簾合上，人體感應燈進入運作狀態，監視警報系統進入「夜監」模式，如圖 2-25 所示。

進入「晚安」模式之後，燈光設備都被關閉，空調設置健康睡眠曲線，溫濕度測量器打開，當空氣過於乾燥時，空調自動關閉，讓用戶安然入眠，如圖 2-26 所示。

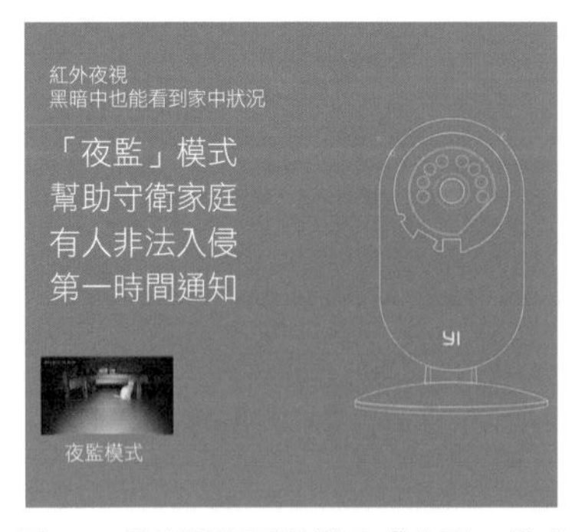

圖 2-25 監視警報系統進入「夜監」模式

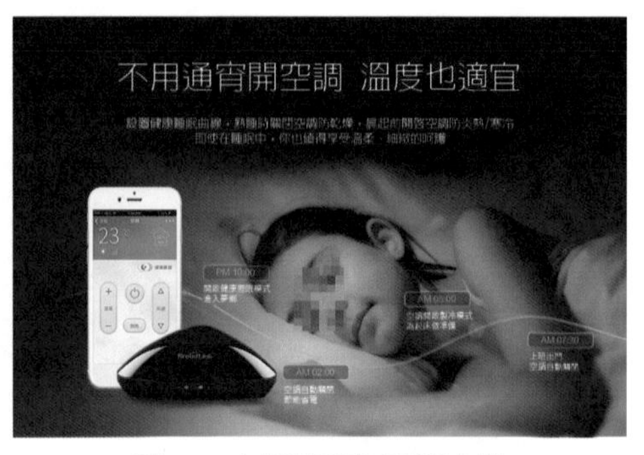

圖 2-26 空調設置健康睡眠曲線

2.3 未來展望：智能社區與城市

智能家居與人們的生活息息相關，它已經深入人們生活的每個角落，有一個優異、完整的智能家居設計系統，才能從公共服務、城市建設、政務管理、文化體育、業務服務、醫療保健、交通安全等方面給用戶打造一個智能、高效、舒適、便利的生活生態圈。

未來，智能社區和智能城市肯定會是城市發展的趨勢，每個社區都是智能城市中的單元，而智能家居又是智能社區的基礎單元，可以說，智能家居就是智能社區建設的核心。智能社區與智能家居相輔相成，智能家居的實現為加速建設智能社區提供了有利條件，智能社區為智能家居的實現提供了一個大背景。

2.3.1 打造智能社區

什麼是智能社區？智能社區是利用物聯網、雲端運算、移動互聯網、資訊智能終端等新一代資訊技術，透過對各類與居民生活密切相關資訊的自動感知、即時傳送、即時發布和資訊資源的整合共享，實現對社區居民「吃、住、行、遊、購、娛、健」生活 7 大要素的數位化、網路化、智能化、互動化和協同化，讓「五化」成為居民工作、生活的主要方式，為居民提供更加安全、便利、舒適、愉悅的生活環境，讓居民生活更智慧、更幸福、更安全、更和諧、更文明，如圖 2-27 所示。

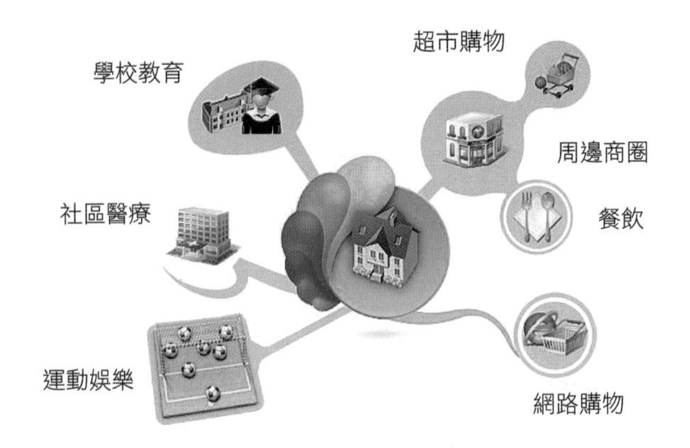

圖 2-27 智能社區

1. 智能社區服務系統的需求

智能社區服務系統的需求主要有以下幾點。

（1）社區網路化管理

越來越多的社會管理服務工作需要由街道社區完成。同時，由於居民生活方式、培訓教育方式、就業方式的轉變和網路技術的普及應用，社區居民對社區服務的需求越來越多，要求越來越高，資訊技術成為創新管理模式與提高服務品質的重要手段。

在一些社區中，職能部門為一些單項工作安裝了軟體系統，但在實際應用中存在底層數據獲取口徑不一，各系統間資訊不能共享、互不相容等現象，產生了底數不清、數據不實等問題，進而出現基層多頭管理、重複勞動、重複投資、效率低下等現象。系統功能與實際工作相互脫離，嚴重阻礙社區運作。

三維數位社區管理是「民情流水線」的亮點之一，它是實現社區管理數位化、資訊化的基礎，也是改變傳統管理模式的基礎。

（2）社區物業管理

隨著中國市場經濟的快速發展和人們生活水準的不斷提高，簡單的社區服務已經不能滿足人們的需求。如何利用先進的管理手段，提高物業管理品質，是當今社會所面臨的一個重要課題。要想提高物業管理品質，必須全方位地提高物業管理意識，只有高標準、高品質的社區服務才能滿足人們的需求。面對資訊時代的挑戰，利用高科技手段來提高物業管理無疑是一條行之有效的途徑。在某種意義上，資訊與科技在物業管理現代化建設中顯現出越來越重要的地位。物業管理方面的資訊化與科學化，已成為生活水準步入高臺階的重要指標。

在社區，由於管理面積大，戶數多，物業管理範圍廣，管理內容繁雜，社區物業管理是個大問題。同時，社區物業管理中的一項重要工作是計算、匯總各項費用，由於費用專案較多，計算方法繁重，手工處理誤差率較高。同時，查詢某房產資料或業主資料往往也需要較長時間，給物業管理者的工作帶來了諸多弊端。因此，物業公司需要採用電腦進行物業管理。根據社區的具體情況，資訊化系統在實施後，應當能夠滿足對社區住戶資料和財產資源統計、繳費通知、收費管理、工程管理、日常的報表查詢、社區服務、系統設置等需求。

（3）社區「一卡通」

為使社區管理科學化、規範化、智能化，為業主提供更加周到細緻的服務，社區管理「一卡通」要求系統具有如圖 2-28 所示的功能。

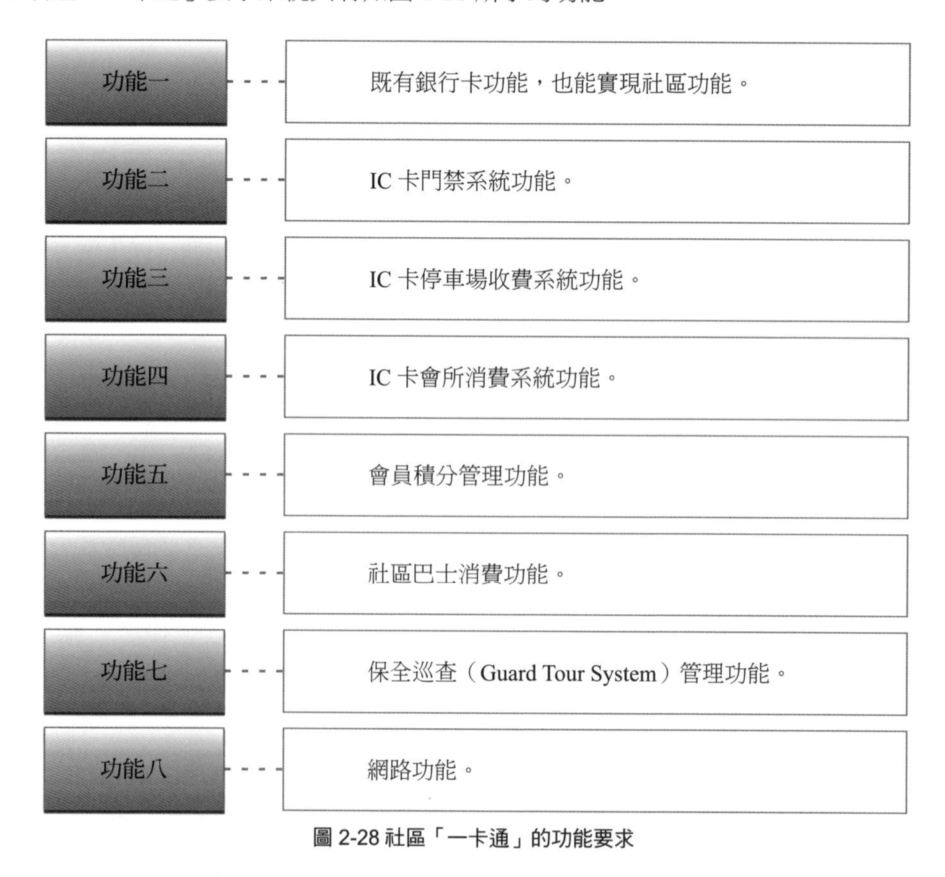

圖 2-28 社區「一卡通」的功能要求

另外，所有數據應通過網路交互，且系統應具有可擴展性，為以後幾個社區之間的互聯互通做準備。

（4）社區通訊基礎設施

社區通訊基礎設施的需求主要有如圖 2-29 所示的兩點。

社區綜合布線系統

為實現社區管理自動化、通訊自動化、控制自動化，保證社區內各類資訊傳送準確、快捷、安全，最基本的設施就是社區綜合布線系統，具體而言，綜合布線系統是智能社區的神經系統。實現這個系統的實質，是將社區中的電腦系統、電話系統、自控和監控系統、保全防盜警報系統，以及電力系統整合成為一個體系結構完整、設備介面規範、布線施工統一、同步管理方便的體系。

多網融合

隨著科技的進步，尤其是數位通訊技術的快速發展，以及市場需求導向的不斷提升，具有高穩定性能、高擴展性能、高性價比（CP 值）的數位設備越來越被人們所青睞。結合其他的工程實例，從目標客戶（業主）群體需求、投資方（房地產）需求、工程商建設、物業管理需求、各方長遠發展需求等五個方面，都說明「多網合一」系統是發展的必然趨勢。

圖 2-29 社區通訊基礎設施的需求

2. 智能社區的安防體系

智能安防與傳統安防的最大區別在於智能化、移動化。傳統安防對人的依賴性比較強，非常耗費人力，而智能安防能夠透過機器實現智能判斷，從而實現人想做的事，且智能安防正朝著移動化提升。智能安防隨著物聯網的發展實現其產品及技術的應用，也是安防應用領域的高端延伸，需要依靠智能安防系統來實現。

安防技術的發展能夠促進社會的安寧及和諧，智能化安防技術隨著科學技術的發展與進步，已邁入了一個全新的領域，物聯網分別在應用、傳輸、感知三個層面為智能安防提供可以應用的技術內涵，使得智能安防實現了局部的智能、局部的共享和局部的特徵感應。

安防系統是實施安全防範控制的重要技術手段，在當前安防需求膨脹的趨勢下，其在安全技術防範領域的運用也越來越廣泛。隨著微電子技術、微電腦技術、視頻影像處理技術和光電資訊技術等發展，傳統的安防系統也正由數位化、網路化，逐步走向智能化。

物聯網技術的普及應用，使得城市安防從過去簡單的安全防護系統向城市綜合化體系演變，城市的安防項目涵蓋眾多領域，有街道社區、公寓建築、銀行郵局、道路監控、機動車輛、警務人員、移動物體、船隻等，特別是針對重要場所，如機場、船港、水電氣廠、橋梁大壩、河道、地鐵等，引入物聯網技術後，可以透過無線移動、追蹤定位等手段建立全方位的立體防護。

（1）智能安防的特點

智能安防的特點如圖2-30所示。

數位化

資訊化與數位化的發展，使得安防系統中以類比訊號為基礎的影像監控防範系統向全數位化影像監控系統發展，系統設備向智能化、數位化、模組化和網路化的方向發展。

整合化

安防系統的整合化包括兩方面，一方面是安防系統與社區其他智能化系統的整合，將安防系統與智能社區的通訊系統、服務系統及物業管理系統等整合，這樣可以共享一條數據線和同一電腦網路，共享同一數據庫；另一方面是安防系統自身功能的整合，將影像、門禁、語音、警報等功能融合在同一網路架構平臺中，可以提供智能社區安全監控的整體解決方案，諸如自動報警、消防安全、緊急按鈕和能源科技監控等。

圖 2-30 智能安防的特點

（2）安全防範系統的應用

智能社區的安全防範系統的應用主要有如圖2-31所示的幾個方面。

公寓對講

公寓對講系統是由各住戶門口安裝的住戶門口機、防盜門，社區總控中心的物業管理總機、公寓出入口的對講主機、電控鎖、閉門器及用戶家中的影像對講分機透過專用網路組成，以實現訪客與住戶對講。住戶可遙控開啟防盜門，訪客再通過對講主機呼叫住戶，對方同意後才可進入樓內，從而限制了非法人員進入。同時，若住戶在家中發生突發事件，可透過該系統通知物業保全人員，以得到即時的支援和處理。

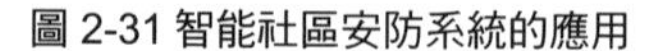
圖 2-31 智能社區安防系統的應用

影像監控

為了更好地保護財產及社區的安全，根據社區用戶實際的監控需要，一般都會在社區周邊、大門口、住宅住戶門口、物業管理中心、機房、地下停車場、電梯內等重點部位安裝攝影機。監控系統是將影像圖像監控、即時監視、多種畫面分割、多畫面分割顯示、雲臺鏡頭控制、列印等功能有機結合的新一代監控系統，同時，監控主機自動將警報畫面記錄下來，做到即時處理，提高了保全人員的工作效率，並能即時處理警情，有效地保護社區財產和人員的安全，盡可能地防範各種入侵。

停車管理

停車場管理系統是指基於現代化電子與資訊技術，在社區的出入口處安裝自動辨識裝置，通過非接觸式卡或車牌辨識來對出入此區域的車輛實施判斷辨識、許可／拒絕、引導、記錄、收費、通行等智能管理，其目的是有效地控制車輛的出入，記錄所有詳細資料並自動計算收費額度，實現對場內車輛與收費的安全管理。

周界警報

隨著現代科學技術的發展，周界警報系統成了智能社區必不可缺少的一部分，是社區安全防範的第一道防線。為了保障住戶的財產及人身安全，迅速而有效地禁止和處理突發事件，在社區周邊的非出入口和圍欄處安裝紅外線感應裝置，組成不留死角的防非法跨越警報系統。

電子巡查

傳統巡檢制度的落實主要依靠巡邏人員的自覺性，管理者對巡邏人員的工作品質只能做定性評估，容易使巡邏流於形式。電子巡檢系統可以使人員管理更科學化和準確。將巡查點安置在巡邏路線的關鍵點上，保全在巡邏的過程中用隨身攜帶的巡查棒讀取自己的人員點，然後按線路順序讀取巡查點，定期用通訊座（或通訊線）將巡查棒中的巡邏記錄上傳到電腦中。管理軟體將事先設定的巡邏計畫同實際的巡邏記錄進行比較，就可得出有關巡邏漏檢、誤點等的統計報表，透過這些報表，可以真實地反映出巡邏工作的實際完成情況。

圖 2-31（續）

門禁管理

用智能卡代替傳統的人工查驗證件通行、用鑰匙開門的落伍方式，系統自動辨識智能卡上的身分資訊和門禁許可權資訊，持卡人只有在規定的時間和在有許可權的門禁點刷卡後，門禁點才能自動開門通行，允許出入，相反地，對非法入侵者則拒絕開門並輸出警報訊號。由於門禁許可權可以隨時更改，因此，無論人員怎樣變化和流動，都可即時更新門禁許可權，減少鑰匙被盜用的風險。

圖 2-31（續）

2.3.2 智能城市不再遙遠

隨著城市化的深入，新型城鎮化建設對於城市發展提出了更多的要求。隨著經濟水準的提高，人們對於基礎設施建設和管理品質有了更高的訴求。如何讓城市建設能夠更有效地滿足人們的需求，提供更為先進、高效的基礎設施服務等問題成為智能城市概念誕生的根基。

目前，全球約有 1000 多個城市正在推動智能城市的建設，其中，亞太地區的城市約占 51%，以中國為首。2013 年國家智能城市試點總數達 193 個，工信部公布試點名單也多達 140 多個，目前太原、廣州、徐州、臨沂、鄭州等已初步完成設計，中國智能城市建設已由概念轉為具體落實，開始進入高速發展期。

而智能城市本身就是一個生態系統，城市中的市民、交通、能源、商業、通訊、水資源等就是「智能城市」的一個個子系統，這些子系統之間形成了一個普遍聯繫、相互促進、彼此影響的整體，形成了人們的生活圈，如圖 2-32 所示。

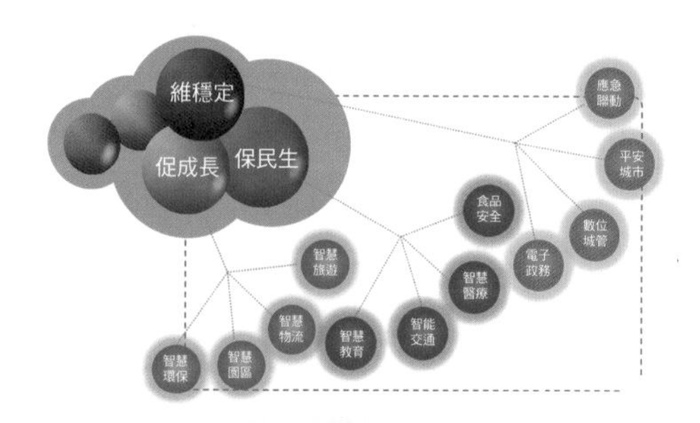

圖 2-32 智能城市生態系統

那麼，在當前智能城市的建設中，應該加強哪些管理應用創新呢？

1. 體制創新

城市管理體制，是智能城市資訊化建設總體設計需要參照的重要依據。專注於管理體制基礎上的資訊化開發，資訊化軟體才有生命力。

長期以來，資訊技術在服務城市管理中，更多著力於某個具體領域的應用開發，較少從優化體制的角度去開發，導致各個應用軟體之間功能關聯度不強。

就拿重慶市目前的情況來說，有「數位化城市管理應用軟體」等管理類系統，有「12319 熱線投訴系統」等市民監督類系統，有智能路燈管理等業務類系統，有各類公文處理的內部管理系統，但各類系統之間基本上數據無法共享，流程無法互動且相互重複，功能關聯度不強，整體應用效果較差。

分析產生這些問題的原因，主要還是沒有從體制優化的角度進行整體設計和開發軟體。那麼，當前智能城市建設如何從體制優化的角度去總體布局呢？

對當前城市管理的體制有重大改革，適應這樣的改革，應該建立政府監督、社會組織服務、協會自治的新體制。對應這種體制的變化，智能城市的資訊化建設應該注意如圖 2-33 所示的三點。

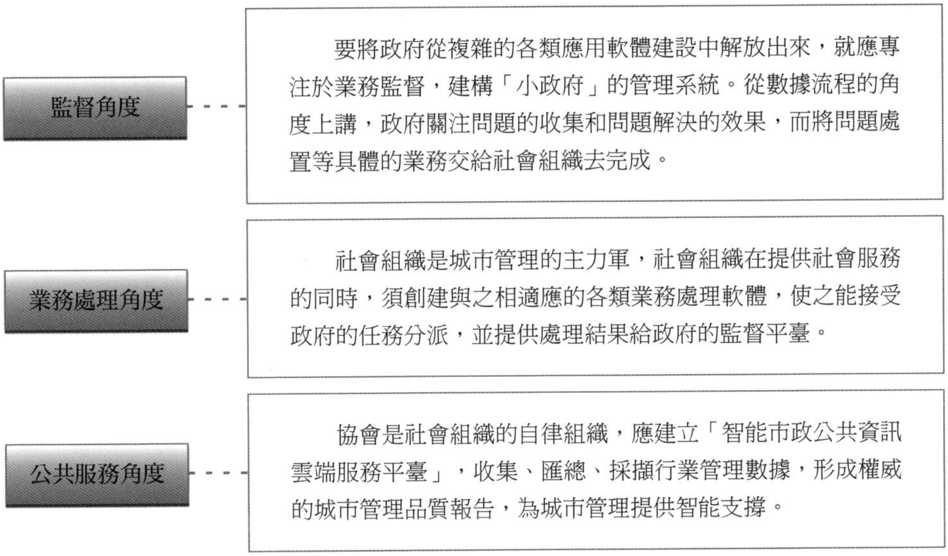

監督角度	要將政府從複雜的各類應用軟體建設中解放出來，就應專注於業務監督，建構「小政府」的管理系統。從數據流程的角度上講，政府關注問題的收集和問題解決的效果，而將問題處置等具體的業務交給社會組織去完成。
業務處理角度	社會組織是城市管理的主力軍，社會組織在提供社會服務的同時，須創建與之相適應的各類業務處理軟體，使之能接受政府的任務分派，並提供處理結果給政府的監督平臺。
公共服務角度	協會是社會組織的自律組織，應建立「智能市政公共資訊雲端服務平臺」，收集、匯總、採擷行業管理數據，形成權威的城市管理品質報告，為城市管理提供智能支撐。

圖 2-33 智能城市的資訊化建設注意事項

2. 機制創新

認識自身規律是城市智能化的前提，遵循城市規律的智能城市能優化資源，讓各區域都是智能城市，智能城市不能過大、過廣。智能城市建設的思路是研究城市發展的規律，建立相應的機制，用智能的技術實現機制。

建設智能城市要著力探索城市管理的規律，做到讓交通系統告訴車主道路和停車的動態，讓市政設施智能地降能耗，讓執法單位即時知道哪裡有違規攤販，讓路燈能感知日月陰晴，讓化糞池能隨時「體檢」，讓垃圾箱能即時「減負」。

具體來講，要抓好如圖 2-34 所示的三個方面的工作。

研發感知和傳輸設備

技術的創新也應該與機制的創新同步，感知和傳輸設備的研發以及在城市管理中的應用，將給城市管理帶來「智能」轉變。

智能管理

技術的進步會減輕城市管理者的負擔，但不能取代城市管理者的智慧。為此，要加強人力資源的有效應用，智能城市的建設應該開發使用相應的工具軟體，實現管理的智能化。

數據分析

智能城市的一大特徵，便是「大數據」帶動「大智慧」，應善於組織巨量數據，並進行有效的數據採擷，提供城市管理預測和監管服務。

圖 2-34 智能城市機制創新要抓好的工作

3. 加強制度創新，服務民生實事

比如蘭州市的「民情流水線」系統，該系統對身障人士提倡了「與你同行」服務，對學生提供「四點半」無憂服務。分析這個系統，沒有所謂的高新技術，更多的是制度的創新，但正是制度的創新，讓市民感受到了城市的美好、便捷、人性化。

為此，智能城市要將「以人為本」作為建設的出發點和歸宿，加強制度創新，體現管理智慧。

智能城市的落實應從提出智能城市的規劃理念開始，從規劃的角度進行城市整體的布局並預留出後續落實的空間，以規劃指標作為該理念落實的保障。智慧城市的發展還應依靠擁有先進技術的科技企業，利用市場化的機制，把最為先進的技術直接落實到城市建設中。最終在科技的引領下，以相關政策進行推動，將融合了智能市政理念的城市規劃作為城市管理者的管理手段，有目標、有步驟地推動城市基礎設施向更為高效、可靠、智能的方向發展。

第3章

啟迪：中國與國外智能家居情況

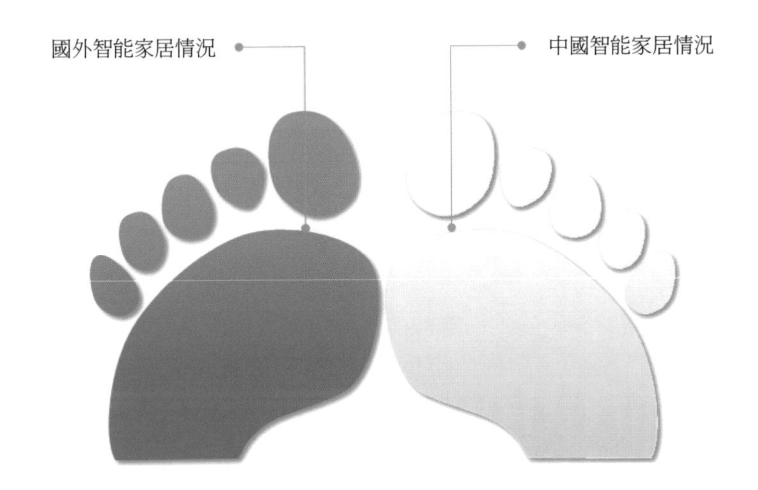

3.1 國外智能家居情況

自從世界第一棟智能建築於 1984 年在美國出現後，美國、加拿大、歐洲、澳大利亞和東南亞等經濟較發達的國家和地區先後提出各種智能家居方案。美國和一些歐洲國家在這方面的研究一直處於世界領先地位，日本、韓國、新加坡緊跟在後。

3.1.1 國外智能家居系統研發概況

在智能家居系統研發方面，美國一直處於領先地位，近年來，以美國微軟公司及摩托羅拉公司為首的一批國外知名企業，先後建立了智能家居的研發中心。例如，微軟公司開發的「未來之家」（如圖 3-1 所示）、摩托羅拉公司開發的「居所之門」、IBM 公司開發的「家庭主任」等均已成熟。

圖 3-1 微軟「未來之家」

新加坡模式的家庭智能化系統，包括三表抄送功能、安防警報功能、影像對講機功能、監控中心功能、家電控制功能、有線電視接入、住戶資訊留言功能、家庭智能控制面板、智能布線箱、寬頻網接入和系統軟體配置等。

日本除了實現室內的家用電器自動化聯網之外，還透過生物認證實現了自動門辨識系統，用戶只要站在入口的攝影機前，門就會進行自動辨識，如果確認是住戶，大門就會自動打開，不再需要用戶拿鑰匙開門；除此之外，日本還研發了智能馬桶座墊，當人坐在馬桶上時，安裝在馬桶座墊內的血壓計和血糖監測裝置就會自動檢測其血壓和血糖；同時，洗手臺前裝有體重機，當人在洗手的時候，就能順便測量體重，檢測結果會被保存在系統中。

澳大利亞的智能家居的特點是讓房屋做到百分之百的自動化，而且不會看到任何手動開關，如一個用於推門的按鈕，透過在內部裝上一個模擬手指來實現自動啟動；泳池與浴室的供水系統相通，透過系統能夠實現自動加水或排水功能；雨天時，花園的自動灌溉系統會停止運作等。不僅如此，大多數監控視頻設備都隱藏在房間的護壁板中，只有一處安裝了等離子螢幕進行觀察。在安防領域，澳大利亞智能家居也是做得非常好，保全系統中的感測數量眾多，即使飛過一隻小蟲，系統也可以探測出來。

西班牙的住宅外觀大多是典型的歐洲傳統風格，但其內部的智能化設計卻與眾不同，譬如，當室內自然光線充足的時候，感應燈就會自動熄滅，減少能源消耗；屋頂上安裝天氣感應器，能夠隨時測得氣候、溫度的數據，當雨天來臨時，灌溉系統就會自動關閉，而當陽光很強烈的時候，房間和院子裡的遮陽棚會自動開啟；地板上分布著自動除塵器，只須要輕輕遙控，除塵器就會瞬間將地板上的所有垃圾和灰塵清除，可以說，西班牙的智能家居系統充滿了藝術氣息。

韓國電信這樣形容他們自己研發的智能家居系統：用戶能在任何時間、任何地點操作家裡的任何用具，同時還能獲得任何服務。比如，使用客廳裡的影音設備，用戶可以按要求將電視節目錄製到硬碟上，而電視機、個人電腦上都會有電視節目指南，錄製好的節目可以在電視或個人電腦上隨時播放並欣賞；廚房的智能冰箱成了其他智能家電的控制中心，智能冰箱能夠提供美味的食譜，還可以上網、看電視；臥室裡裝有家庭保健檢查系統，可以監控病人的脈搏、體溫、呼吸頻率和其他症狀，以便醫生即時提供醫療服務。韓國還有一種叫作 Nespot 的家庭安全系統，無論用戶在家還是在外，都可以透過微型監控攝影機、感測器、探測器等即時瞭解家中的狀況，同時，用戶還能遠端遙控照明開關，營造出一種有人在家的氛圍，當遠端發現緊急情況時，用戶還可以呼叫急救中心。

3.1.2 國外智能家居推出自有業務

國外的營運商經過資源整合後，就會產生自有業務，推出自己的業務平臺、智能設備以及智能家居系統，目前，德國電信、三星、德國海洛家電等建構了智能家居業務平臺，有些公司例如 Verizon，則推出了自己的智能化產品，還有的公司透過把智能家居系統打造成一個中樞設備介面，整合各項服務，來實現遠端控制等。國外智能家居自有業務主要有以下幾個代表。

1. 智能家庭業務平臺—Qivicon

德國電信聯合德國公用事業、德國易昂電力集團（Eon）、德國 eQ-3 電子、德國梅洛家電、三星（Samsung）、Tado（德國智能恆溫器創業公司）、歐蒙特智能家電（Urmet）等公司共同建構了一個智能家庭業務平臺 Qivicon，如圖 3-2 所示，主要提供後端解決方案，包括向用戶提供智能家庭終端、向企業提供應用整合式軟體開發、維護平臺等。

圖 3-2 智能家庭業務平臺 Qivicon

目前，Qivicon 平臺的服務已覆蓋了家庭寬頻、娛樂、消費和各類電子電器應用等多個領域。據德國資訊、通訊及媒體市場研究機構的報告顯示，目前德國智能家居的年營業額已達到 200 億歐元，每年再以兩位數的速度增長，而且智能家居至少能節省 20% 的能源。Qivicon 平臺的服務一方面有利於德國電信捆綁用戶，另一方面提升了合作企業的運作效率。

德國聯邦交通、建設與城市發展部專家雷．奈勒（Ray Naylor）說：「在 2050 年前，德國將全面實施智能家居計畫，將有越來越多的家庭擁有智能小家。」良好的市場環境，為德國電信開拓市場提供了有利的條件。

2. Verizon 提供多樣化服務

Verizon 透過提供多樣化服務捆綁用戶，成套銷售智能設備，Verizon 公司的標誌如圖 3-3 所示。

圖 3-3 Verizon 公司的標誌

2012 年，Verizon 公司推出了自己的智能家居系統，該系統專注於安全防護、遠端家庭監控及能源使用管理，可以透過電腦和手機等調節家庭溫度、遠端影像對講機開門、遠端查看家裡情況、啟動攝影機實現遠端監控、遠端鎖定或解鎖車門、遠端開啟或關閉電燈和電器等，如圖 3-4 所示。

圖 3-4 Verizon 智能家居系統

3. AT&T 收購關聯企業

2010 年，AT&T 公司收購了 Xanboo，Xanboo 是一間家庭自動化創業公司；2013 年，AT&T 聯合思科、高通兩家公司，推出了全數位無線家用網路監視業務，消費者可以透過手機、平板電腦或者 PC 實現遠端監視和控制家居設備；2014 年，AT&T 以 671 億美元收購了美國衛星電視服務營運商 DirecTV，加速了在互聯網電視服務領域的布局。

AT&T 的發展策略是將智能家居系統打造成一個中樞設備介面，既獨立於各項服務，又可以整合這些服務。AT&T 公司的標誌如圖 3-5 所示。

圖 3-5 AT&T

3.1.3 國外終端企業的平臺化運作

目前，市場上已出現了完全基於 TCP/IP 的家居智能終端機，這些智能終端機完全實現了多個獨立系統的功能整合，並在此基礎上增加了一些新的功能。而開發這些智能終端機的企業就稱為終端企業。在終端企業中，蘋果 iOS 和三星屬於佼佼者，它們對智能終端機的開疆擴土，讓更多的企業應用普及和深入參與業務成為可能，

而智能終端機作為移動應用的主要載體，數量的增長和性能的提高讓移動應用發揮更廣泛的作用成為可能。終端企業發揮產品優勢，力推平臺化運作的主要有以下幾個代表。

1. 蘋果 iOS 作業系統

蘋果透過與智能家居設備廠商的合作，實現了智能家居產品的平臺化運作。2014 年 6 月，蘋果發布了 HomeKit 平臺，如圖 3-6 所示。HomeKit 平臺是 iOS8 的一部分，用戶可以用 Siri 語音功能控制和管理家中的智能門鎖、恆溫器、煙霧探測器、智能家電等設備，如圖 3-7 所示。

圖 3-6 HomeKit 平臺

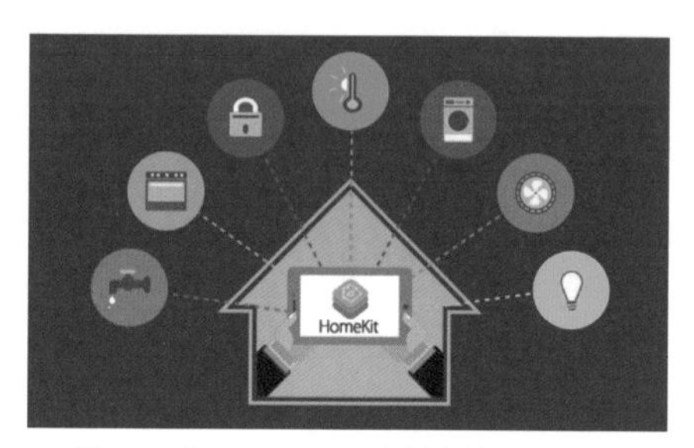

圖 3-7 以 HomeKit 平臺控制家中的設備

不過，蘋果公司沒有智能家居硬體，所有硬體都是與廠商合作，諸如 iDevices、Marvel、飛利浦（Philips）等提供。這些廠商在 iOS 作業系統上可以互動同步，各自的家居硬體之間可以直接對接。同時，HomeKit 平臺會開放數據介面給開發者，有利於智能家居的創新。

蘋果公司的舉措有望讓蘋果的智能設備成為智能家居的遙控器，進而增強蘋果終端的市場競爭力。

2. 三星 Smart Home 智能家居平臺

2014 年，三星推出了 Smart Home 智能家居平臺，如圖 3-8 所示。利用三星的 Smart Home 智能家居平臺，智慧手機、平板電腦、智能手錶、智能電視等可以透過網路與家中的智能家居設備相連接，並控制智能家居，如圖 3-9 所示。

但是，目前三星建構的 Smart Home 智能家居平臺還處於較低品質，而且，三星建構 Smart Home 智能家居平臺，主要還是為了推廣自家的家電產品。

圖 3-8 三星推出 Smart Home 智能家居平臺

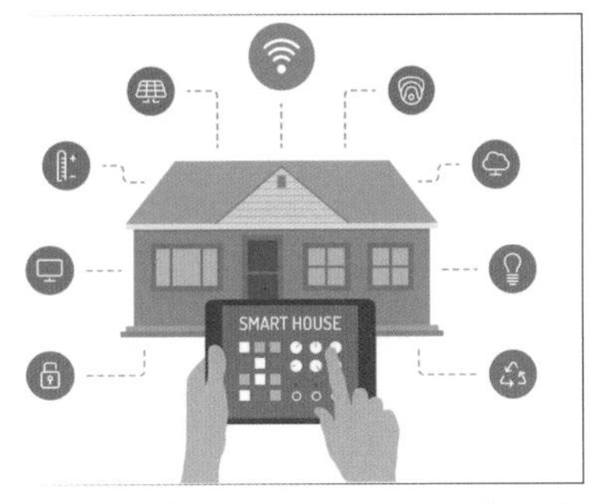

圖 3-9 三星的 Smart Home 智能家居平臺

3.1.4 谷歌（Google）收購加速布局智能家居

2014 年 1 月，谷歌以 32 億美元收購了智能家居設備製造商 Nest，這一舉動不僅讓 Nest 名聲大噪，也引發了業界對智能家居的高度關注，如圖 3-10 所示。

圖 3-10 谷歌收購 Nest

Nest 的主要產品是自動恆溫器和煙霧警報器，如圖 3-11、3-12 所示，但 Nest 並不僅僅做這兩個產品，還做了一個智能家居平臺。

圖 3-11 Nest 自動恆溫器

圖 3-12 Nest 煙霧警報器

在 Nest 智能家居平臺裡，開發者可以利用 Nest 的硬體和演算法，透過 NestAPI 將 Nest 產品與其他品牌的智能家居產品連接在一起，進而可以實現對家居產品的智

能化控制。而且，Nest 支援 Control4 智能家居自動化系統，用戶可以透過 Control4 的智能設備和遙控器等操作 Nest 的設備。由此，谷歌自身巨量數據的優勢加上 Nest 生產數據的優勢，數據就可能更加精細，從而提升用戶的智能家居體驗。

隨後，谷歌又收購了 Dropcam 和 Revolv，第一家是 WiFi 攝影鏡頭廠商，第二家是智能家居平臺開發商，收購這兩家智能家居創業公司，讓谷歌在家居市場佔有率進一步擴大。

未來，谷歌在布局智能家居領域時，還會優先在智能家居、智能家居硬體、可穿戴設備及智能汽車等方向發展和延伸，特別是 Google Glass 和 Android Wear 等智能穿戴設備方面。如圖 3-13 所示為谷歌智能穿戴設備 Google Glass，如圖 3-14 所示為谷歌 Android Wear。

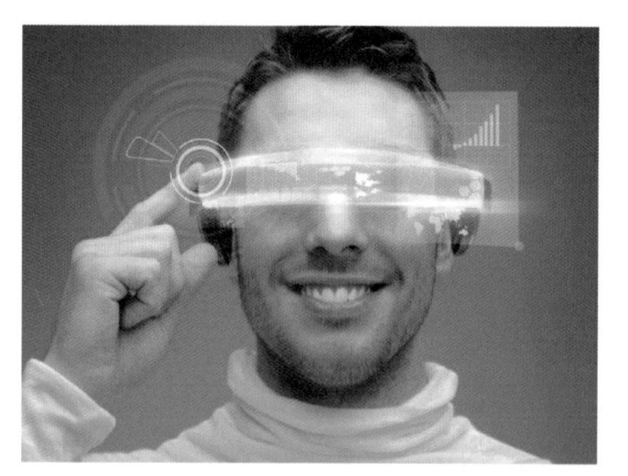

圖 3-13 谷歌智能穿戴設備 Google Glass

圖 3-14 谷歌 Android Wear

3.1.5 國外智能家居品牌介紹

智能家居成為各大企業的下一個發展趨勢，企業在尋找新的契機、新的增長點，創業者在尋找新的創業機會，資本和媒體在智能家居的背後助推，他們共同打造了未來成熟的智能家居的起點，本節為大家介紹國外智能家居品牌榜。

1. 霍尼韋爾

霍尼韋爾國際（Honeywell International）是一家營業額達 300 多億美元的多元化高科技製造企業。在全球，其業務涉及航空產品和服務、渦輪增壓器、大廈和工業控制技術、汽車產品以及特殊材料等。

霍尼韋爾是一家從事自動控制產品開發及生產的國際性公司，公司成立於 1885 年。1996 年，霍尼韋爾被美國《財富》雜誌評為最受推崇的 20 家高科技企業之一。公司在多元化技術和製造業方面占世界領導地位，其宗旨是增加舒適感、提高生產力、節省能源、保護環境、保障使用者生命及財產，從而實現互利增長。

霍尼韋爾致力於為廣大客戶提供高價值的產品和創新型技術，主要為全球的大廈、工業、航太及航空市場的客戶服務，公司擁有多種專利的產品，為自身及客戶帶來了競爭優勢。以顧客為中心的工作方針確保公司與顧客之間有著頻繁的互動和簡易的流程，並以此獲得最大效率和最佳績效。

霍尼韋爾公司以誠信的態度、優質的產品、精湛的服務和客戶至上的原則，一步一腳印地將其各個部門的頂尖技術和產品帶到中國。如今，霍尼韋爾的創新技術又將這一理念全面帶入了人們的家庭。

霍尼韋爾智能家居系統主要是致力於向用戶提供「全套式系統解決方案」，是一個基於乙太網路平臺，集安全、舒適、便利於一體的住宅智能化系統。它將所有的家電、燈光、溫度調節、保全、娛樂等各種環境控制設備透過家庭閘道連成一體，真正實現了家庭資訊和控制的網路化，在為人們創造全新智能空間的同時，還使人們的生活更加輕鬆、便捷，如圖 3-15 所示。

2. Control4

美國 Control4 科技有限公司成立於 2003 年 3 月，總部位於美國猶他州鹽湖城，是一家專門從事智能家居產品研發、生產、銷售的知名企業，Control4 目前在全球 50 多個國家和地區都設有經銷商和辦事機構。

Control4 的主要技術是 ZigBee 無線通訊技術，titleZigBee 是一種無線數傳網路，類似於 CDMA 和 GSM 網路。ZigBee 無線數傳模組類似於移動網路的基地臺，通訊

距離支援無限擴展，這種技術目前被廣泛用於自動控制和遠端控制領域，在 ZigBee 設備之間，可以互相轉發訊號，每一個設備都是訊號的發射端和接收端。

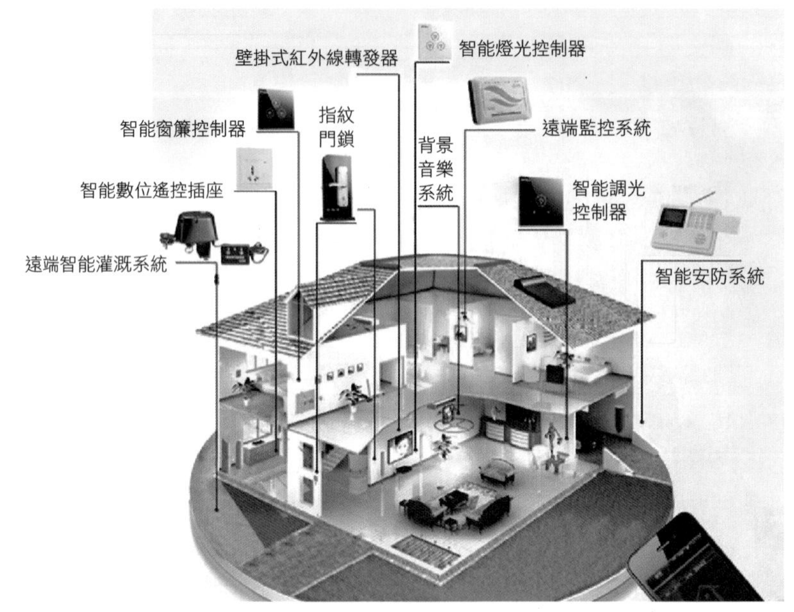

圖 3-15 霍尼韋爾的智能家居方案

Control4 脫胎於快思聰，但早已超越了對方。Control4 將功能的演進憑藉著一套不斷升級完善並發展的軟體系統，改變了傳統智能控制產品乏味單調的功能，從而在智能家居領域獲得了非凡的成功。

Control4 提供一整套有線、無線系列控制產品，先進的連接和控制方式，讓工程人員可以在短短的幾個小時內，將整套系統測試完成；同時，模組化的產品，可滿足用戶的不同需求，用戶可以輕鬆設定 Control4 系統，以適應自己獨特的生活方式。Control4 透過對 ZigBee 工業自動化無線傳輸和自組網技術的成功家庭化應用，使得智能化控制系統終於可以簡單地安裝和擴展。

3.2 中國智能家居情況

隨著智能家居概念的普及、技術的發展和資本的湧進，中國家電廠商、互聯網公司也紛紛進軍智能家居領域。智能家居作為一個新生的產業，處於一個導入期與成長期的臨界點，市場消費觀念還未形成。但正因為如此，中國優秀的智能家居生產企業愈來愈重視對行業市場的研究，特別是對企業發展環境和客戶需求趨勢變化的深入研究，一大批中國優秀的智能家居品牌迅速崛起，逐漸成為智能家居產業中的領航員。

3.2.1 中國發展歷程概況

智能家居至今在中國已經歷了十幾年的發展，從人們最初的夢想，到今天真實地走進我們的生活，經歷了一段艱難的過程。智能家居在中國的發展經歷了如圖 3-16 所示的幾個階段。

萌芽期（1994～1999年）

智能家居在中國發展的第一個階段是萌芽期。當時，整個行業處在熟悉概念、認知產品的狀態中，還沒有出現專業的智能家居生產廠商，只在深圳有一兩家從事美國 X-10 智能家居代理銷售的公司，從事進口零售業務，產品大多銷售給居住在中國的歐美用戶。

開創期（2000～2005年）

智能家居發展的第二個階段是開創期。當時，中國先後成立了五十多家智能家居研發生產企業，主要集中在深圳、上海、天津、北京、杭州、廈門等地。智能家居的市場行銷、技術培訓體系逐漸完善起來。但由於這一階段智能家居企業的野蠻成長和惡性競爭，給智能家居行業帶來了極大的負面影響，因此，行業用戶、媒體開始質疑智能家居的實際效果，由原來的鼓吹變得謹慎，市場銷售也出現了增長減緩，甚至在部分區域出現了銷售額下降的現象。

徘徊期（2006～2010年）

到了徘徊期，國外的智能家居品牌暗中布局，進入了中國市場，如羅格朗、霍尼韋爾、 施耐德、Control4 等。中國部分存活下來的企業也逐漸找到了自己的發展方向，如天津瑞朗、 青島愛爾豪斯、海爾、科道等。

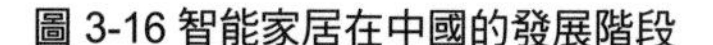
圖 3-16 智能家居在中國的發展階段

融合演變期（2011～2020年）

進入2011年以後，市場明顯看到了增長的趨勢，說明智能家居行業進入了一個轉折點，由徘徊期進入了新一輪的融合演變期。接下來的3～5年，智能家居一方面進入一個相對快速的發展階段，另一方面，協定和技術標準開始主動互通和融合，行業併購現象開始出現，並漸漸成為主流。

到2014年，各大廠商已開始密集布局智能家居，儘管從產業角度來看，業內還沒有特別成功的案例出現，但越來越多的廠商開始介入和參與，這讓人們意識到，智能家居未來的發展繁榮已不可逆轉。

圖3-16（續）

3.2.2 演變期下的發展布局

雖然智能家居的發展趨勢已不可逆轉，但從發展的角度來說，中國營運商的智能家居相較於國外營運商來說，其發展布局依然略顯遲緩。

1. 仍是初級階段

目前，中國移動推出了靈犀語音助手3.0，如圖3-17所示，該產品可以用語音實現對智能家居的操控，以語音辨識連結智能家居；中國電信也推出了智能家居產品「悅me」，可以為用戶提供家庭資訊化服務綜合解決方案，如圖3-18所示。

圖3-17 靈犀語音助手3.0

圖3-18 中國電信推出「悅me」

2. 平臺化模式還不成熟

中國移動推出了「和家庭」，「和家庭」是針對家庭客戶提供的視頻娛樂、智能家居、健康、教育等一系列產品服務的平臺，而「魔百盒」是打造「和家庭」智能家居解決方案的核心設備和全套式服務的入口。不過，現階段「和家庭」僅重點推廣互聯網電視應用，至於「和家庭」的全套式服務，還只是未來的方向及目標。

中國電信宣布了與電視機廠商、晶片廠商、終端廠商、管道商和應用提供商等共同發起成立智能家居產業聯盟，但智能家居的中控平臺何時落地，尚不可知。

3.2.3 中國企業紛紛推出優勢產品

中國的互聯網企業紛紛憑藉著自身的核心優勢，推出了相關的智能家居產品，規劃智能家居市場。

1. 阿里巴巴依靠自有作業系統

2014 年中國移動全球合作夥伴大會上，阿里巴巴集團的智能客廳亮相發表會。

阿里巴巴的智能客廳是由阿里巴巴的自有作業系統阿里雲端 OS（YunOS）聯合各大智能家居廠商共同打造的智能家居環境，內容包括阿里雲端智能電視、天貓魔盒、智能空調、智能熱水器等眾多智能家居設備。

阿里在智能家居領域與海爾聯合推出了海爾阿里電視，主打電視購物的概念，如圖 3-19 所示。海爾與阿里本次合作的成果，是在互聯網思維下對家居生態圈的戰略布局。此外，國美也加入進來，其 1000 多家超級連鎖店將為用戶線下體驗新品提供最佳場所，共同推進了最大 O2O 戰略聯盟落地。

圖 3-19 海爾阿里電視

2015 年，目前中國家電行業規格最高的大型綜合性展演會—中國家電博覽會召開之後，4 月 2 日，阿里宣布成立阿里巴巴智能生活事業部，全面進軍智能生活領域，將集團旗下的天貓電器城、阿里智能雲端、淘寶眾籌三個業務部門進行整合，在內

部調動各類資源，全面支援智能產品的推進，加速智能硬體孵化的速度，力爭提高市場競爭力。

其中，智能雲端負責為廠商提供有關技術和雲端服務；天貓電器城主要為知名大廠商提供「規模化」的市場銷售管道；而淘寶眾籌主要是為中小廠商甚至創業者提供「客製化」的市場銷售管道。阿里巴巴智能生活事業部將電子商務銷售資源、雲端數據服務和內容平臺進行整合，其宗旨在於打通全產業鏈。

2. 京東、騰訊、百度利用自身平臺優勢

京東打造的智能硬體管理平臺「京東」雲端服務包含了 4 大板塊，如圖 3-20 所示，各個板塊的產品都可以透過京東的超級 APP 來實現統一管理。

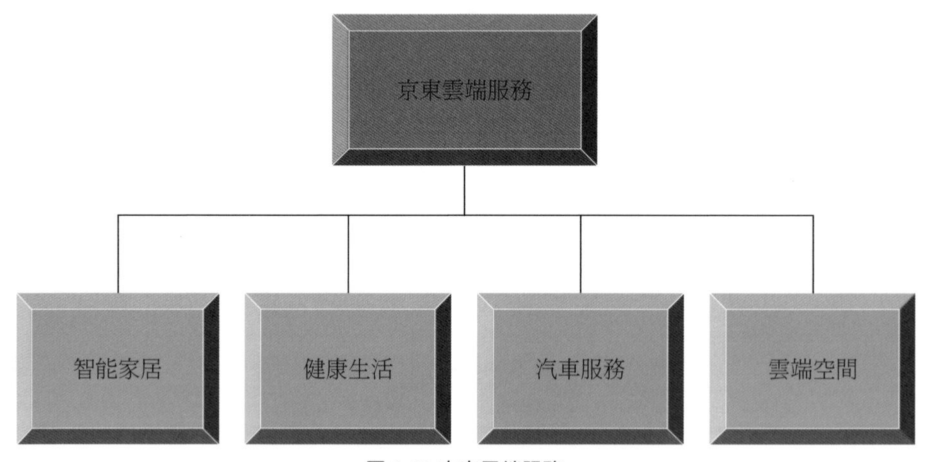

圖 3-20 京東雲端服務

騰訊建構的是一個 QQ 物聯社群智能硬體開放平臺，如圖 3-21 所示，主要是利用 QQ、微信、應用寶這些軟體的大量用戶資源，將合作廠商硬體快速覆蓋到用戶，向用戶發送軟體、產品及行銷。

圖 3-21 QQ 物聯

百度推出的百度智能互聯開放平臺——百度智家，涵蓋了路由器、智能插座、體重機等智能家居設備，可以為用戶提供智能家居設備的互聯互通，如圖 3-22 所示。

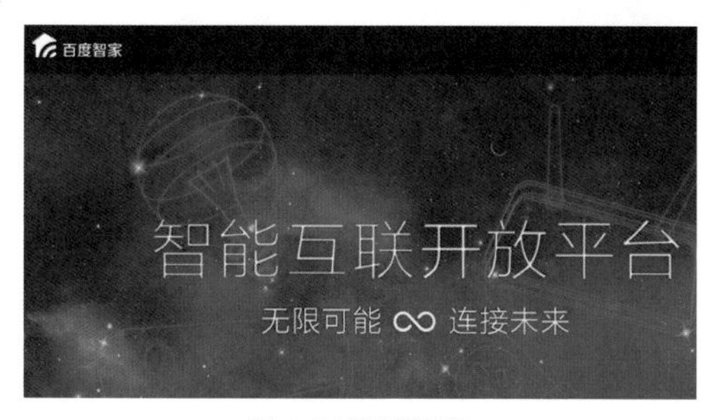

圖 3-22 百度智家

3.2.4 傳統家居業推出各類產品

傳統家居製造業也不甘落後，紛紛推出了自己品牌的智能家居產品。比如，海爾推出的「海爾 U-home」智能家居，如圖 3-23 所示；美的推出的空氣、營養、水健康、能源安防 4 大智能家居管家系統；長虹推出的 ChiQ 系列產品，如圖 3-24 所示；TCL 與 360 合推的智能空氣淨化器等，如圖 3-25 所示。

而且，傳統家居製造業開始與互聯網企業聯手，合力布局智能家居市場。比如，美的與小米簽署了戰略合作協定，TCL 與京東開啟了首款訂製空調的預約，長虹推進與互聯網企業合作的業務，阿里巴巴入股海爾電器公司等。

可見，在未來，傳統企業與互聯網企業相結合會成為一種必然趨勢，如何保持雙方的利益對等，將會成為兩者之間的一個重要課題。

圖 3-23 海爾推出「海爾 U-home」智能家居

圖 3-24 長虹推出 ChiQ 系列產品

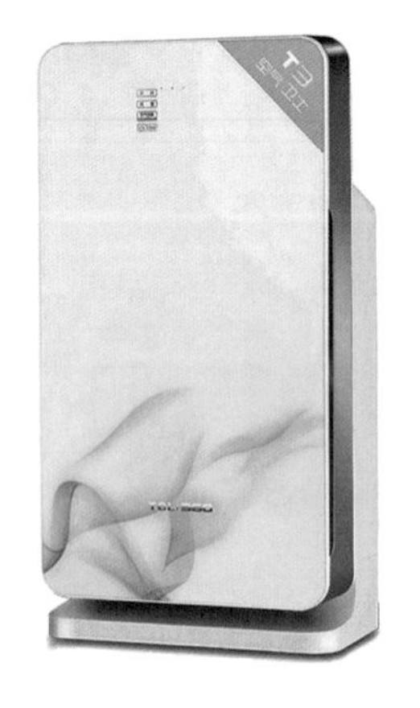

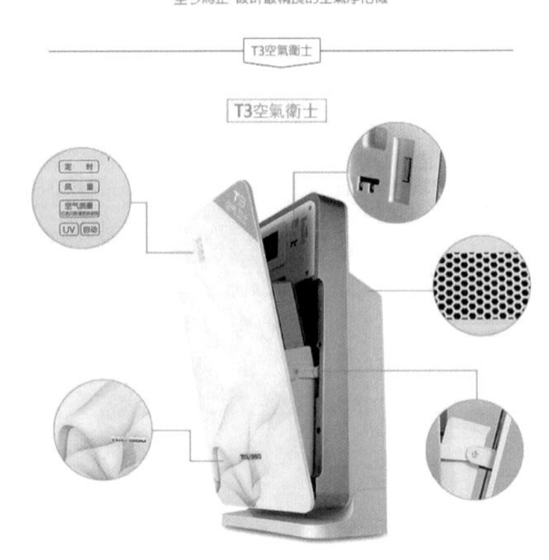

卓越品質　細節體現
至今為止 設計最精良的空氣淨化機
T3空氣衛士
T3空氣衛士

圖 3-25 TCL 與 360 合推的智能空氣淨化器

3.2.5 中國智能家居品牌介紹

隨著智能家居漸漸成為主流，越來越多的企業想要佔領智能家居市場，中國也有很多企業紛紛布局轉型，向智能家居業進軍，這裡為讀者介紹一些中國的智能家居品牌。

1. 海爾

海爾在智能家居領域的探索和布局已經走在中國各企業的前端，作為智能家居產業的領導者，海爾頗具前瞻性地推出了全球第一個全交互性的智能生活平臺—海爾 U+ 平臺。

該平臺的宗旨在建立統一的智能協定標準，為用戶提供空氣、水、食品、娛樂及安全、健康、美食、清洗及監護等生活元素全套式的智能生活解決方案。目前，海爾 U+ 平臺接入的智能產品種類已經超過 100 種，2015 年 3 月份，海爾 U+ 智慧生活 APP 正式發布，如圖 3-26 所示。

海爾 U+ 智慧生活平臺為用戶設定智能家居生活的集中入口，用戶可以通過這一入口，隨時對自己的智能生活需求和智能家居進行設置和控制操作。不僅如此，海爾 U+ 智慧生活 APP 還針對全生態圈進行開放，與各大合作廠商一起，實現在智能生活時代的共贏。

圖 3-26 海爾 U+ 智慧生活 APP

海爾公司先後建立了強大的 U-home 研發團隊和世界一流的實驗室，擁有近 20 名博士在內的高品質智能家電專業設計團隊，從事智能家電、數位變頻、無線高清、影音解碼、網路通訊等晶片以及 UWB、藍牙、RF、電力載波等技術的研發。海爾公司主要以提升人們的生活品質為己任，提出了「讓您的家與世界同步」的新生活理念，不僅僅為用戶提供客製化的產品，還對未來提供多套智能家居解決方案及增值服務，U-home 就是一個具備系統整合功能的智能家居解決方案。

不僅如此，海爾還與多家國際知名企業建立聯合開發試驗室，提出了智能家居、遠端醫療、網路超市、故障回饋、智能安防、智能酒店等多項解決方案。憑藉自身在各方面的實力和影響力，海爾一直躋身在智能家居行業前端。

2. 小米

小米公司正式成立於 2010 年 4 月，是一家專注於智能產品自主研發的移動互聯網公司。小米手機、MIUI、米聊是小米公司旗下的三大核心業務，小米公司首創了用互聯網模式開發手機作業系統、「粉絲」參與開發改進的模式。

小米在智能家居領域的布局與小米路由器有著密不可分的關係，小米路由器如圖 3-27 所示。小米路由器的產品定義：第一是最好的路由器，第二是家庭數據中心，第三是智能家庭中心，第四是開放平臺。而從路由器第一次正式開放時宣稱的「頂配路由器」，到第三次開放時獲得的「玩轉智能家居的控制中心」稱號中，我們看到小米路由器已經漸漸實現了其最初的產品定義。

圖 3-27 小米路由器

小米在智能家居領域的發展歷程是從 2013 年開始的。2013 年 11 月，小米路由器正式發布；2014 年 5 月，小米電視 2 正式發布，如圖 3-28 所示；2014 年 10 月，小蟻智能鏡頭、小米智能遙控中心、Yeelight 智能燈泡、小米智能插座等 4 款智能硬體發布，如圖 3-29 所示；2014 年 10 月，小米智能家庭 APP 正式推出；2014 年 12 月，小米空氣淨化器正式發布，如圖 3-30 所示；2014 年 12 月，小米與美的集團達成戰略合作協定，正式入股傳統家電企業。

圖 3-28 小米電視 2

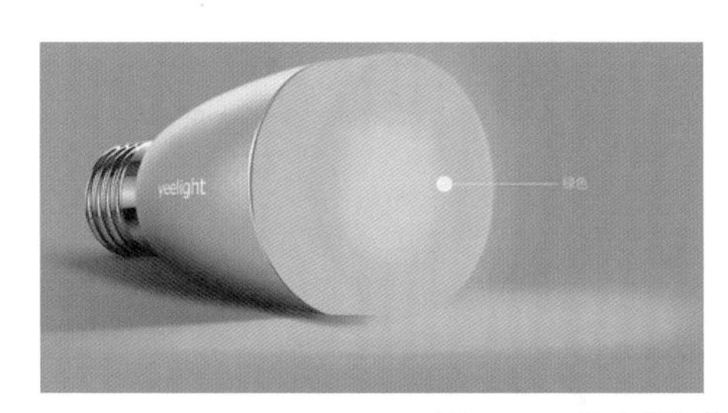

圖 3-29 4 款小米智能硬體

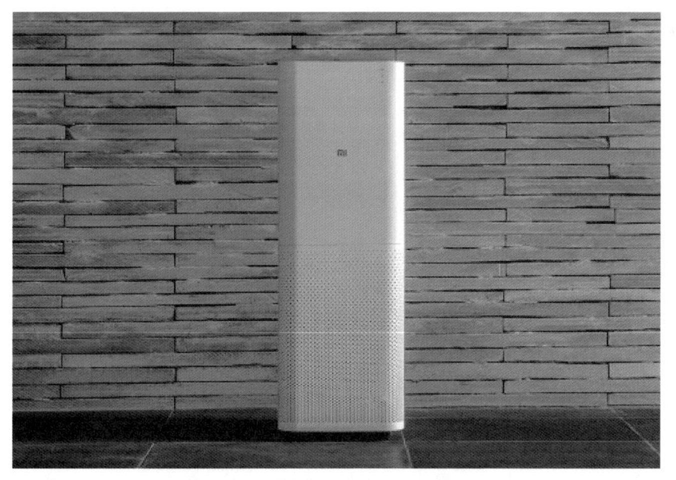

圖 3-30 小米空氣淨化器

2015 年，小米在智能家居領域有了更廣泛的發展：2015 年 1 月，在小米年度旗艦發布會上，小米智能芯首次亮相，同月，小米智能家庭套裝也正式發布，如圖 3-31 所示；2015 年 5 月，小米智能家居與正榮集團達成合作，並將合作項目落戶在蘇州

幸福城邦專案上，同月，小米智能家居與成都仁恆地產達成合作，落地部署小米智能家居產品；2015 年 6 月，小米智能家居與金地集團達成合作，合作項目將實現全國近萬家金地業主將使用小米智能家居系列產品。

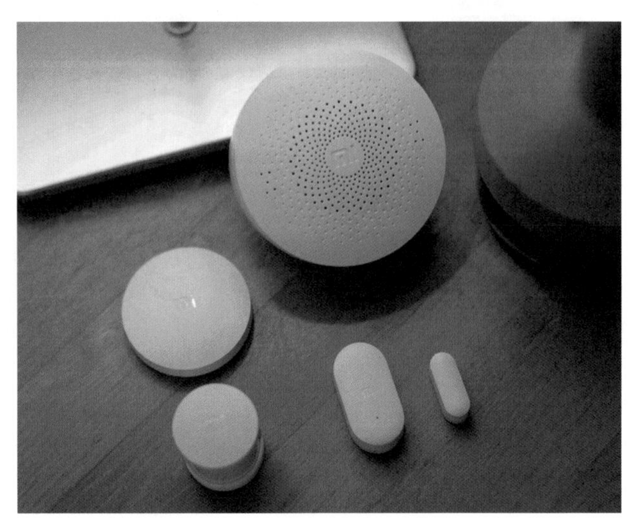

圖 3-31 小米智能家庭套裝

目前，透過小米路由器、小米路由器 APP、小米智能家庭套裝，已經可以實現多設備之間的智能聯動。像設備聯網、影音分享、家庭安防、空氣改善等功能和應用場景也變得越來越豐富。

3. 樂視

2013 年 3 月，樂視與全球最大規模電子產品代工商富士康展開戰略合作，雙方簽約開拓智能電視市場，同時，聯合夏普、美國高通公司播控平臺合作方 CNTV，共同打造樂視超級電視，如圖 3-32 所示。

樂視 TV 超級電視 X60 以及普及型產品 S40 是 60 吋、4 核 1.7GHz 的智能電視。這兩款產品都於 2013 年 6 月下旬正式發售，標誌著樂視網成為中國首家正式推出自有品牌電視的互聯網公司。

其實，彩色電視機市場一直面臨著同質化嚴重的問題，從 2011 年開始，安卓系統的電視就已經出現在商場中，而樂視 TV 的出現對市場造成了很大的衝擊。

樂視超級電視打造的不僅僅是一臺電視機，而是一種具有完整價值鏈的「樂視生態系統」。樂視超級電視在行銷模式上更注重於互聯網行銷的模式，可以說，購買樂視超級電視的人基本都是樂視網路視頻的粉絲和追隨者。

樂視網包含網路視頻及智能終端機兩條業務線：一是以 Hulu+Netflix 模式為主的長視頻網站業務；二是以超級電視等智能終端機以及合作廠商開發平臺 LeTV Store、LeTV UI 作業系統為主的樂視新興業務。

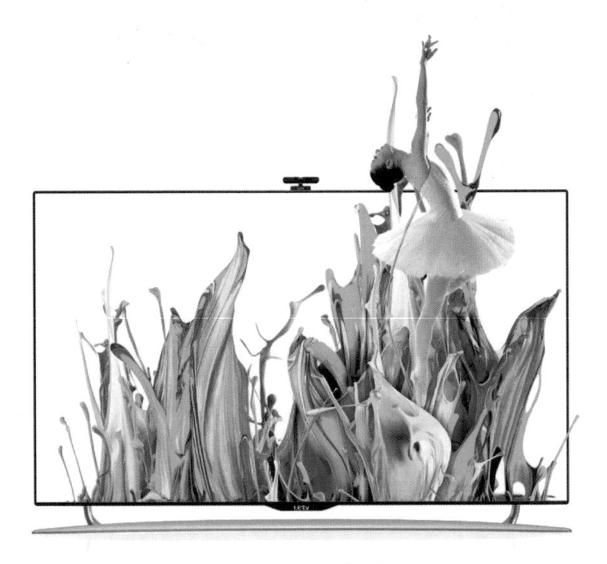

圖 3-32 樂視超級電視

4. 美的

創業於 1968 年的美的集團，是一家以家電業為主，涉足照明電器、房地產、物流等領域的大型綜合性現代化企業集團，旗下擁有三家上市公司、四大產業集團，是中國最具規模的白色家電生產基地和出口基地之一。

1980 年，美的正式進入家電業，到目前為止，美的集團的主要產品涉獵甚廣。在家用電器方面，有空調、冰箱、洗衣機、飲水機、電子鍋、電磁爐、空氣清新機、洗碗機、烘碗機、抽油煙機、熱水器等；在家電配件產品方面，有空調壓縮機、冰箱壓縮機、馬達、磁控管、變壓器等。美的是中國最大、最完整的空調產業鏈、微波爐產業鏈、洗衣機產業鏈、冰箱產業鏈和洗碗機產業鏈等。

2014 年 3 月，美的與阿里巴巴簽訂了雲端戰略合作協定，共同推出首款物聯網智能空調，如圖 3-33 所示。這款物聯網智能空調實現了家電產品的互通互聯和遠端控制，阿里雲端提供巨量的計算、儲存和網路連接能力，並幫助美的實現大數據時代下的商業化應用。

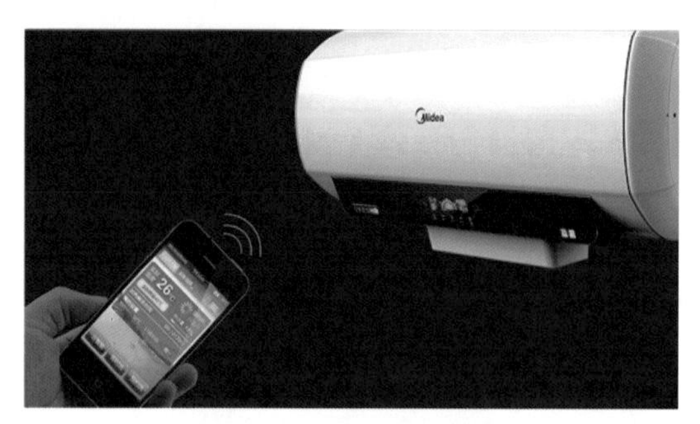

圖 3-33 物聯網智能空調

用戶只要下載一個 APP，就可以透過手機對美的空調進行遠端控制。其語音系統的工作原理是：當用戶對著手機發出語音指令時，這段指令就會被轉換成數據流，然後透過網路傳輸到阿里雲端的智能控制中心，經過計算分析處理，又透過光纖和 WiFi 網路發送到美的空調的智能晶片中，然後空調就會按照指令行動。智能晶片會對各類數據進行記錄，例如開關機時間、用電量、溫濕度，甚至包括 PM2.5 的數據等，然後將這些數據回傳到阿里雲端的智能控制中心，用戶可以隨時查看。

美的空調和阿里雲端的技術合作，是運用互聯網思維和技術來促進傳統家電行業的產業模式和營運模式的變更。同時，美的集團還發布了「M-Smart 智能家居戰略」，宣布將對內統一協定，對外開放協定，實現所有家電產品的互聯、互通，這款物聯網智能空調將是其智能家居戰略的進一步落實。

5. 格力

格力成立於 1991 年，是一家集研發、生產、銷售、服務於一體的國際化家電企業，目前擁有格力、TOSOT、晶弘三大品牌，主要經營家用空調、中央空調、空氣能熱水器、手機、生活電器、冰箱等產品。

在中國的智能家居領域中，就空調而論，雖然市場上正式銷售的智能空調產品並不是很多，但是在格力、海爾、美的等各大品牌的廣告宣傳中，依然讓人感受到智能空調時代已經來臨。

作為智能空調領域的先行者之一，早在 2012 年，格力就與中國移動合作，研發出透過手機設備來遠端操控空調運作的技術，這就是當時的物聯網空調，也可以看作是智能空調的初級產品，其功能包括遠端查詢、開／關機、調節風速和噪音等。

2013 年，格力推出旗艦產品全能王 -U 尊 smart 智能空調，如圖 3-34 所示。該產品配置了「格力智能家電」系統的功能，標誌著格力智能空調的序幕正式拉開。

圖 3-34 格力全能王 -U 尊 smart 智能空調

對於格力全能王 -U 尊 smart 智能空調，可以透過在手機等智能操控終端上安裝格力智能家電 APP，完成近程模式或遠端模式的設置，然後就能實現對空調的智能掌控，進行區域送風、節能導航、定時、睡眠模式設定、噪音設定以及「風吹人」或「禁止吹人」模式等功能操作。同時，格力採取國際領先的雙極壓縮機，能夠高效運作超強製冷熱系統，如圖 3-35 所示。

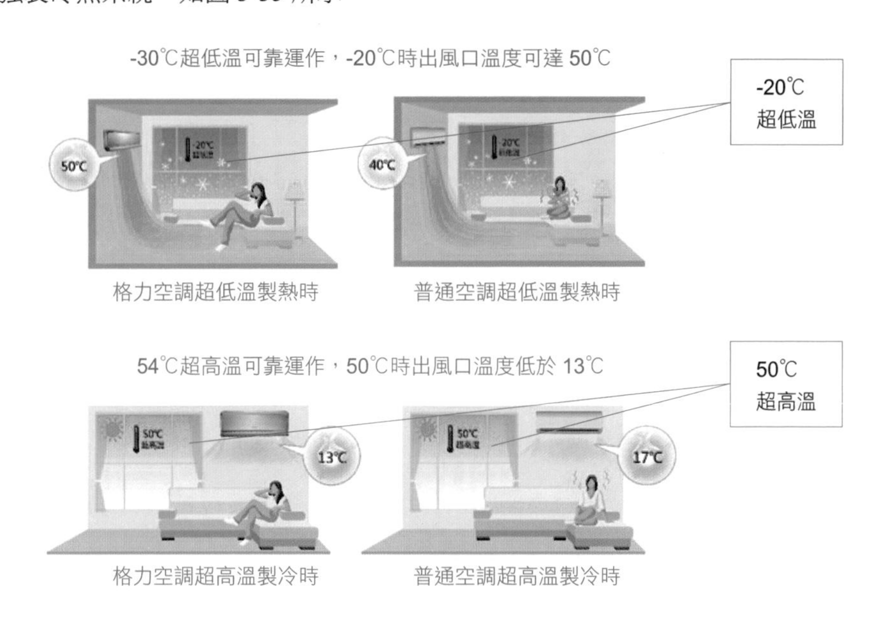

圖 3-35 格力全能王空調高效運行超強製冷熱系統

尤其值得一提的是格力智能空調的睡眠模式設定功能，人們可以在手機上用指尖輕觸螢幕，在圖形化工具中靈活改變睡眠溫度曲線，讓空調在整晚或是任意一段時間內按照自己的個性指令運作。

格力智能空調，能使手機與空調實現雙向即時通訊，讓人們無論身處多遠，都可以隨時掌控空調的運作狀態，進行多樣化的功能設定。

第4章 自動化：實現家庭自動管理

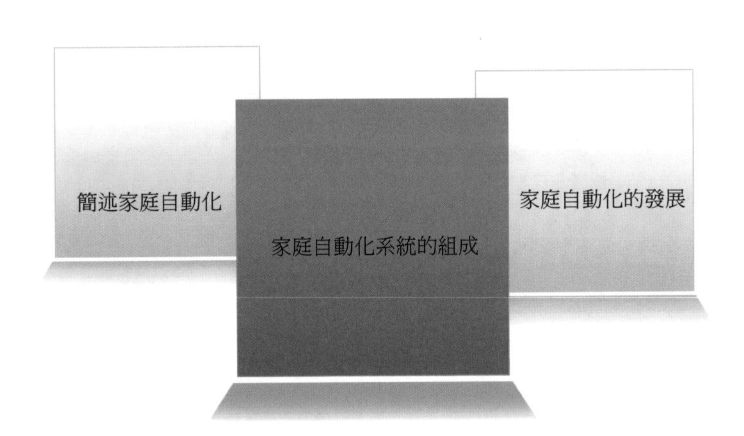

4.1 簡述家庭自動化

想要實現人們家務勞動和家務管理的自動化，減輕人們家庭生活中的煩憂，節省人們的時間，提高人們的物質、文化生活品質，就要依靠現代自動控制技術、電腦技術和通訊技術等手段。

隨著現代科學技術的發展和人們生活水準的提高，家庭自動化的範圍也在日益擴大，最早進入家庭中的自動化設備有自動洗衣機和空氣自動調節裝置等。而對於家庭安全系統、家庭自動控制系統、家庭資訊系統和家用機器人等，有的已達到實用水準，有的正處於研究改進階段，在智能家居領域，家庭自動化已經成為人類社會進步的重要標誌之一。

4.1.1 家庭自動化的概念

家庭自動化是指利用微處理電子技術，來整合或控制家中的電子、電器產品或系統，即以一個中央微處理機（Central Processor Unit，CPU）接收來自相關電子、電器產品的資訊後，再以既定的程式發送適當的資訊給其他電子、電器產品。例如照明燈、咖啡機、電腦設備、保全系統、暖氣及冷氣系統及影音系統等，如圖 4-1 所示。

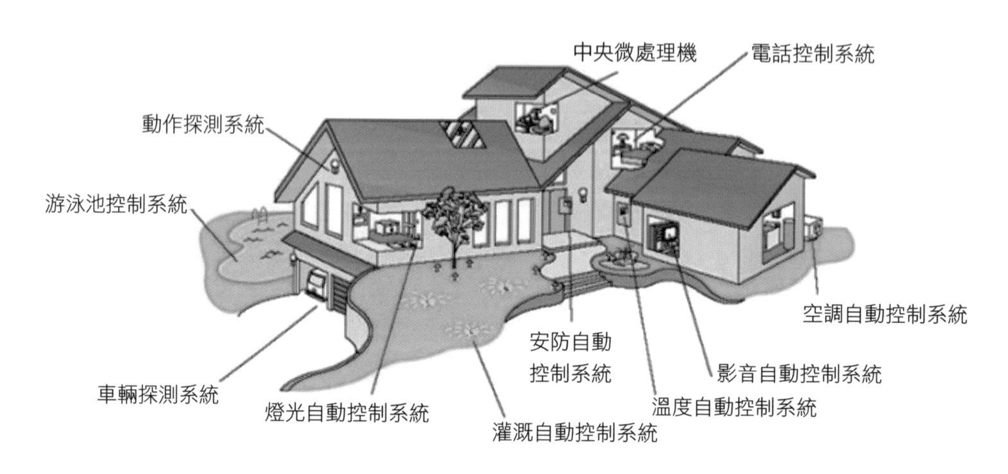

圖 4-1 家庭自動化控制

中央微處理機必須透過許多介面來控制家中的電器產品，這些介面可以是鍵盤，也可以是觸控式螢幕、按鈕、電腦、電話、遙控器等，消費者可發送訊號至中央微處理機，或接收來自中央微處理機的訊號。

在智能家居剛出現時，家庭自動化就等同於智能家居，而今天它仍是智能家居的核心之一，因此，家庭自動化是智能家居的一個重要系統。而隨著網路技術和智能家居的普遍應用、網路家電／資訊家電的成熟，家庭自動化的許多產品功能漸漸融入到這些智能產品中，從而使單純的家庭自動化產品在系統設計中越來越少，其核心地位也漸漸被自家用網路／家庭資訊系統所取代。因此，在智能家居領域中，家庭自動化將作為家用網路中的控制網路發揮作用，如圖 4-2 所示。

家庭自動化：
燈光控制
門窗控制
環境監測控制
家電設備控制
影音系統控制
安防系統控制

圖 4-2 家庭自動化發揮控制網路的作用

4.1.2 家庭自動化的優勢

在中國，家庭自動化一直是各企業爭奪智能家居市場的主戰場，中國主要的兩大陣營分別是海爾 e 家佳以及聯想閃聯，前者側重於家庭，後者關注於商務，但最終都聚焦於家用網路自動化。

而隨著物聯網路線的漸漸明朗，很多熱門的物聯技術紛紛湧入家庭自動化領域，如 ZigBee、Z-Wave、Insteon 等。這些協議和標準的相互競爭，促進了自動化領域的技術繁榮，也推動了智能家居向生活智能化的前進。目前，從人們生活需求方面來看，市場需要性能穩定、價格適宜、使用方便的自動化產品，這就需要相關企業提供隨插即用、性價比（CP 值）高的實用化、模組化的智能產品。因此，提高資源利

用率和行業透明度，透過合作和規模效應來降低成本，是共同推動行業健康發展的王道，也是家庭自動化的優勢顯現前提。本節為大家介紹家庭自動化的優勢，如圖 4-3 所示。

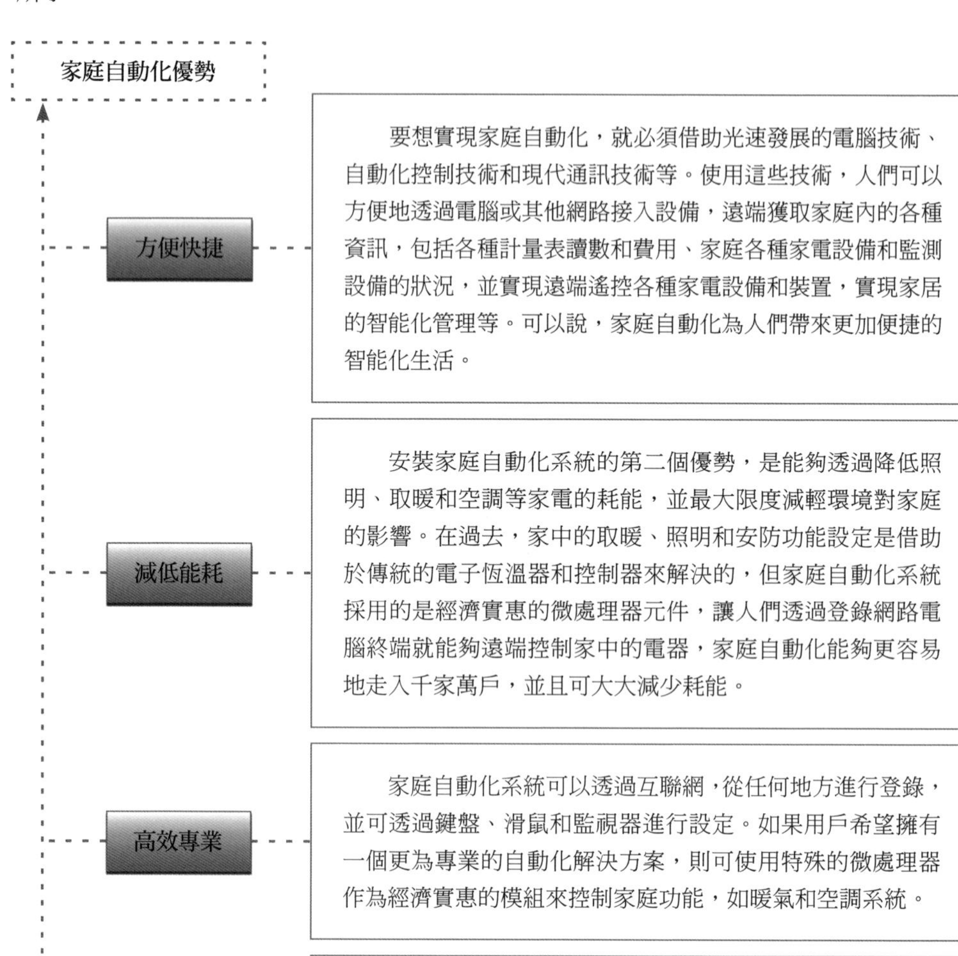

家庭自動化優勢
方便快捷
要想實現家庭自動化，就必須借助光速發展的電腦技術、自動化控制技術和現代通訊技術等。使用這些技術，人們可以方便地透過電腦或其他網路接入設備，遠端獲取家庭內的各種資訊，包括各種計量表讀數和費用、家庭各種家電設備和監測設備的狀況，並實現遠端遙控各種家電設備和裝置，實現家居的智能化管理等。可以說，家庭自動化為人們帶來更加便捷的智能化生活。
減低能耗
安裝家庭自動化系統的第二個優勢，是能夠透過降低照明、取暖和空調等家電的耗能，並最大限度減輕環境對家庭的影響。在過去，家中的取暖、照明和安防功能設定是借助於傳統的電子恆溫器和控制器來解決的，但家庭自動化系統採用的是經濟實惠的微處理器元件，讓人們透過登錄網路電腦終端就能夠遠端控制家中的電器，家庭自動化能夠更容易地走入千家萬戶，並且可大大減少耗能。
高效專業
家庭自動化系統可以透過互聯網，從任何地方進行登錄，並可透過鍵盤、滑鼠和監視器進行設定。如果用戶希望擁有一個更為專業的自動化解決方案，則可使用特殊的微處理器作為經濟實惠的模組來控制家庭功能，如暖氣和空調系統。
自動指令
用戶可下載智慧手機 APP 來發出家庭自動化指令，同時，根據安裝的系統以及網路配置，可進行訂閱服務，以便從互聯網登錄系統或者直接登錄系統。一旦用戶的微處理器發出必要的家庭自動化指令，用戶就需要模組來執行訊號，然後開關燈、啟動或停止暖爐空調並記錄監控攝影機所拍攝的照片。遙控型中繼器和開關可以控制家庭自動化設備，避免過多的電線排布。憑藉這樣的指令功能，用戶就能檢查感測器，決定是否發出相應的指令。

圖 4-3 家庭自動化的優勢

4.1.3 家庭自動化的相關技術

家庭自動化產品的核心是無線技術，它可以實現隨時隨地將智能設備與家庭網路進行連接，並對其進行控制。隨著家庭自動化系統的發展，家庭智能化也越來越趨近成熟，但是，依然有很多人對智能家居的家庭自動化控制技術不太瞭解，本節就為讀者介紹家庭自動化的相關控制技術，讓讀者對家庭自動化有更加全面的瞭解。

1. 無線 WiFi

WiFi，即無線區域網，是一種可以將個人電腦、移動設備（如 PAD、手機）等終端，以無線方式互相連接的技術，事實上，它使用高頻無線電訊號，如圖 4-4 所示。

圖 4-4 WiFi

WiFi 上網可以簡單地理解為無線上網。幾乎所有智慧手機、平板電腦和筆記型電腦都支援 WiFi 上網，是當今使用最廣的一種無線網路傳輸技術。其原理就是把有線網路訊號轉換成無線訊號，然後透過無線分享器供相關的電腦、手機、平板等接收。WiFi 無線上網在大城市比較常用，雖然由 WiFi 技術傳輸的無線通訊品質不是很好，數據安全性能也比藍牙差一些，但其最大的優點，就是傳送速率非常快，可以達到 54Mbps，符合個人和社會資訊化的需求。除了傳送速率快，WiFi 最主要的優勢在於不需要布線，可以不受布線條件的限制，因此非常適合移動商務用戶的需求。

WiFi 無線網路與有線網路相較之下，有許多優點，如圖 4-5 所示。

在家庭自動化系統中，除了可減少布線的麻煩之外，最大的優勢，是可以將聯網家居設備與網路無縫對接，不需要考慮訊號轉變的問題。同時，相較於其他的無線通訊技術，WiFi 的成本低、開發程度小，再加上前面介紹過 WiFi 技術的傳輸速率快、無線覆蓋範圍廣、滲透性高、移動性強等特點，說明 WiFi 技術非常適用於家庭自動化領域中。

無須布線	WiFi 最主要的優勢在於不需要布線，可以不受布線條件的限制，因此，非常適合移動商務用戶的需求，具有非常廣闊的市場前景。目前 WiFi 無線網路已經從傳統的醫療保健、庫存控制和管理服務等特殊行業向更多的行業拓展，甚至開始進入家庭以及教育機構等領域。
安全健康	WiFi 無線網路使用的方式並不像手機那樣直接與人接觸，因此相對比較安全。
組建簡單	一般架設無線網路的基本配備就是無線網卡及一臺 AP，如此便能以無線的模式，配合既有的有線架構來分享網路資源，架設費用和複雜程度遠遠低於傳統的有線網路。
遠距離工作	雖然無線 WiFi 的工作距離不大，但在網路建設完備的情況下，802.11b 的真實工作距離可以達到 100 米以上，而且解決了高速移動時數據的糾錯問題、誤碼問題，並且 WiFi 設備與設備、設備與基地臺之間的切換和安全認證都得到了很好的解決。

圖 4-5 WiFi 無線網路的優點

因此，用戶可以輕鬆實現智能影像對講機以及對各種家電的智能控制，同時，經過 Web 網路控制智能閘道，還能實現對家電的遠端控制。除了以上的應用之外，WiFi 無線智能閘道還具備社區商城管理應用功能，透過社區管理軟體，物業管理者可以通過閘道瀏覽各類資訊，同時，還包括安防警報、資訊發布、遠端監控、設備自檢和遠端維護等應用。

2. 藍牙

藍牙（Bluetooth）是一種無線技術標準，可實現固定設備、移動設備和大廈個人區域網之間的短距離數據交換（使用 2.4 ～ 2.485GHz 的 ISM 波段的 UHF 無線電波），如圖 4-6 所示。

圖 4-6 藍牙

藍牙技術始於電信巨頭愛立信公司的 1994 方案，當時是作為 RS232 數據線的替代方案，主要研究行動電話和其他配件間進行低成本、低功耗的無線通訊連接的方法。到了 1998 年，愛立信公司希望無線通訊技術能統一標準，便取名「藍牙」。

發展至今，藍牙經歷了好多個版本，如圖 4-7 所示。

藍牙 1.1 和 1.2 版本

這是最早期的版本，兩個版本的傳輸速率都僅有 748 ～ 810kbps，由於是早期的設計，因此通訊品質並不算好，還易受到同頻率產品的干擾。

藍牙 2.0+EDR 版本

藍牙 2.0+EDR 版本的推出，讓藍牙的實用性得到了大幅的提升，傳輸速率達到了 2.1Mbps，相對於 1.2，提升了三倍，支援立體音效，還有雙工的工作方式，即進行語音通訊的同時，也可以傳輸高畫素的圖片，雖然 2.0+EDR 的標準在技術上做了大幅的改進，但從 1.x 標準延續下來的配置流程複雜和設備功耗較大的問題依然存在。

藍牙 2.1+EDR 版本

藍牙 2.1+EDR 版本推出後，增加了 Sniff 省電功能，透過設定在兩個裝置之間互相確認訊號的發送間隔來達到節省功耗的目的。採用此技術後，藍牙 2.1+EDR 的待機時間可以延長 5 倍以上，具備了更加省電的效果。

藍牙 3.0 版本

隨著藍牙 3.0 版本的推出，數據傳輸的速率再次提高到了大約 24Mbps，同時，還可以調用 WiFi 功能，實現高速數據傳輸。

藍牙 4.0 版本

藍牙 4.0 版本推出後，實現了最遠 100 米的傳輸距離，同時擁有更低的功耗和 3 毫秒低延遲，目前最新款的產品如 iPhone 5、New iPad、Macbook Pro、HTC One X 等，都已應用了藍牙 4.0 技術。

圖 4-7 藍牙發展的版本

相對於 WiFi，藍牙稍顯弱勢，但其實藍牙是生活中很普遍的一種重要通訊方式，也是無線智能家居的一種主流通訊技術，在所有無線技術中，藍牙在智能家居領域已經邁出了很大一步。

目前，手機、電腦、耳機、音箱、汽車、醫療設備等都整合了該技術，同時，還有部分家居設備也加入了進去。基於藍牙技術設計的方案可以使數據獲取和家庭安防監控更加靈活，還能在一定程度上提高系統的抗干擾能力。

目前，藍牙在家庭自動化方面應用逐漸加強，首先是由於藍牙的普遍性，因為每一臺智慧手機都有藍牙無線廣播設備，這使得它幾乎無處不在，同時，由於藍牙自身的低耗能特點，未來的某些自動化設備將會運用壽命能夠持續數月甚至數年的藍牙無線通訊技術，因此，藍牙技術在這方面比其他技術佔據更大的優勢。但是最大的益處可能還是在於藍牙的性能一直在不斷地提升：據悉，下一代藍牙技術將會使用所謂的網狀網路，因此，透過與附近的藍牙無線設備連接，一個藍牙設備可以輻射更廣的範圍，假設在一個家庭裡裝上幾個藍牙智能燈泡，無線網路就可以覆蓋整個家庭。

3. Z-Wave

Z-Wave 是由丹麥公司 Zensys 一手主導的無線組網規範，是一種基於射頻的、低成本、低功能、低功耗、高可靠，適用於網路的新興短距離無線通訊技術，如圖 4-8 所示。

圖 4-8 Z-Wave

近幾年，隨著家庭控制及自動化短距離無線技術的發展，家庭智能化所帶來的契機正成為現實。在已出現的各種短距離無線通訊技術中，Z-Wave 以結構簡單、成本低、接收靈敏等特點，成為其他無線通訊技術強有力的競爭者。

Z-Wave 技術在最初設計時，就定位在家庭自動化無線控制領域，Z-Wave 可將任何獨立的設備轉換為智能型網路設備，從而實現控制和無線監測。與同類的其他無線技術相比，Z-Wave 技術專門針對窄頻應用並採用創新的軟體解決方案取代成本高的硬體，因此，只須花費其他類似技術的一小部份成本，就可以組建高品質的無線網路，除此之外，Z-Wave 還擁有相對較低的傳輸頻率、相對較遠的傳輸距離和一定的價格優勢等特點。

Z-Wave 技術設計目前用於控制、監督以及狀態讀取應用等方面，例如抄表、照明及家電控制、HVAC、接入控制、防盜及火災檢測等。而採用 Z-Wave 技術的產品涵蓋了燈光照明控制、窗簾控制、能源監測以及狀態讀取應用、娛樂影音類的家電控制，可以說，Z-Wave 技術基本覆蓋了人們家居生活的各個方面。

4. ZigBee

ZigBee 技術是一種短距離、低功耗、低速率、低成本、高可靠、自組網、複雜度低的無線通訊技術，如圖 4-9 所示，其名稱來自於蜜蜂的八字舞。

圖 4-9 ZigBee

近年來，ZigBee 技術被廣泛運用到家庭自動化領域中，該技術在家庭自動化中具有如圖 4-10 所示的優勢。

目前，ZigBee 技術在照明控制領域已經開始普及，除了照明，ZigBee 在智能家居的其他領域，也漸漸發揮著重要的作用。雖然 ZigBee 技術在智能家居的某些領域中，發揮著各式各樣的優勢，但是傳輸距離近、自組網和巨大的網路容量成了擺設，也制約著 ZigBee 技術在家庭自動化系統中的應用和推廣，只有靈活運用 ZigBee 技術的優點，並且克服其缺點，才能夠更有效地提供高性價比（CP 值）、高可靠性的家庭自動化系統。

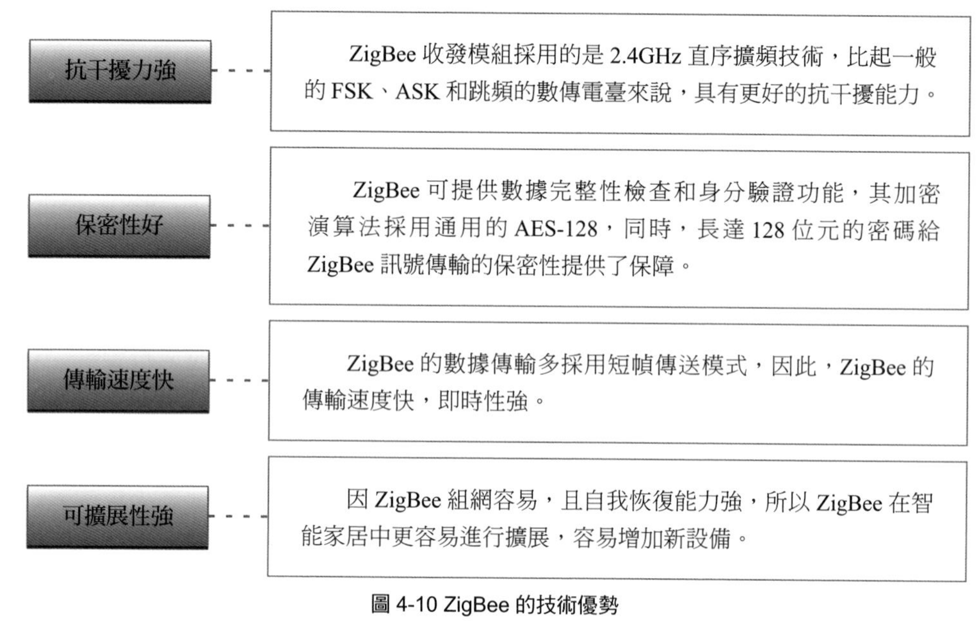

抗干擾力強
ZigBee 收發模組採用的是 2.4GHz 直序擴頻技術，比起一般的 FSK、ASK 和跳頻的數傳電臺來說，具有更好的抗干擾能力。
保密性好
ZigBee 可提供數據完整性檢查和身分驗證功能，其加密演算法採用通用的 AES-128，同時，長達 128 位元的密碼給 ZigBee 訊號傳輸的保密性提供了保障。
傳輸速度快
ZigBee 的數據傳輸多採用短幀傳送模式，因此，ZigBee 的傳輸速度快，即時性強。
可擴展性強
因 ZigBee 組網容易，且自我恢復能力強，所以 ZigBee 在智能家居中更容易進行擴展，容易增加新設備。

圖 4-10 ZigBee 的技術優勢

4.2 家庭自動化系統的組成

隨著人們生活水準的不斷提高，對居住環境的要求也越來越高，家庭自動化也就成為人們追求的重要目標，家庭自動化系統由家庭系統、資訊系統和家用機器人組成。本節將為讀者介紹家庭自動化系統的組成。

4.2.1 家庭系統

家庭自動化系統的家庭系統包括家庭智能燈光控制系統、家庭智能電器控制系統、家庭智能安防系統、家庭智能背景音樂系統、家庭影音視頻共享系統、家庭智能門窗控制系統。

1. 家庭智能燈光控制系統

智能燈光控制是指利用智能燈光面板替換傳統的電源開關，實現對住宅燈光的自動化控制和管理，可以用遙控等多種智能控制方式實現對住宅燈光的遙控開關、亮度調節、全開全關以及組合控制等，實現「會客」、「電影院」等多種燈光情境效果，從而達到智能照明的節能、環保、舒適、方便的功能。除此之外，還可用智慧手機控制、定時控制、電話遠端控制、電腦本地控制及互聯網遠端控制等多種控制方式實現自由控制。

2. 家庭智能電器控制系統

與智能燈光控制一樣，智能電器控制採用的也是以弱電控制強電的方式，這樣既安全又智能。兩者之間不同的是受控物件不同，智能電器控制顧名思義是對家用電器的控制，如電視機、空調、熱水器、電子鍋、投影機、飲水機等。

智能電器控制一般分為兩類，如圖 4-11 所示。

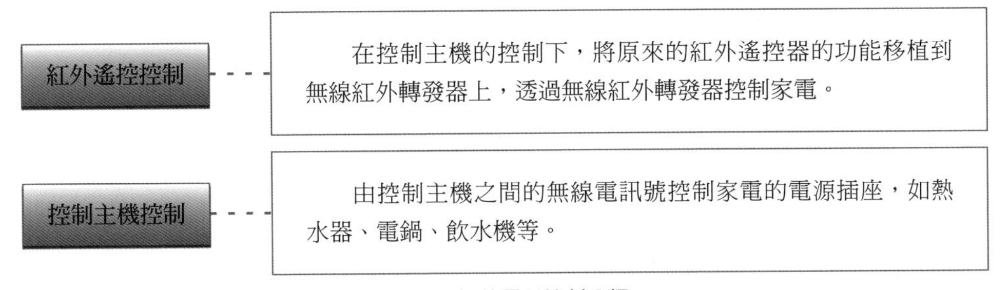

紅外遙控控制
在控制主機的控制下，將原來的紅外遙控器的功能移植到無線紅外轉發器上，透過無線紅外轉發器控制家電。
控制主機控制
由控制主機之間的無線電訊號控制家電的電源插座，如熱水器、電鍋、飲水機等。

圖 4-11 智能電器控制分類

3. 家庭智能安防控制系統

家庭智能安防系統是實施安全防範控制的重要技術手段，由感測器、家用電腦和相應的控制系統組成，主要是透過智能主機與各種探測設備配合，實現對各個防範區域的警報訊號即時收集與處理，透過本地聲光警報、電話或簡訊等警報形式，向用戶發布警示訊號，用戶可以透過網路攝影機查看現場情況，來確認事情緊急與否。

家庭安全系統是家庭防火、防氣和水漏泄、防盜的設施，透過感測器對周圍的光線、溫度和氣味等酌量進行檢測，發現漏氣、漏水、火災和偷盜等情況時，立即將有關資訊送給電腦，電腦根據提供的資訊進行判斷，採取相應的措施或報警。智能安防系統需要具備遠端即時監控功能、遠端警報和遠端撤設功能、網路儲存影像功能、手機互動監視功能以及夜監控制功能等。

4. 家庭智能背景音樂系統

家庭背景音樂，是在公共背景音樂的基礎上，結合家庭生活的特點發展而來的新型背景音樂系統。簡單地說，就是在家庭任何一個角落裡，包括花園、客廳、臥室、酒吧、廚房或衛浴間等，都可以布上背景音樂線，透過 MP3、FM、DVD、電腦等多種音源進行系統組合，讓每個房間都能聽到美妙的背景音樂。

5. 家庭影音共享系統

影音共享系統是將數位電視機上盒、DVD 播放機、錄影機、衛星接收機等視頻設備集中安裝於隱蔽的地方，透過系統可以讓客廳、餐廳、臥室等多個房間的電視機共享家庭影音庫，用戶可以透過遙控器選擇自己喜歡的影視進行觀看。採用這樣的方式，既可以讓電視機共享影音設備，又不需要重複購買設備和布線，既節省了資金，又節約了空間。

6. 家庭智能門窗控制系統

智能門窗一般是指安裝了先進的防盜、防劫、警報系統技術的門窗，智能門窗控制系統是由無線遙控器、智能主控器、門窗控制器、門窗驅動器、門磁感測器等部分組成的。

智能門窗的控制功能能夠預防各種家庭災害的發生，比如，當檢測到煤氣、有害氣體等危險訊號時，智能主機會自動發出相應的指令，將窗戶、排氣扇自動開啟，同時，將情況透過手機傳遞給主人；一旦有火災發生，感測器會第一時間檢測到煙霧訊號，然後智能主機會發出指令，將門窗打開，同時發出警示，將情況透過手機傳遞給主人和消防單位；若是遇到大雨天氣，當風力達到一定的級別時，或者雨水打在紅外線門簾感測器上，窗戶就會自行關閉，防止家裡被雨水淋濕；當感測器檢測到人體反應時，窗戶會自動關閉，可以有效地保護室內小孩的安全。

4.2.2 資訊系統

在家用電腦的控制下，電話、電視機等形成了統一的家用資訊系統，透過通訊線路與社會資訊中心相連，使家庭資訊系統成為社會資訊中心的終端，並隨時可從資訊中心獲得各種想要的資訊。

利用家庭資訊系統，除了從資訊中心獲得各種需要的資訊外，還可以進行健康管理，例如，對老人或體弱者每天進行體溫、脈搏和血壓的測量，並將數據輸入終端機中，由附近醫師給予診斷；家用電腦輔助教育系統則可以用於學習；影像數據系統讓人們在家訂購貨物、車票、機票、旅館房間，檢索情報資料，閱讀電視版報刊等。未來，家庭自動化可能實現在家辦公，讓家庭成為工廠或辦公室的終端。

4.2.3 家用機器人

家庭自動化系統的第三個組成部分是家用機器人，什麼是家用機器人？家用機器人就是為人類服務的特種機器人，主要從事家庭服務、維護、保養、修理、運輸、清洗、監護等工作。20 世紀 80 年代以後，有些國家已經研製出家用機器人，除了提供上述服務之外，還可以代替人完成端茶、值班、洗碗、掃除以及與人下棋等工作。家用機器人不是一般的機器人，它具有靈活的多關節手臂，屬於智能機器人。它依靠各種感測器，不僅能聽懂人的命令，還能識別三維物體，按照應用範圍和用途的不同，家用機器人可以進行分類。

1. 電器機器人

電器機器人，又稱應用機器人，它們是具備智能的家用電器，勤奮的吸塵器機器人是這種機器人的代表，它們的外形像厚厚的飛碟，其超聲波監視器能使其避免撞壞家具，紅外線眼可使其避免失足跌下樓梯。下面將為讀者介紹兩款吸塵機器人：iRobot 吸塵機器人和瑪紐爾保潔機器人。

（1）iRobot 吸塵機器人。 iRobot 吸塵機器人由美國 iRobot 公司在 2002 年推出，如圖 4-12 所示。iRobot 吸塵機器人擁有三段式清掃和 iAdapt 專利技術，可以自動檢測房間的布局，並自動規劃打掃路徑，其主要功能是吸取房間的灰塵顆粒，清掃房間寵物掉落的毛髮、瓜子殼和食物殘渣等垃圾。當主人不在家的時候，透過定時設置，就能讓 iRobot 吸塵機器人自動地正常工作。

圖 4-12 iRobot 吸塵機器人

（2）瑪紐爾保潔機器人。 瑪紐爾保潔機器人也是一款家用機器人，如圖 4-13 所示。它擁有記憶功能、自動導航系統、無塵袋等尖端科技，可以自行對房間做出測量，進行自動清潔、收集粉塵、記憶路線等智能清掃，可以有效地清掃各種木質

地板、水泥地板、瓷磚以及油氈、短毛地毯等。針對不同的地板，會採取不同的保養措施，例如木質地板，會在簡單清潔後，自動對地板進行打蠟保養。

圖 4-13 瑪紐爾保潔機器人

2. 娛樂機器人

娛樂機器人可用於家庭娛樂，典型的產品有索尼（Sony）的 AIBO 機器狗，如圖 4-14 所示。消費者可以透過個人電腦或手機與這類機器人進行連接，指揮這些機器人進行表演，世界上第一臺類人娛樂機器人的產地在日本。2000 年，本田公司發布了 ASIMO 機器人，這是世界上第一臺可遙控、有兩條腿、會行動的機器人。2003 年，索尼公司推出了 ORIO 機器人，它可以漫步、跳舞，甚至可以指揮一個小型樂隊。

圖 4-14 AIBO 機器狗

3. 廚師機器人

廚師機器人是一個多功能的烹調機器，幾年前，在上海世博會的企業聯合館中，展出了一種廚師機器人，名叫「愛可」，如圖 4-15 所示。這個廚師機器人高約 2 米，寬 1.8 米，外形酷似一個冰箱，但拉開「愛可」肚子上的拉門，就能看到裡面特製的烹調設備，有鍋、自動噴油、噴水和攪拌設備等，與之相連接的是一個智能化觸控式螢幕，上面是系統控制介面，用戶只要事先設定好食譜，「愛可」就能按照程式進行工作。

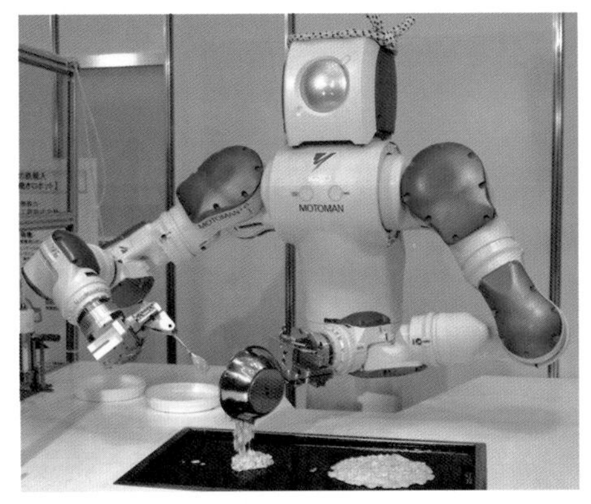

圖 4-15 機器人「愛可」

4.3 家庭自動化的發展

家庭自動化近幾年在中國發展比較迅速，但仍處於初級階段，國外的家庭自動化系統已經比較成熟，一般都是以強弱電結合的有線系統為主。國外用戶喜歡自己進行安裝和測試，因此，常常針對需求來進行客製化的設計；而中國用戶則少有明確的個性需求。另外，與國外用戶相比，中國用戶的動手能力還相對較弱。作為一個以提高人們生活品質為目標的新興產業，家庭自動化已經成為人們追求的目標。企業要想進軍家庭自動化，就應該從人們的需求方面著手。

4.3.1 家庭自動化的發展瓶頸

讓生活智能化是家庭自動化的終極目標，在家庭自動化發展的過程中，一直不乏市場的關注和使用者的期待。但是，目前家庭自動化發展依然緩慢，僅停留在體驗廳和測試階段，與「提供舒適豐富的生活環境、方便靈活的生活方式、高效可靠的工作模式」的目標相差甚遠。追究其原因，主要有以下的幾個問題，如圖 4-16 所示。

目前，家庭自動化行業和智能家居行業已經迎來了前所未有的市場契機，企業若想抓住契機、突破痛點和瓶頸，就必須從行業引導、市場機制、產品導入等方面進行多方面的努力。

行業標準難統一

家庭自動化其實就等同於智能家居，因此，行業標準不統一既是智能家居遇到的困難點，也是家庭自動化遇到的困難點。目前中國主要有兩大標準：閃聯和e家佳，這兩大標準分別代表家電廠商和IT廠商，目前，e家佳在家電智能化方面優勢明顯，而閃聯在設備互聯產品化方面有一定的優勢。隨著智能技術的日趨成熟，家庭自動化已經成為兩者最主要的戰場，然而標準不統一、產品不相容、廠商各自為戰等不和諧因素使家庭自動化的整體發展受到了一定的影響。

技術專業化程度高

家庭自動化產品是一個整體系統，它與電腦產品和家電產品的隨插即用不同，需要專業的人員進行安裝和測試，這就與智能家居的操作繁雜、專業性高、價格昂貴的問題一樣，用戶難以從使用中獲得體驗和樂趣，自然而然，滿意度和購買意願就不夠高。而且產品的專業化也意味著研發投入大，技術共享難，各個廠商專注於自己的標準，對產品本身的重視度就不夠，因此造成了市場上價高和寡的尷尬局面。想要大力發展家庭自動化，將智能技術推廣到家庭用戶，首先就要解決技術複雜性的問題，加強技術的實用性，提高產品普及性。

產品智能化進展慢

家庭自動化系統涉及到電腦、通訊、電子、自動化等多個學科領域，沒有一個企業能夠以一己之力囊括所有領域，目前，中國與家庭自動化行業相關的產品比比皆是，但智能化品質偏低，其產品和服務僅僅作為人工的一種補充，滿足一些機械功能的實現，而不是改變生活方式的主要力量。

圖 4-16 家庭自動化的發展瓶頸

4.3.2 數位家居未來的發展

家庭自動化是一項系統工程，需要鉅細靡遺的規劃和永無止境的改進，它為數位家居系統提供了一個硬體平臺，結合當前資訊技術的發展和人類對居住環境的要求，可以預見，未來的數位家居會給人們帶來如圖 4-17 所示的變化。

收發和保存資訊	透過家用網路，主人可以便利地收發電子郵件、瀏覽各種網路上的資訊，訂閱各種電子期刊或雜誌等。
管理家庭經濟	透過家用網路配套管理系統，主人可以方便地查閱自己的各類帳目以及收支情況，同時，根據個人經濟情況，系統還會給出最好的收支規劃，提供相應的合理建議和提示。
管理家庭通訊	對家庭內通訊設備的通訊進行自動管理，包括網路通訊協定的執行和網路資源的分配，保證整個家用網路系統運作正常。
管理電源設備	透過網路管理系統軟體，監控家庭內的各種設備，如家庭內燈光的控制、電器設備的遠端控制、室內環境的優化調節等，同時，還能根據情況提供一些經濟方面的優化決策控制。
提供安全的環境	透過在家庭內安裝各種檢測警報裝置，來實現家庭的安防需求。如透過攝影鏡頭，監視房間周邊環境以及某些特殊場所；透過煙霧感測器、溫度感測器、特殊氣體感測器，預防房間失火和有害氣體過量；透過加裝紅外感測器、門磁等警報裝置，預防竊賊入侵等。
便捷的維護管理	整個家庭內各種設備都連接到網路上，透過網路上運作的管理軟體，可實現對設備的監測和故障診斷功能。一旦出現故障，無須主人親自動手，家庭管理系統會給出故障提示，並自動通過家庭內的網路周邊設備向預定的維修單位發出報修資訊。
操作簡單輕鬆	考慮到使用者的年齡、職業、經歷以及受教育程度等的差異，家庭自動化系統的操作變得簡單、方便，而且可靠，能適應不同使用人群的需求。
客製化訂製	隨著智能家居以及資訊時代的來臨，人們客製化的需求在不斷提高。未來的數位家居能夠根據不同使用者的家庭環境、設備數量和類型，以及生活方式等，做出相應的系統解決方案，用戶可以根據自己的生活習慣和需求，設置不同的生活場景。

圖 4-17 數位家居給人們帶來的變化

4.3.3 自動化在家庭中的應用

在智能家居領域中，自動化早已悄悄進入了人們的生活中，例如智能照明、智能插座、智能門鎖、智能電器等，用戶通過任何一部移動終端，均可對這些家庭安防監控與家電產品實現遠端控制和管理，這就是家庭自動化的核心，也是智能產品的最大賣點，如圖 4-18 所示。此外還比如家庭中的電表、水表、瓦斯表能夠自動記錄家庭耗電量和用水量；全自動洗衣機、洗碗機、烘碗機、遙控電視機、空調能夠自動運作，無須人為參與等。

手機遠端控制、專業定時、延時開關、手機充電保護……

玩轉家電，一切盡在「掌」控

圖 4-18 手機遠端控制各類設備

家庭自動化為人們創造了舒適良好的生活環境，使人們從日常繁瑣的家務勞動中解放出來。也正是因為有了家庭自動化系統，才得以讓智能家居產品實現以家用網路為中心的本地聯動和遠端控制，可以說，家庭自動化是智能家居更深一步的應用。

安全：讓智能生活更放心

第5章

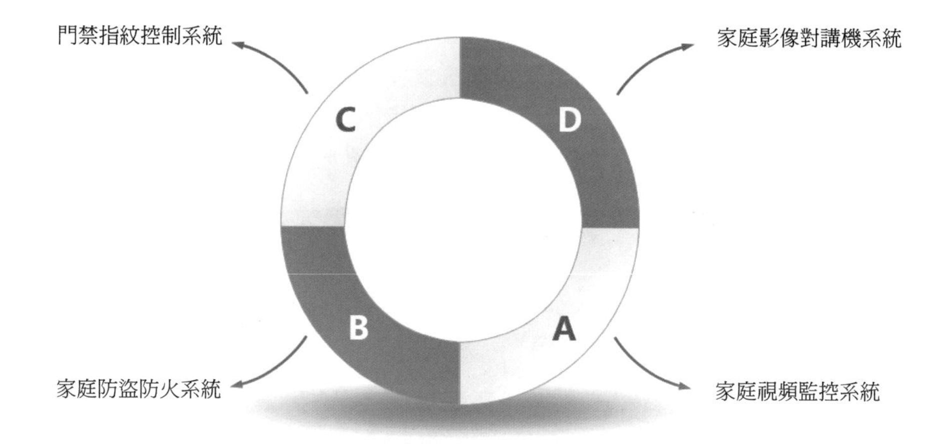

5.1 門禁指紋控制系統

智能安防的發展已取得了矚目的成就，隨著住宅社區需求的出現，智能安防面臨新的發展契機。在安防領域，門鎖在經歷了掛鎖、電子鎖、指紋鎖之後，終於進入了智能鎖的階段。本節將為讀者介紹幾款智能鎖以及各種智能鎖的特點和功能等。

5.1.1 三星（Samsung）智能鎖

三星智能鎖是由三星集團旗下的高科技產業首爾通訊技術株式會社自主開發的產品，是一款讓人們的生活更安全、更舒適的智能產品，如圖 5-1 所示。

圖 5-1 三星智能鎖帶來安全感

三星智能鎖應用第 4 代指紋辨識技術，首先認證活體，再辨識紋路，用戶觸摸一下指紋開啟鍵，指紋窗就會自動翻起，同時指示燈亮起，用戶將註冊過的手指放上去，伴隨著悅耳的提示音，鎖就會自動開啟，如圖 5-2 所示。

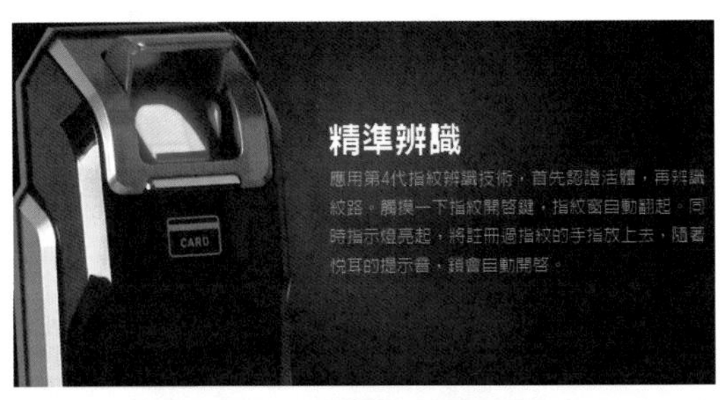

圖 5-2 三星智能鎖的指紋辨識技術

三星智能鎖採用推拉式的開門方式，用戶不需要旋轉把手，只須要推、拉即可，同時，智能鎖還配備了堅固的結構，採用雙重保護措施和反駭客技術，能夠防止任何強制性的外部入侵，大大提高了住宅的安全性。

下面為讀者具體介紹三星智能鎖的結構特徵、開鎖方式和功能。

1. 結構特徵

三星智能鎖分室外鎖體和室內鎖體兩部分。室外鎖體的結構特徵如圖 5-3 所示。室內鎖體如圖 5-4 所示。

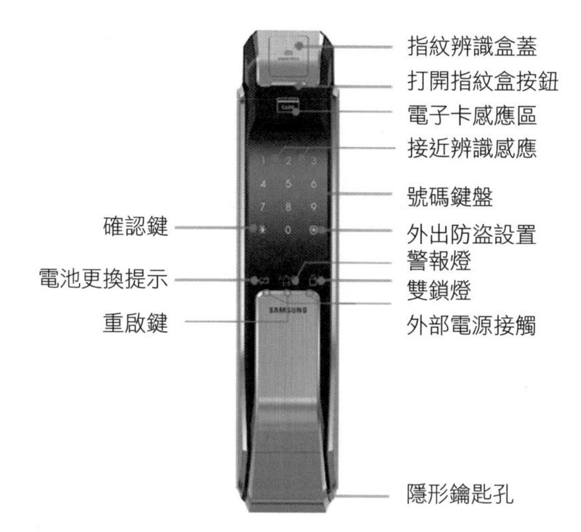

圖 5-3 三星智能鎖室外鎖體的結構

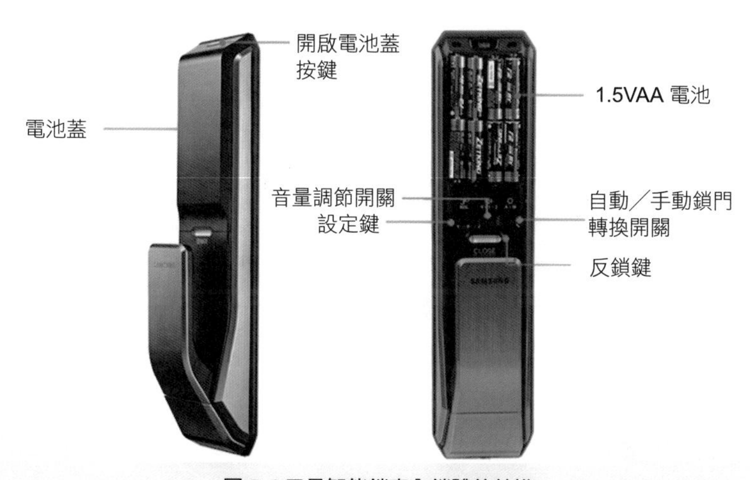

圖 5-4 三星智能鎖室內鎖體的結構

2. 開門方式和功能

三星智能鎖具備 5 種開門方式，如圖 5-5 所示。

圖 5-5 三星智能鎖的 5 種開鎖方式

三星智能鎖的功能包括以下幾點。

（1）指紋開鎖

三星智能鎖採用最安全、最先進的指紋掃描技術，方便用戶身分認證，減少鑰匙丟失或密碼破解的憂慮，最多能夠登記並辨識 100 個指紋，方式簡單又便利，如圖 5-6 所示。

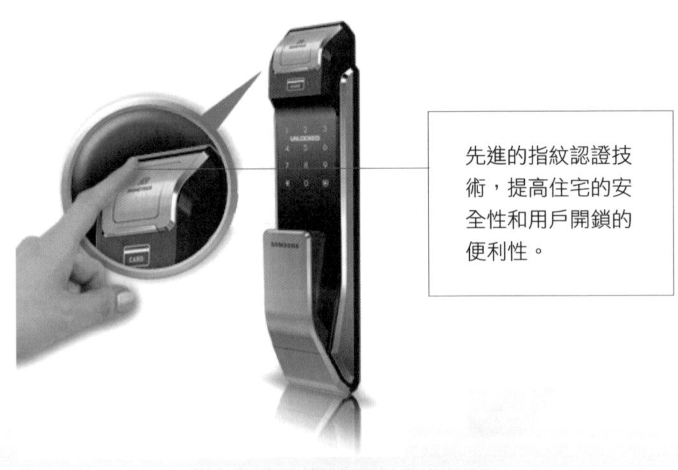

先進的指紋認證技術，提高住宅的安全性和用戶開鎖的便利性。

圖 5-6 三星智能鎖的指紋開鎖功能

（2）密碼 + 指紋開鎖

三星智能鎖能夠啟用雙重驗證功能，即密碼 + 指紋的開鎖方式。雙重認證模式是指用戶開門時需要同時輸入密碼並經過指紋驗證才能開鎖，如圖 5-7 所示。

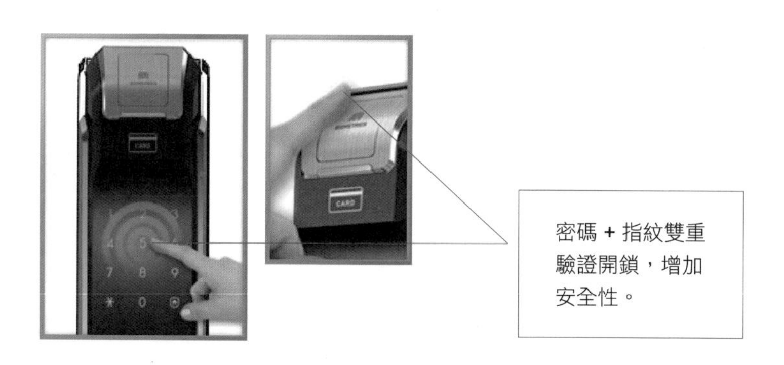

CARD
密碼 + 指紋雙重
驗證開鎖，增加
安全性。

圖 5-7 密碼 + 指紋雙重驗證

（3）靠近啟動

三星智能鎖具有靠近啟動功能，即感測器一旦監測到有任何運動的物體在 70 釐米範圍內，系統機就會自動啟動，如圖 5-8 所示。

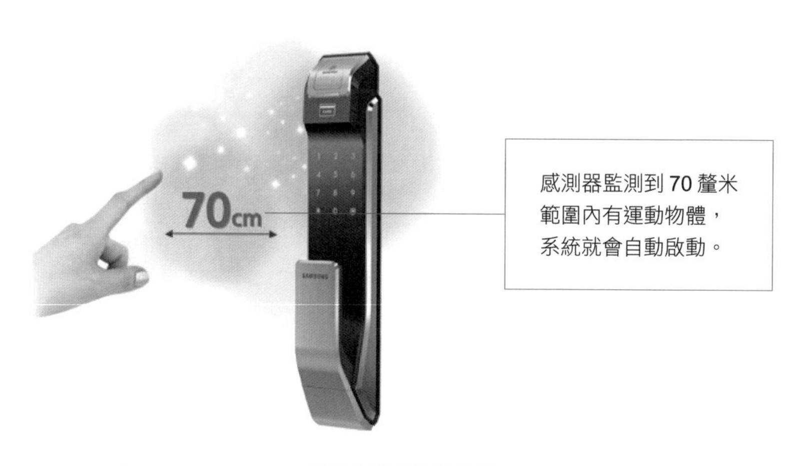

70cm
感測器監測到 70 釐米
範圍內有運動物體，
系統就會自動啟動。

圖 5-8 靠近啟動功能

（4）通知鎖定功能

三星智能鎖的室外鎖體面板上有一個鎖定功能，如果鎖定了，就會通知顯示「鎖定」狀態，如果解鎖了，就會通知顯示「解鎖」狀態，如圖 5-9 所示。

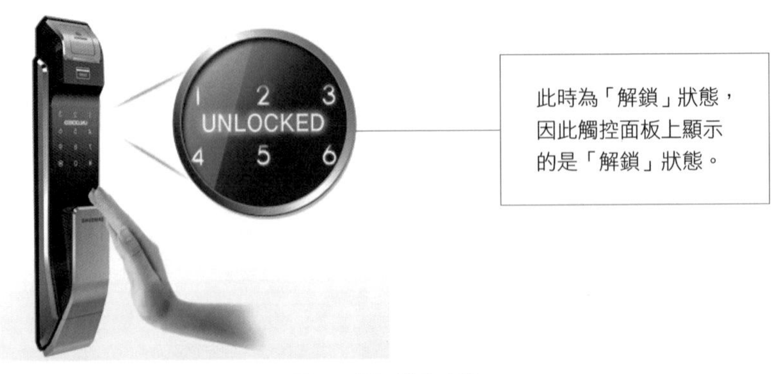
1 2 3
UNLOCKED
4 5 6
此時為「解鎖」狀態，
因此觸控面板上顯示
的是「解鎖」狀態。

圖 5-9 通知鎖定功能

（5）靜音模式

在夜深人靜的時候，用戶可以將門鎖調節為靜音模式，如圖 5-10 所示。

在輸入密碼之前，按「*」
鍵，靜音模式將被啟動，
能夠暫時消除任何數位聲
音，包括密碼按鍵音、語
音提示等。
* + Password =

圖 5-10 靜音模式

（6）防盜警報功能

三星智能鎖觸控面板上有一個「外出防盜設置」按鈕，當用戶外出時，想要設置外出防盜功能，只要按下「外出防盜設置」按鈕即可，如圖 5-11 所示。如果有人從窗戶或其他通道非法侵入用戶的家中，在室內開門時，防盜警報系統就會發出強烈的警報聲來提醒居民圍堵非法入侵者。

「外出防盜設置」按鈕。

圖 5-11 防盜警報功能

5.1.2 亞太天能智能鎖

亞太天能智能鎖具備以下的特點。

（1）亞太天能智能鎖採用鋅合金一體成型面板，利用鋅合金不生鏽、耐腐蝕的特性，讓智能鎖更加堅固耐用，能抵擋暴力破壞，同時，透過電鍍技術保證門鎖不氧化、不掉色，如圖 5-12 所示。

TENON
鋅合金一體成型面板，
不生鏽、耐腐蝕，綜合
電鍍技術，讓門鎖不氧
化、不掉色。

圖 5-12 亞太天能智能鎖鋅合金一體成型面板

（2）亞太天能智能鎖採用分離式鎖體結構，即面板與鎖體獨立分離，經過耐磨測試、抗暴防盜測試等多項性能測試之後，證明當外置面板遭受破壞時，鎖體依然能夠正常運作，具備雙重防盜功效。

（3）亞太天能智能鎖採用指紋辨識晶片，擁有 10000 條開鎖記錄和最高 200 個指紋儲存量。同時，亞太天能智能鎖採用了強穿透性紅光指紋頭，在用戶手指潮濕的情況下，其辨識率更高，同時，其辨識功能不受鏡面刮花的影響，如圖 5-13 所示。

圖 5-13 強穿透性紅光指紋頭

（4）亞太天能智能鎖已經升級雙核驅動 40 奈米技術，採用美國 A15+A7 雙晶片，在原有基礎上，其性能提升了 30%，識別也更精細。

（5）通常，在開鎖關鎖反覆使用過程中，容易因摩擦對門鎖造成損耗，長久之下，門鎖容易出現故障，而亞太天能採用高速運轉直驅馬達，不僅能夠更有效地避免故障發生，還能有效地防止磁鐵因受到干擾而失效。

亞太天能智能鎖在設計之初，就採用了多功能設計方案，如圖 5-14 所示。

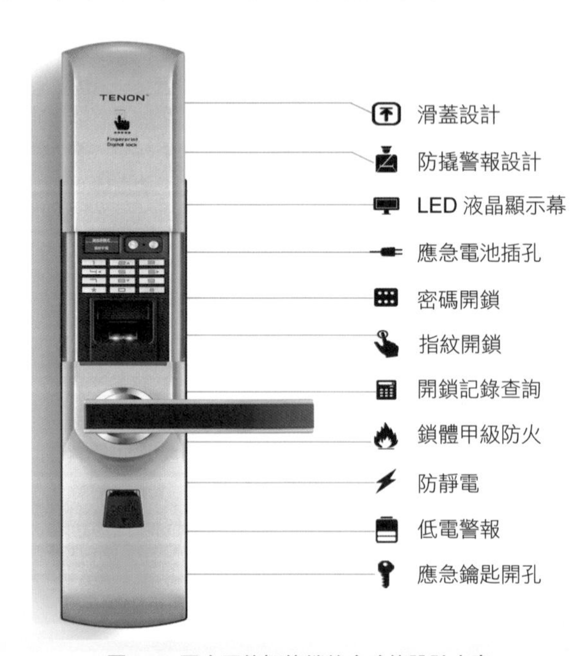

圖 5-14 亞太天能智能鎖的多功能設計方案

5.2 家庭影像對講機系統

影像對講機系統是一套提供訪客與住戶之間雙向影像通話，以影像、語音雙重辨識方式來增加住宅安全性的安防系統。影像對講機系統不僅能夠節省時間，還能夠提高人們的效率。更重要的是，一旦與家中其他設備相連後，影像對講機系統就能與住宅社區物業管理中心或社區警衛進行聯通，達到防盜、防災、防煤氣洩漏等安全保護作用，為屋主的生命財產安全提供最大限度的保障。本節將為讀者介紹幾款家庭影像對講機系統。

5.2.1 天圖影像對講機

對於現代家庭來說，為什麼有必要選擇影像對講機，原因如圖 5-15 所示。

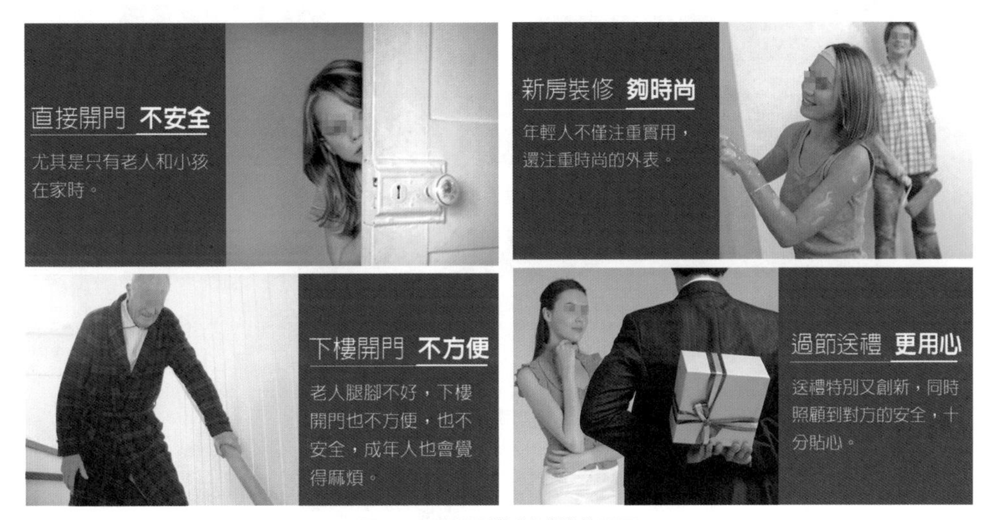

圖 5-15 選擇影像對講機的原因

瞭解了要安裝影像對講機的原因之後，我們將從外觀、功能特點、布線安裝各方面為讀者介紹天圖影像對講機。

1. 外觀

天圖影像對講機的外觀特徵，如圖 5-16 所示。

圖 5-16 天圖影像對講機的外觀特徵

2. 功能特點

天圖影像對講機主要有四大功能，如圖 5-17 所示。

圖 5-17 天圖影像對講機的主要功能

（1）影像對講機。 一鍵影像接聽，一鍵可掛斷，在待機的情況下還可設置鈴聲。

（2）一鍵監控。 在無人按鈴的情況下也可開啟攝影機進行監控，每次監控時間為15秒。

（3）一鍵開鎖。 可以一鍵控制電控鎖、電插鎖和磁力鎖打開。

（4）呼叫功能。 可實現室內機與室內機進行對講。

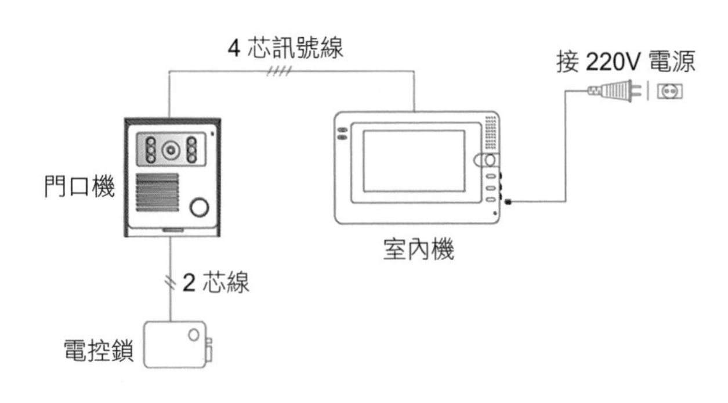

圖5-18 天圖影像對講門鈴的布線圖

5.2.2 朗瑞特影像對講機

朗瑞特影像對講機是一款多功能對講機，它以簡潔大器的設計風格、簡單的安裝方式，深受人們的喜愛，下面將從產品細節、產品特徵及布線安裝等幾方面對朗瑞特影像對講機進行介紹。

1. 產品細節

朗瑞特影像對講機的產品細節，如圖5-19所示。

2. 產品特徵

朗瑞特影像對講機的特徵主要包括以下幾方面（圖5-20）。

（1）16首鈴聲。 朗瑞特影像對講機擁有16首和弦鈴聲，鈴聲飽滿圓潤，聽起來讓人如沐春風。

（2）超大顯示螢幕。 7英吋的超大顯示幕，不但可以自動拍照，還具備清晰的夜視功能，無論是白天和黑夜，都能對來訪者一目了然。

產品細節

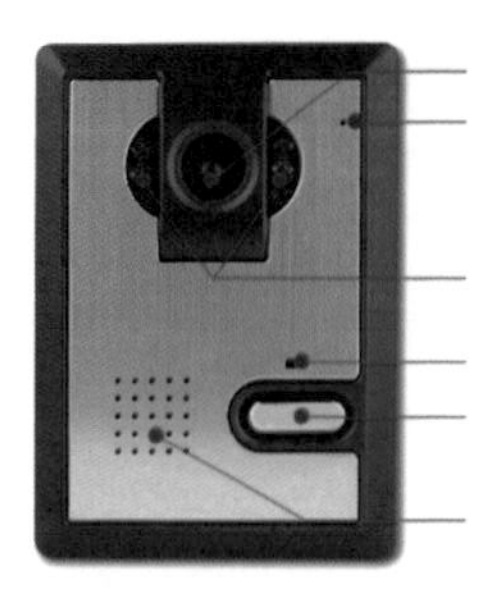

攝影鏡頭（廣視角鏡頭，無死角獲取影像）
麥克風（優質聲效系統，聲音更清晰）
紅外夜視燈（6 個 LED 光，夜間依舊清晰辨識）
充電指示燈（低電亮紅燈）
呼叫鍵（開啟呼叫同時開啟攝影鏡頭）
揚聲器

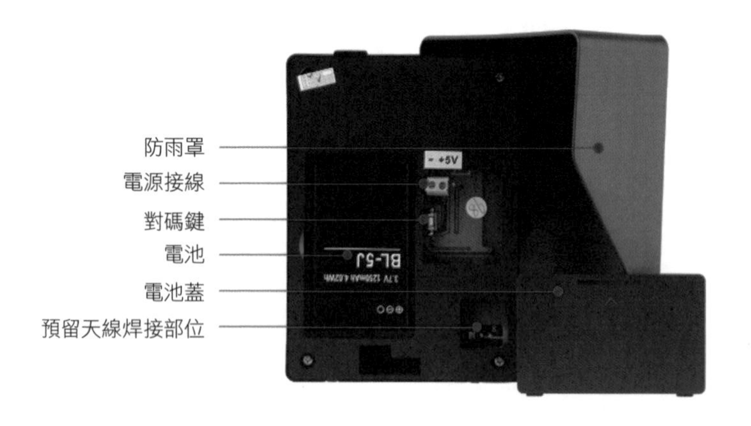

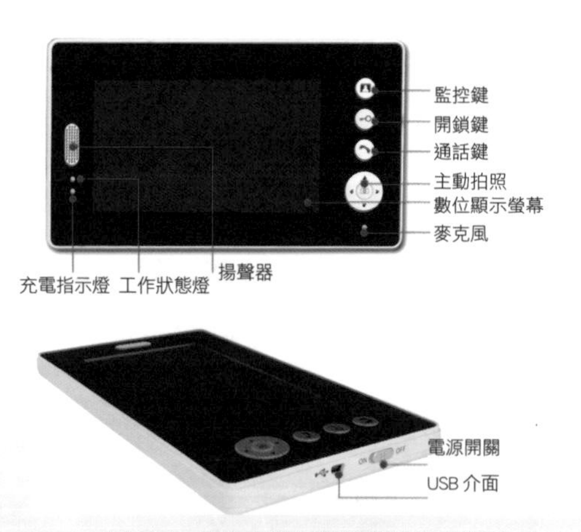

圖 5-19 朗瑞特影像對講機的產品細節

圖 5-20 朗瑞特影像對講機的主要特徵

（3）廣角鏡頭。 室外機擁有廣角鏡頭，從室內向外看沒有任何死角，用戶對於門口的情況一覽無遺。

（4）多級音量調節。 室內機設置了多級音量，可根據用戶的實際情況進行隨意調節，滿足不同客群的需求。

（5）環保防潮材質。 採用進口環保材料進行加工，不僅無鉛無毒無害，還能防水防潮。

3. 安裝布線

遙控範本可以與電源控制器、電控鎖、磁力鎖、電插鎖連接，實現遙控開鎖的功能，其布線方式如圖 5-21 所示。

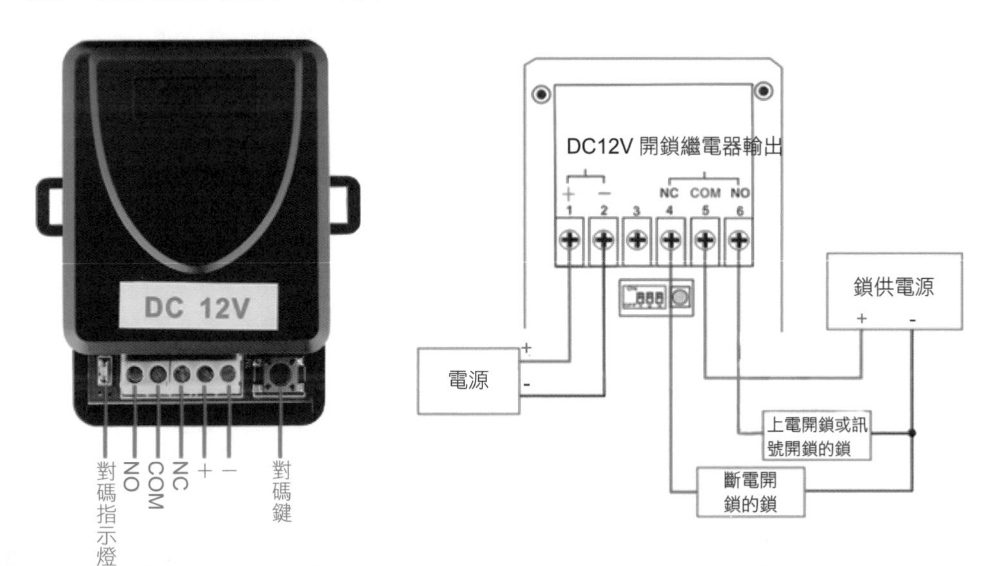

圖 5-21 遙控範本的布線方式

室外機可以直接使用電源充電器或者使用太陽能充電器，如圖 5-22 所示。

圖 5-22 室外機的充電方式

5.3 家庭視頻監控系統

近年來，家庭視頻監控產品已經成為智能家居炙手可熱的趨勢，智能監視器不僅讓用戶可以隨時知道並查看家裡的異常情況，還極大地豐富了人們的視覺交互，本節將為讀者介紹幾款攝影機產品。

5.3.1 小蟻智能鏡頭

小蟻智能鏡頭是一款具備夜視功能的鏡頭，它採用全玻璃鏡頭，比一般攝影機採用的樹脂鏡頭有更良好的光學性能，畫面也更清晰細膩。小蟻鏡頭的解析度是 1280×720，能將不容易注意到的小細節完整地記錄下來，採用 F2.0 大光圈，即使光線較弱的陰天，也能得到良好的觀看畫質。

小蟻鏡頭還具備超廣角視野，能夠覆蓋家中大部分區域，當用戶查看視頻畫面時，只要按兩下畫面，就能得到局部 4 倍放大的效果，方便用戶查看更多畫面細節，如圖 5-23 所示。

下面將從應用功能和 APP 安裝兩方面為讀者介紹小蟻智能攝影鏡頭。

1. 應用功能

小蟻智能鏡頭的主要應用功能包括以下幾方面。

（1）自動開啟安防模式。 用戶離家後，智能安防系統就會自動開啟，用戶透過手機就能隨時查看家中的情況，如圖 5-24 所示。若用戶離家後，家中無人狀態下出現異樣，小蟻智能鏡頭會立刻開啟錄影功能，並即時發出警報通知用戶。

圖 5-23 按兩下放大

圖 5-24 用戶透過手機隨時查看家中的情況

（2）清晰的雙向語音通話功能。 小蟻智能鏡頭不僅能看，還能透過手機進行雙向通話，如圖 5-25 所示。

小蟻鏡頭支援良好的16bit 語音輸入與輸出品質，經過專業測試的內建麥克風與揚聲器，可確保聲音宏亮清晰。

圖 5-25 清晰的雙向語音通話功能

（3）**移動偵測功能。** 小蟻攝影鏡頭採用全新升級的運動檢測技術，可以更精確地辨識畫面中是否有物體移動，大大減少了因光線變化或其他干擾因素而誤報的概率，若偵測出移動物體，小蟻鏡頭就會發送警報通知用戶，如圖 5-26 所示。

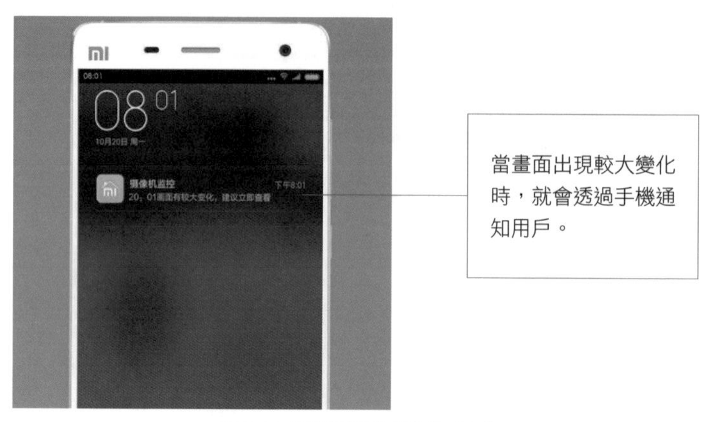

08 01
當畫面出現較大變化時，就會透過手機通知用戶。

圖 5-26 發送警報資訊通知用戶

（4）**安全的本地儲存。** 除了即時觀看、即時接收監控異常資訊之外，還可以在小蟻鏡頭內插入一張 MicroSD 儲存卡，如圖 5-27 所示，儲存的視頻可以隨時重播，該視頻儲存在本地，非常安全，能夠防止隱私洩露，還可避免儲存在雲端服務中帶來的額外費用。

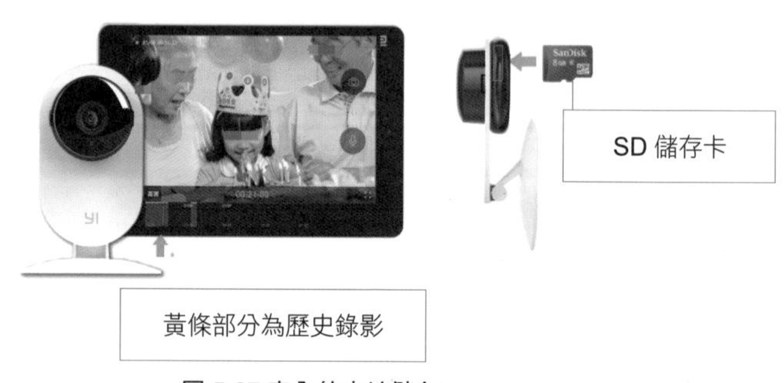

SD 儲存卡
黃條部分為歷史錄影

圖 5-27 安全的本地儲存

（5）**紅外夜視功能。** 小蟻智能夜視版攝影機內建 8 顆 940 奈米紅外補光燈，夜間最佳拍攝範圍可達 5 米，不同於傳統紅外燈芯，小蟻智能攝影機能夠保證在使用時不會產生任何可見光干擾，而且配合智能紅外技術，不論白天黑夜，畫面都同樣出色。

2. APP 安裝

小蟻智能攝影鏡頭與手機 APP 連接，無須布線或其他冗長的設置，只須接通電源，下載小米智能家庭 APP 即可使用，下載三步曲如圖 5-28 所示。

圖 5-28 下載 APP 三步曲

5.3.2 睿威仕無線鏡頭

睿威仕無線鏡頭與阿里小智攜手，創造了許多強大的功能，如圖 5-29 所示。

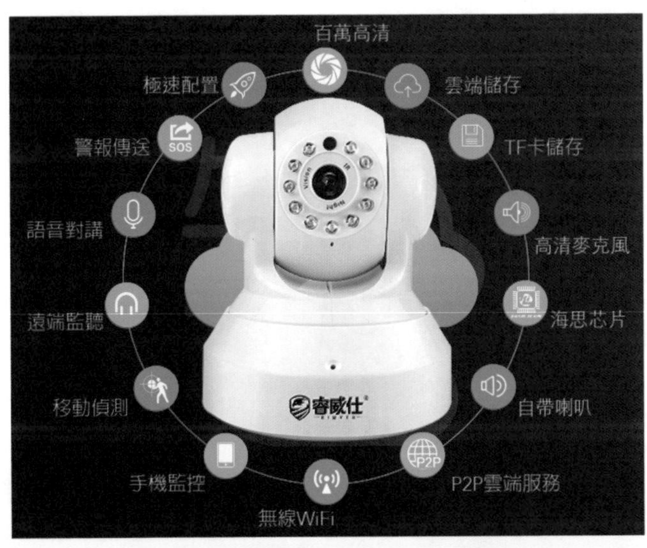

圖 5-29 睿威仕攜手阿里小智打造智能鏡頭

（1）**雲端儲存。** 睿威仕智能鏡頭的錄影能夠即時上傳雲端，如圖 5-30 所示。

阿里智能雲端儲存
更大 更稳 更安全
◆ 安全保障：與支付寶共享一個雲端，提供金融級別的安全保障。
◆ 防止丟失：移動視頻錄影保存到雲端，如同鎖緊保險櫃，永不丟失。
◆ 雲端儲存：採用雲端儲存 + 移動偵測，抓拍的每一個畫面都可以儲存到雲端空間。

圖 5-30 雲端儲存

（2）**隨時查看功能。** 用戶可以隨時隨地查看錄影，可以隨時隨地瞭解家中孩子、父母、寵物的最新情況。

（3）**廣角監控。** 睿威仕智能鏡頭支援全方位的雲臺控制，可以遠端操控水平旋轉 355°、垂直旋轉 120°，讓監控無死角，如圖 5-31 所示。

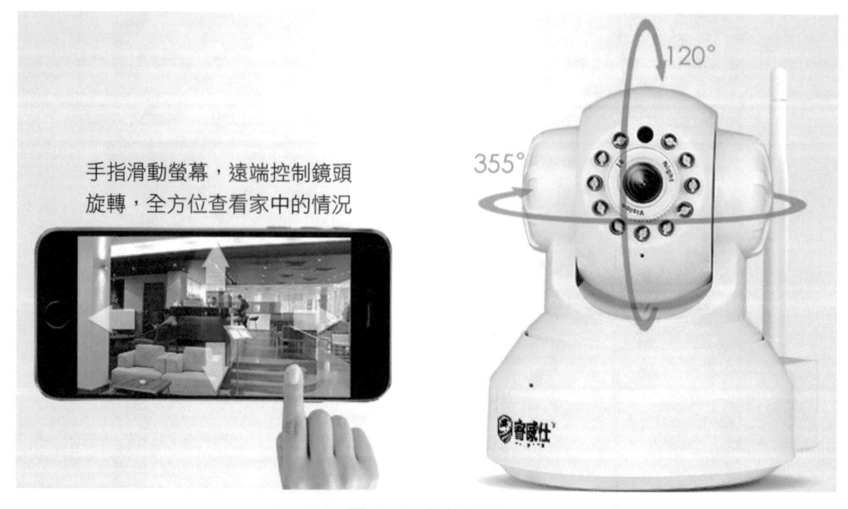

手指滑動螢幕，遠端控制鏡頭
旋轉，全方位查看家中的情況

圖 5-31 廣角監控

（4）移動偵測。 當監控區域出現移動目標時，監控鏡頭會自動開啟錄影功能，如圖 5-32 所示，而移動偵測沒有其他情況觸動時，並不會佔用太多的容量。

圖 5-32 移動偵測功能

（5）P2P 雲端服務。 支持電信、聯通、移動、鐵通等所有寬頻，不限網路，只要有網路就能實施遠端監控。

（6）不限用戶查看。 由於睿威仕與阿里小智合作，通過阿里小智雲端技術，睿威仕攝影機可不限人數，供他們同時連接同一設備查看視頻，且不影響視頻傳輸效果，如圖 5-33 所示。

圖 5-33 不限用戶查看功能

（7）無須布線。 睿威仕攝影鏡頭安裝十分簡易，無須布線，隨插即用。

5.4 家庭防盜防火系統

家庭防盜警報系統可以根據區域的不同分為兩部分：一部分為住宅四周防盜，即在住宅的門、窗上安裝門磁開關；一部分為住宅室內防盜，即在主要通道或重要的房間內安裝紅外探測器。家庭防火警報系統由家用火災警報控制器、家用火災探測器以及火災聲警報器組成。本節為讀者介紹幾款家庭防盜、防火產品。

5.4.1 刻銳紅外探測器

刻銳紅外探測器是一款智能探測器，它採用先進的非線性濾光技術及數位邏輯技術，結合模糊邏輯運算程式，再加上精密的 STM 貼片技術，確保了探測器的高靈敏度和強穩定性。同時，刻銳紅外探測器還採用省電設計，內建適配器提供供電功能，為用戶解決斷電煩惱。

下面從產品結構、功能和注意事項幾方面進行介紹。

1. 產品結構

刻銳紅外探測器的產品結構如圖 5-34 所示。

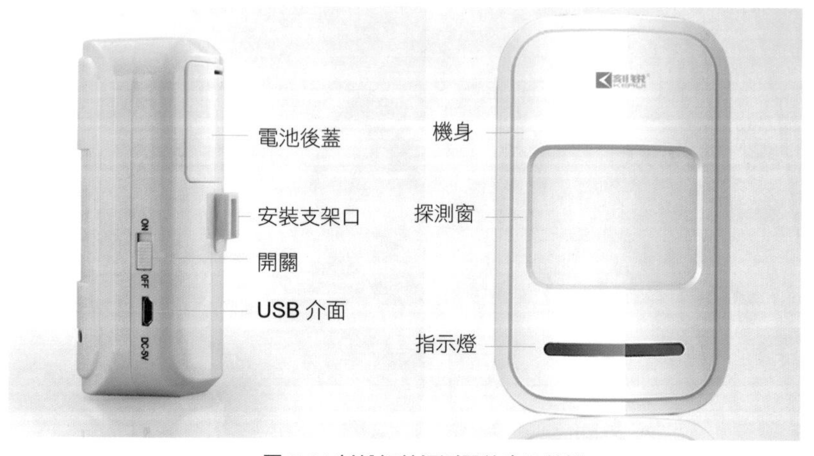

圖 5-34 刻銳紅外探測器的產品結構

2. 產品功能

刻銳紅外探測器的主要功能特點如下。

（1）穩定不誤報

刻銳紅外探測器是寬頻結構，廣泛應用於客廳、臥室、陽臺等場所，如圖 5-35 所示。當探測器感應到移動物體時，會立即發射無線頻率訊號到主機上，性能穩定不誤報。

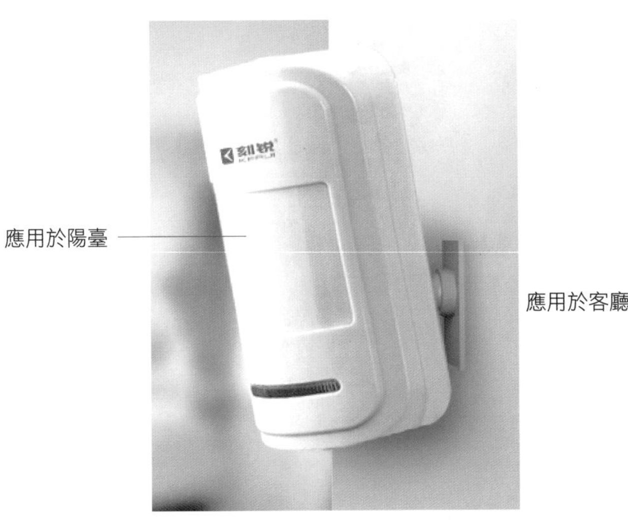

圖 5-35 刻銳探測器廣泛應用於各種場所

（2）遠端探測功能

刻銳探測器採用無線 433MHz 的訊號發射頻率，具有超強的探測能力，探測範圍在 6 ～ 12 米之間。

（3）智能抗白光功能

刻銳探測器特有的光敏元件，以及進口的低噪音雙元被動紅外感測晶片，具有超強的抗白光能力，能夠有效地防止誤報。

（4）抗寵物干擾功能

刻銳探測器獨具的高智能體型辨識技術，能夠有效防止寵物的干擾，同時也能有效過濾非人體波長範圍的光波，還能抗電磁干擾。

3. 注意事項

安裝紅外探測器時，需要注意以下幾點。

（1）安裝位置避免靠近空調、日光燈、電暖氣、冰箱、烤箱、火爐、陽光等溫度會發生快速變化的地方及空氣流速較高的地方。

（2）如果同一個探測範圍內安裝兩個以上的探測器，要注意調整探測器的位置，避免探測器之間相互干擾，產生誤報。

5.4.2 佳傑煙霧感測器

佳傑煙霧感測器不僅可以用於家庭中，還能廣泛用於其他場所，例如醫院、公司、學校等，如圖 5-36 所示。

圖 5-36 佳傑煙霧感測器的適用範圍

佳傑煙霧感測器的運作原理是：當空氣中冒出煙霧時，感測器能將煙霧濃度變數轉換成對應關係的訊號輸出，以便將火災控制在起火階段，如圖 5-37 所示。

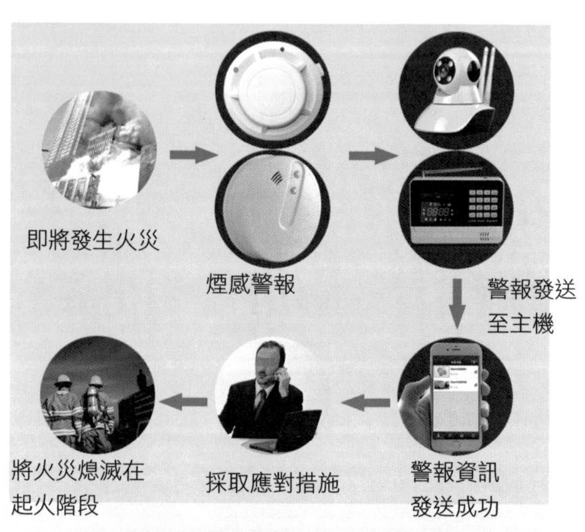

圖 5-37 佳傑煙霧感測器的運作原理

接下來，將從搭配使用方案、安裝布線及不適合使用的場所等三個方面，為讀者介紹佳傑煙霧感測器的詳細用法。

1. 搭配使用方案

搭配使用方案有兩種：一種是與監控警報主機搭配使用，一種是與 GSM 警報器主機搭配使用。

（1）搭配監控警報器主機。 與監控警報主機搭配使用，當發生火災時，現場會給予警報提示，攝影鏡頭會將接收到的資訊遠端發射到用戶的手機，用戶可以從遠端透過攝影鏡頭瞭解現場的情況，如圖 5-38 所示。

圖 5-38 搭配監控警報器主機使用

（2）搭配 GSM 警報器主機。 與 GSM 警報主機搭配使用，原理與搭配監控警報器主機使用的原理一樣，也是攝影鏡頭接收資訊，現場警報提示，同時遠端發射資訊到用戶的手機，如圖 5-39 所示。

圖 5-39 搭配 GSM 警報器主機使用

2. 安裝布線

佳傑煙霧感測器的安裝方式如圖 5-40 所示。

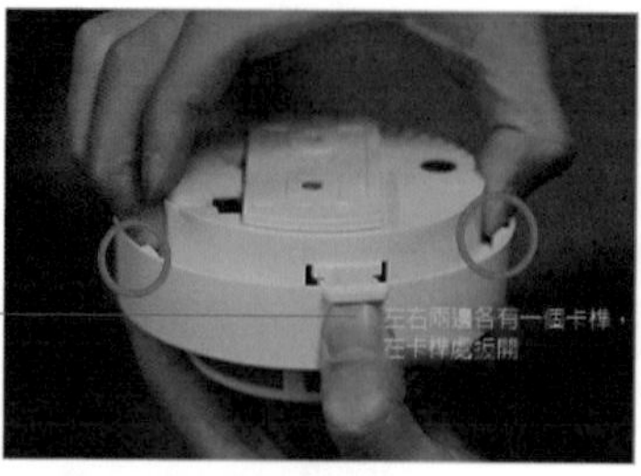

左右兩邊各有一個卡榫，在卡榫處扳開

1. 首先扳開煙霧感測器

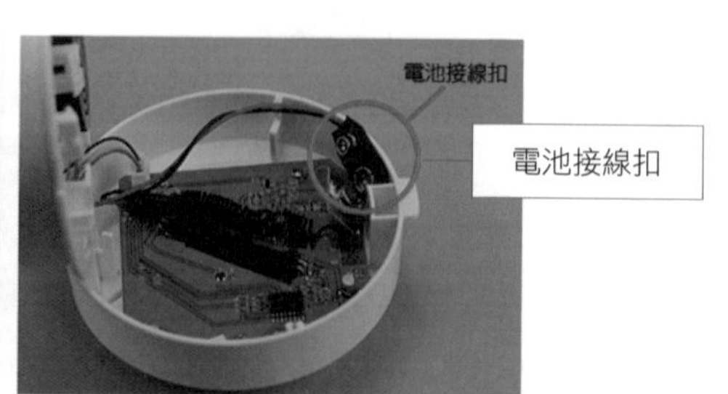

2. 拿起電池的接線結扣

3. 將接線結扣與電池對上

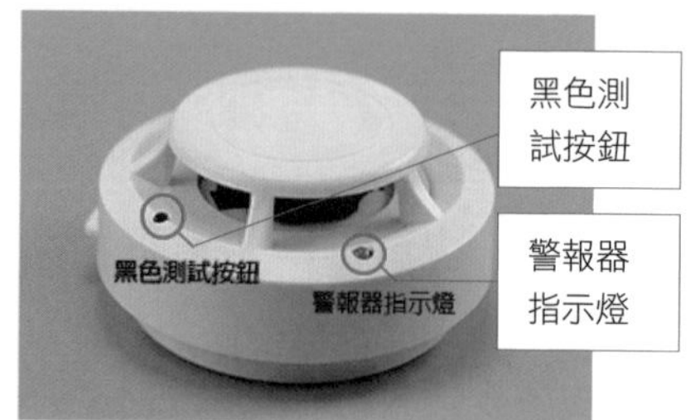

4. 按住黑色測試按鈕，待指示燈快速閃爍幾秒後，發出「滴滴滴」的蜂鳴，即警報器可正常使用

圖 5-40 佳傑煙霧感測器的安裝方式

3. 不適合安裝的場所

佳傑煙霧感測器不適合在如圖 5-41 所示的場所中使用。

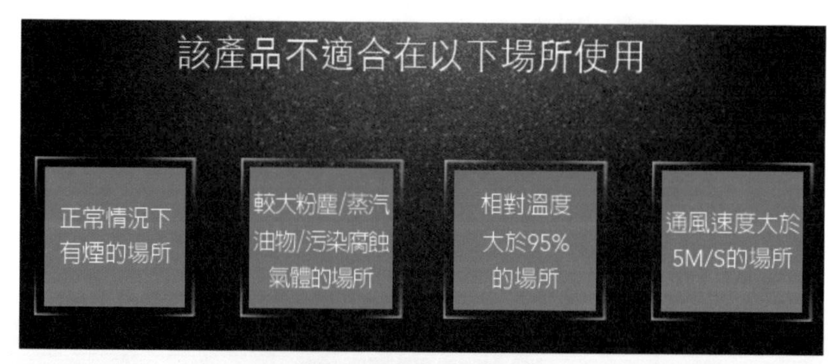

圖 5-41 不適合安裝的場所

控制：讓智能生活更舒適

第6章

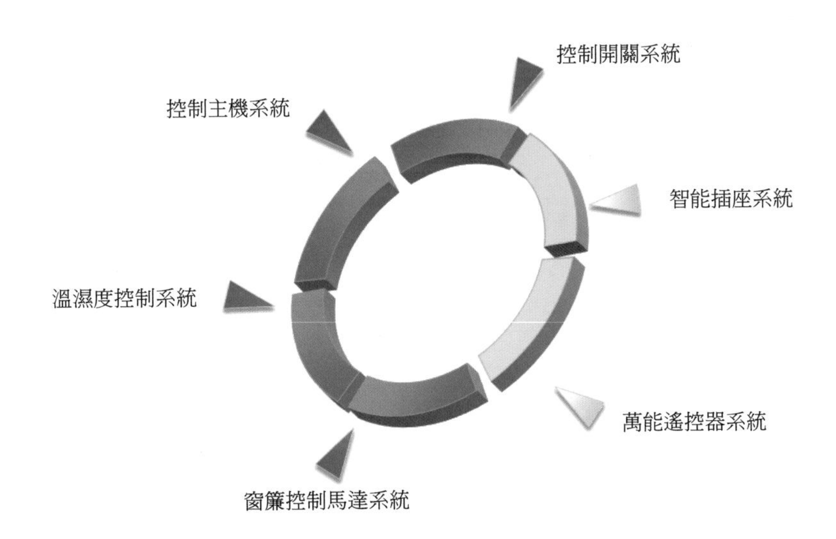

6.1 控制主機系統

控制主機是智能家居的核心設備，它在智能家居系統中充當一個翻譯器，是家用網路和外界網路溝通的橋梁，它能夠對各類訊號進行無線轉發和無線接收，從而實現對智能終端機產品的控制。本節將為讀者介紹幾款控制主機產品。

6.1.1 近程智能中控系統

近程智能中控系統是一個能夠將智能產品控制在手機中的智能控制系統，該控制系統由近程新二代智能中控主機、語音控制分機、雙向回饋觸控式螢幕開關、紅外控制分機四部分組成，每部分的功能如圖 6-1 所示。

近程新二代智能中控主機
3 種用戶端（蘋果、安卓、PC），無線接入，可實現遠端安防警報、遠端監控、紅外類家電控制、場景語音控制、各種單級或多級聯動、可控情境模式、定時模式、燈具或插座遠端控制等。

語音控制分機
通過打字即可實現語音錄入的對話設置，3 米範圍內就能透過語音控制家中各類電器和燈具等，免除拿手機和其他設備的煩惱。
雙向回饋觸控式螢幕開關
可實現遠端回饋開關狀態功能，無論手動開關還是遠端控制，開關狀態一覽無遺，幫助用戶更好地掌握家中燈具的開關狀態。

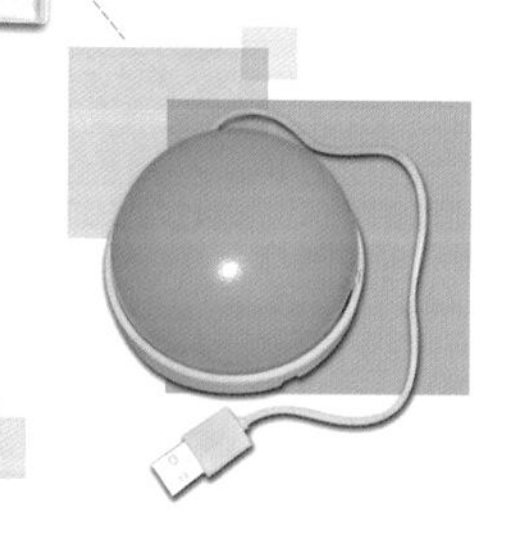

紅外控制分機
紅外的特性不能穿牆，但能通過紅外控制分機和中控的連接來實現家中各類電器的控制及遠端控制。紅外分機內建大功率發射器，保證 6 ～ 8 米內 360 度控制無死角。

圖 6-1 近程智能中控系統的組成

下面將從控制功能、情境預設等兩方面來為讀者介紹近程智能中控系統。

1. 控制功能

近程智能中控系統有多種控制功能，主要包括以下幾種。

（1）家電設備控制：近程智能中控系統能夠控制家電設備，如電視、空調等，讓用戶無論身在何處，只要拿出手機，就能一鍵控制家中的電器，如圖 6-2 所示。

圖 6-2 家電設備控制

（2）燈光控制：對燈光的控制是無論用戶身在何處，通過手機就能一鍵控制，如圖 6-3 所示。

燈光控制
透過手機，一鍵就能控制燈光，且介面簡潔，即使是老人也很容易上手，再無須為老人摸黑開燈具感到憂心了。

圖 6-3 燈光控制

（3）智能媒體控制：近程智能中控系統能夠將數位電視機上盒、DVD 播放機等影視音響設備進行集中控制，讓用戶無阻礙地實現客廳、餐廳、臥室等多方面的智能影音共享，如圖 6-4 所示。

圖 6-4 智能媒體控制

（4）監控防盜控制：無論用戶身在何處，都能透過手機，一鍵開啟安防監控鏡頭，並隨時隨地查看家中的狀況。同時，智能安防系統也與警察系統有聯網作用，可以即時報警，如圖 6-5 所示。

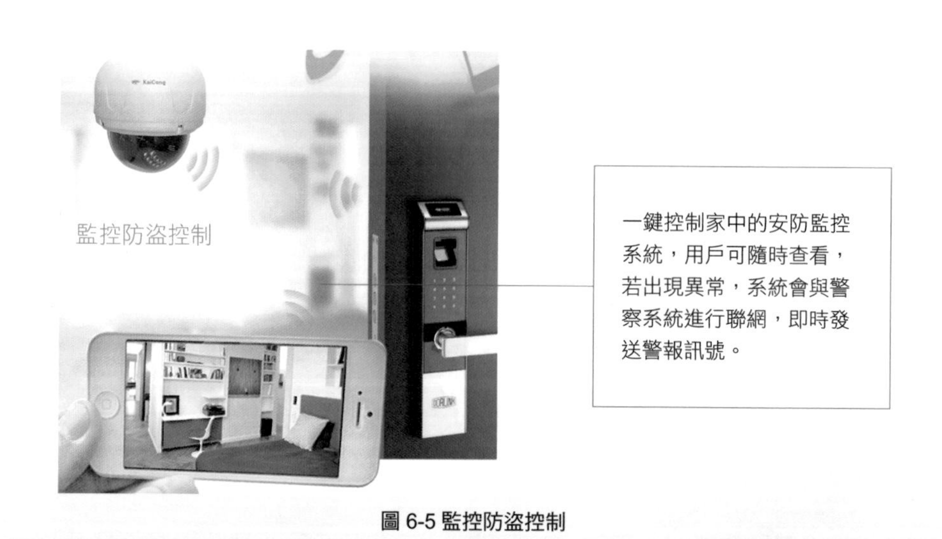

監控防盜控制
一鍵控制家中的安防監控系統，用戶可隨時查看，若出現異常，系統會與警察系統進行聯網，即時發送警報訊號。

圖 6-5 監控防盜控制

2. 情境預設

近程智能中控系統可以按照用戶的需求進行多種情境預設，譬如起床模式、閱讀模式、音樂模式、離家模式等。

（1）起床模式預設：用戶可自行設定起床模式，例如，定時在早上8點，背景音樂會自動播放起床音樂，臥室窗簾會自動打開，電視機自動播放晨間新聞，如圖6-6所示。除此之外，用戶還可以根據自己的起床習慣加入其他功能。

圖 6-6 起床模式預設

（2）閱讀模式預設：如果用戶想要工作看書，只要將情境模式切換至閱讀模式，電視機就會自動關閉，音樂自動關閉，燈光調節到適合看書的光線，近程中控系統讓用戶盡情暢遊在書海中，如圖6-7所示。

圖 6-7 閱讀模式預設

（3）**音樂模式預設：**利用近程中控系統進行音樂模式的預設，當用戶在家無聊想聽音樂時，只須一鍵就能開啟背景音樂，不需要的照明全數關閉，燈光調節到一定的亮度，用戶可以盡情倘佯在音樂世界中，如圖 6-8 所示。

圖 6-8 音樂模式預設

（4）**離家模式預設：**預設離家模式後，用戶在離家出門時，再也不用耽誤時間去檢查家中天然氣、自來水是否已經關閉了，只須在智能系統上下達一個命令，系統就會按照用戶的設定，關閉相應的設施，同時，安防系統也會開始布防，如圖 6-9 所示。

圖 6-9 離家模式預設

（5）娛樂模式預設：用戶可根據自己的喜好設定娛樂模式，例如，躺在沙發上想看電影或玩遊戲時，只須一鍵，就能將家中的窗簾關閉，燈光自動調節到舒適的亮度，家庭電影院和遊戲全面開啟，可以與家人一起享受娛樂時光，如圖 6-10 所示。

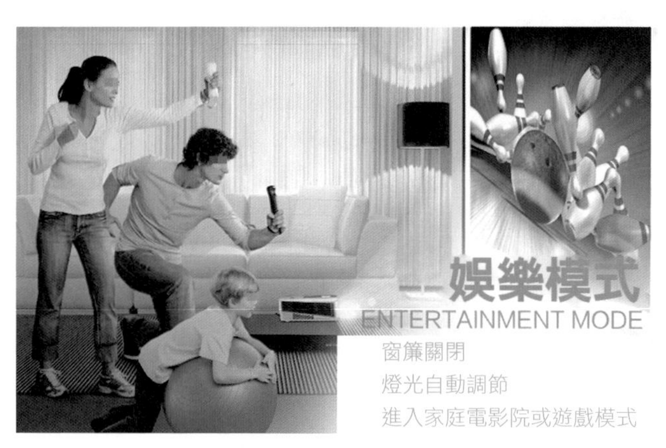

圖 6-10 娛樂模式預設

（6）睡眠模式預設：用戶可根據自身情況預設睡眠模式，例如，所有房間的燈慢慢熄滅，背景音樂關閉，電視關閉，安防系統開啟布防，讓用戶在舒適安全的環境下漸漸入睡，如圖 6-11 所示。

圖 6-11 睡眠模式預設

（**7**）**遠端監控模式預設：**用戶無論何時何地，都可以用電腦或手機，透過互聯網對家中的情況進行遠端監控，如圖 6-12 所示。

圖 6-12 遠端監控模式預設

（**8**）**照護模式預設：**如果家中有老人需要照護，可以開啟照護模式，例如家中的感測器隨時檢測家中環境的溫濕度、空氣品質，並聯動其他家電設備，確保家中溫濕度合宜、空氣品質良好，同時，還能隨時開啟語音通話，讓用戶無論身在何地，都如同陪伴在老人身邊一樣，如圖 6-13 所示。

圖 6-13 照護模式預設

6.1.2 LifeSmart 智慧中心

LifeSmart 是一個組合套裝，在 LifeSmart 智能家居安全性群組合套裝中，所有的智能設備運行都必須有智慧中心的配合才能使用，如圖 6-14 所示。

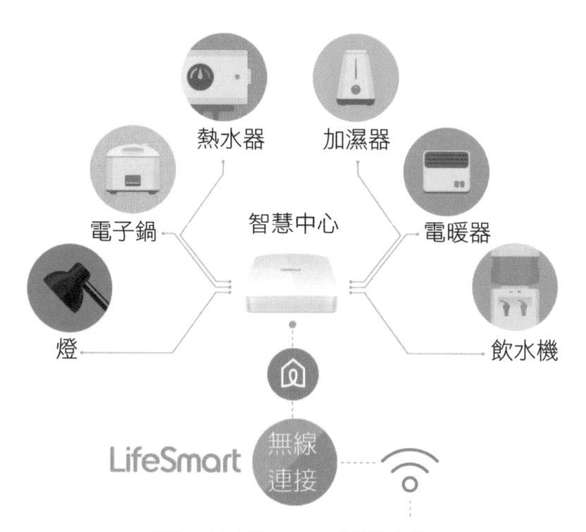

圖 6-14 LifeSmart 智慧中心

LifeSmart 智慧中心也是 LifeSmart 組合套裝中的中控主機，它能夠與手機 APP 以及其他智能設備相連，可以同時支援 500 個智能設備，訊號覆蓋面積達到 300 平方米，如圖 6-15 所示。

圖 6-15 LifeSmart 智慧中心的特點

下面將從功能和作用、安裝布線兩個方面介紹 LifeSmart 智慧中心。

1. 功能和作用

LifeSmart 智慧中心的作用主要體現在即時監控、安防警報、智能門禁、雙向對話等幾個方面。

（1）即時關懷家人：用戶在外若不放心家中的小孩和老人，可以打開手機，透過控制主機、互聯網、無線攝影鏡頭等設備與家中的親人進行即時通話，查看他們的最新動向，如圖 6-16 所示。

01 即時家庭　關懷家人

出門在外，手機遠端控制攝影鏡頭270° 旋轉查看家中，關懷在家的老人與孩子，24小時與家人在一起。

隨時隨地與家在一起

·24小時與家人在一起　手機APP遠端控制

·WiFi無線連接　可拍照可錄影可對話

·720P高清　百萬畫素　紅外夜視

·防盜警報　家中的得力助手

圖 6-16 即時關懷家人

（2）智能門禁：用戶可以透過手機，查看家中房門開關狀態，如果出現異常情況，手機 APP 會發出警報，並將監控影像發送到用戶手機，如圖 6-17 所示。

02 智能門禁　外出無憂

門禁感應器即時查看門窗開關狀態，有人開門，手機APP發送警報，並配合無線攝影鏡頭，即時捕捉照片發送至手機，出門無憂。

圖 6-17 智能門禁功能

（3）安防警報：若家中出現可疑人物，動態感應器能夠紅外檢測家中的異動，將可疑照片發送到用戶的手機，如圖 6-18 所示。

圖 6-18 安防警報功能

（4）支持合作廠商擴展：LifeSmart 智慧中心可以與任意 LifeSmart 智能設備進行聯動，除此之外，還能同時與其他合作廠商智能設備進行聯動，實現多種組合，自動工作，如圖 6-19 所示。

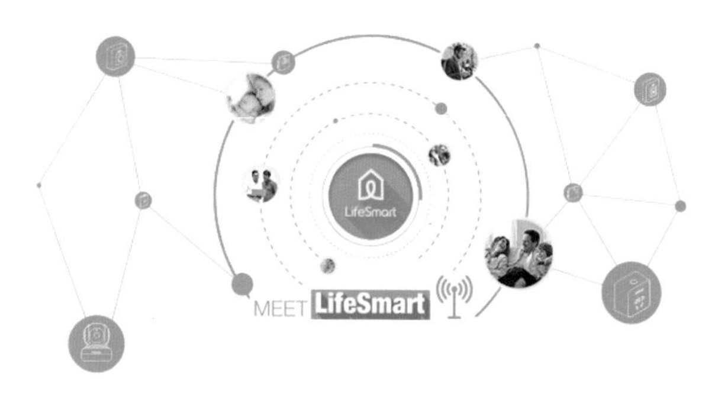

圖 6-19 LifeSmart 智慧中心支持合作廠商擴展

2. 安裝布線

LifeSmart 智慧中心的安裝只用三步就能完成，如圖 6-20 所示。

安裝簡單　僅需3步

無需任何複雜的布線與配對設置

下載 LifeSmart 應用，支援蘋果和安卓

智慧中心透過網路與路由器相連，APP 與智慧中心配對

APP 與智能設備配對，安裝成功

圖 6-20 LifeSmart 智慧中心的安裝

6.2 控制開關系統

控制開關系統是智能家庭生活中必不可少的系統，目前生活中應用得最多的有智能燈光開關面板和調光面板，智能開關面板一方面與普通開關一樣，用戶輕輕用手觸碰一下，就能控制各類情境和設備，另一方面，智能開關面板能夠接收控制主機發布的指令，從而實現燈光設備的控制。本節為讀者介紹幾款控制開關產品。

6.2.1 MTD 智能觸控開關

MTD 智能觸控開關可以直接替代原有的牆壁開關，能夠實現用戶手動開關燈、遙控開關燈等，還可配合智能主機進行情境模式的控制。

MTD 智能觸控開關的螢幕是 LED 顯示幕，面板材料採用鋼化水晶玻璃，時尚、防刮且永不褪色，造型簡約大器，使用起來安全又可靠。智能觸控開關具備如下幾大特點。

1. 使用壽命長

智能觸控開關採用進口高規格阻燃 PC（Polycarbonate，聚碳酸酯），與普通的開關相比，防火功能極佳，如圖 6-21 所示。

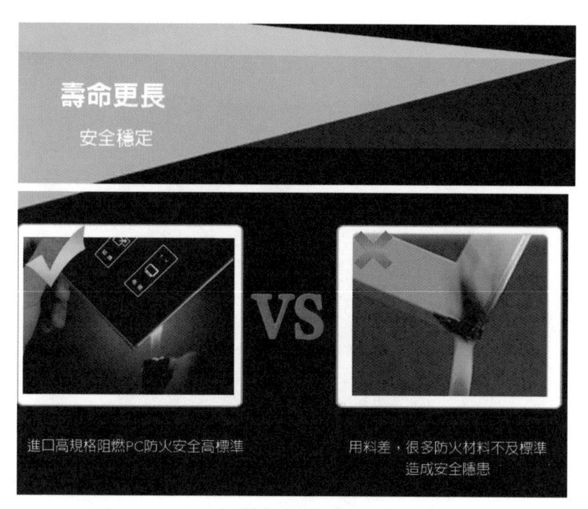

圖 6-21 MTD 智能觸控開關與普通開關對比

2. 回應速度快

智能觸控開關擁有 0.01 秒觸控回應速度，並且在經過 10 萬次以上的觸控使用，證明零靜電效果，用戶可以放心使用。

3. 容易清潔

因為智能觸控開關面板採用的是鋼化玻璃材料，因此非常容易擦拭清潔，如圖 6-22 所示。

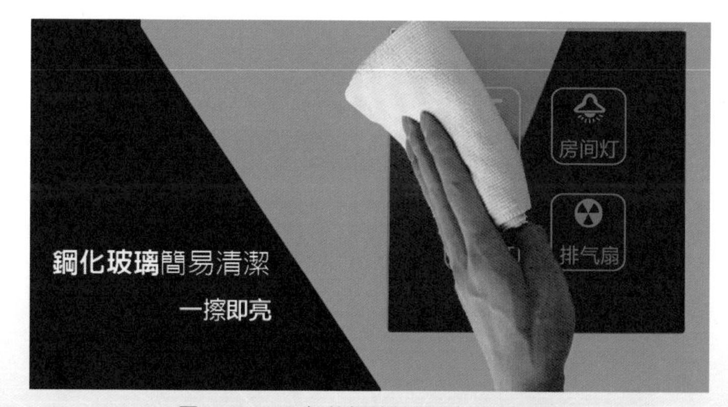

圖 6-22 MTD 智能觸控開關面板容易清潔

4. 濕手可操作

智能觸控開關不受潮濕環境影響，用戶用濕手也可以操作使用，如圖 6-23 所示。

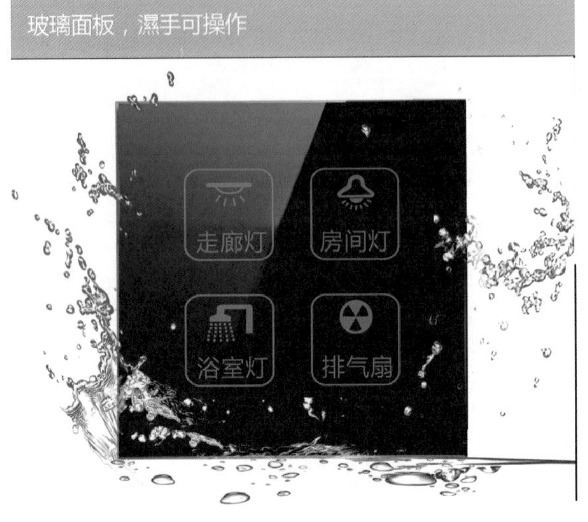

圖 6-23 不受潮濕環境影響

6.2.2 力沃遙控開關

力沃遙控開關也是一款燈光控制開關，它擁有十路遙控控制能力，這十路遙控控制能力分別如下。

1. 兩組房間控制功能

遙控開關右上角有兩組房間控制開關，分別為房間一和房間二，用戶可以在任何地方控制這兩間房的燈光，如圖 6-24 所示。

圖 6-24 兩組房間控制功能

2. 兩組調光控制功能

遙控開關具備兩組調光控制，用戶可以隨心所欲地調控燈光的亮度，如圖 6-25 所示。

圖 6-25 兩組調光控制

3. 四組情境模式設置

遙控開關具備四組情境模式設置，如休息模式、娛樂模式、閱讀模式等，用戶可以根據自己的喜好進行情境模式設置，如圖 6-26 所示。

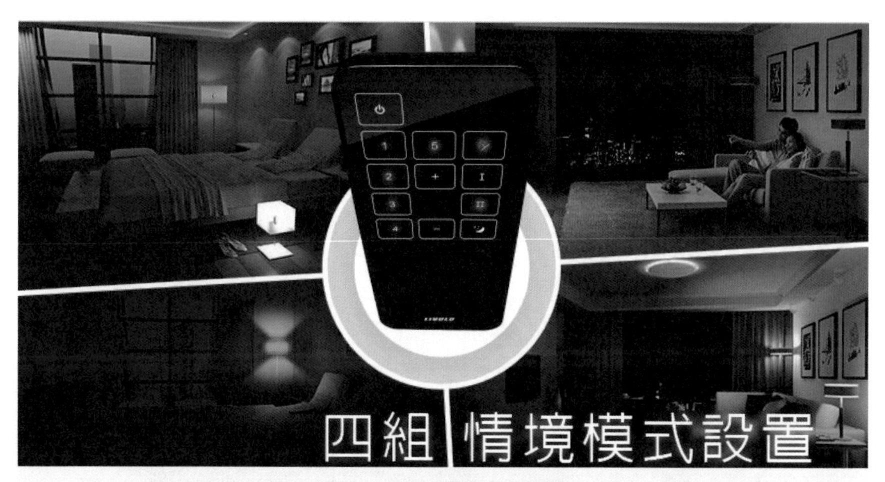

圖 6-26 四組情境模式設置

4. 一組自動休眠模式

遙控開關待機 20 秒後就會自動進入休眠模式，如圖 6-27 所示。

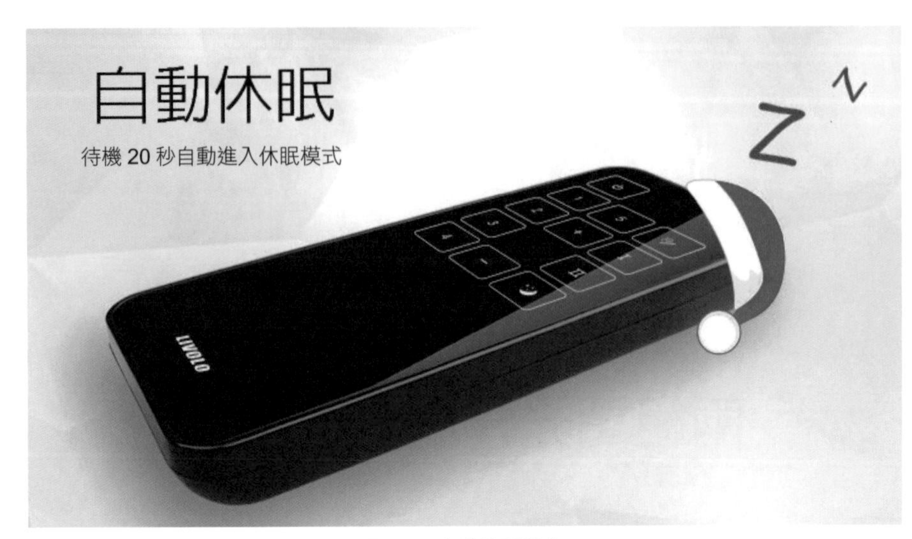

圖 6-27 自動休眠模式

5. 一組超長待機模式

遙控開關只須兩節 AAA 電池，待機時間就能長達一年，因此，其最後一組功能是具備超長待機時間，如圖 6-28 所示。

圖 6-28 超長待機時間

6.3 智能插座系統

智能插座，現在通常指內建 WiFi 模組，透過智慧手機用戶端來進行功能操作的智能硬體，其最基本的功能是透過手機用戶端遙控插座通電或斷電，或設定插座的定時開關。本節為讀者介紹幾款智能插座產品。

6.3.1 小 K 二代智能插座

小 K 二代智能插座是一款多功能智能插座，用戶可以透過 APP 查看室內溫濕度，還能自訂情境模式，接下來將從實用功能、外掛程式拓展功能兩方面為讀者介紹這款智能插座。

1. 八大實用功能

智能插座擁有八大實用功能，如圖 6-29 所示。

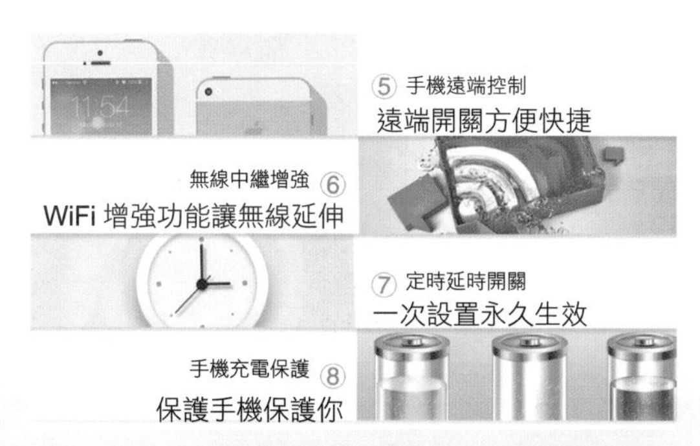

雙 USB 介面
拓展外掛程式功能，可充電，還可拓展成網路介面

內建增強天線
WiFi 增強更穩定，接收範圍更廣，發送訊號更強

檢測並統計家電耗電量，用電透明

APP 控制開關，定時亮燈，還可實現感應亮燈

⑤ 手機遠端控制
遠端開關方便快捷
無線中繼增強 ⑥
WiFi 增強功能讓無線延伸
⑦ 定時延時開關
一次設置永久生效
手機充電保護 ⑧
保護手機保護你

圖 6-29 智能插座的八大實用功能

2. 外掛程式拓展功能

智能插座擁有以下四大外掛程式拓展功能。

（1）遙控外掛：遙控外掛程式能夠用 APP 聯動家中使用紅外遙控器控制的電器，如圖 6-30 所示。

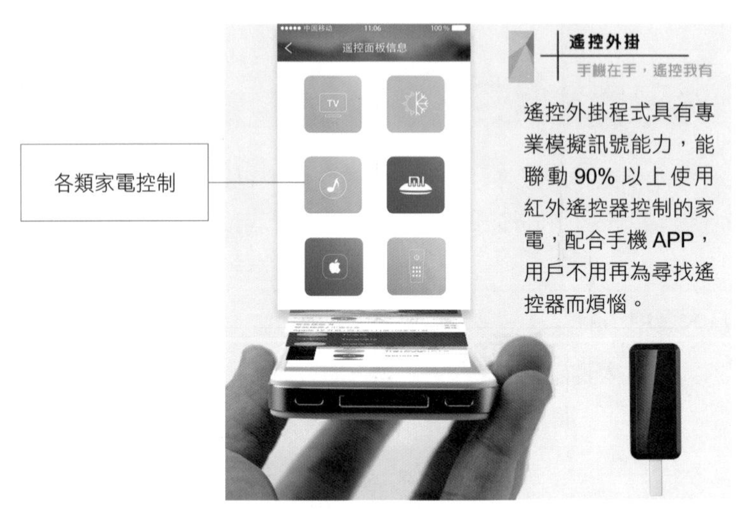

圖 6-30 遙控外掛程式的拓展功能

（2）射頻外掛：射頻外掛程式能夠支援 80% 以上的射頻產品，例如，拉窗簾、開車庫等都能透過手機輕鬆搞定，如圖 6-31 所示。

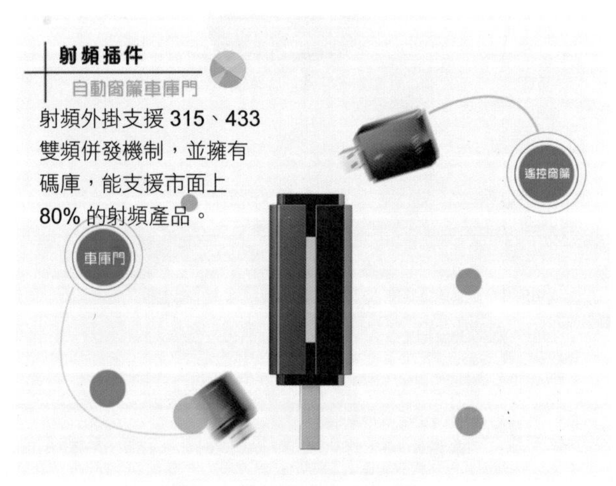

圖 6-31 射頻外掛程式的拓展功能

（3）環境外掛：對室內的溫濕度，還有燈光照度等，可以透過環境外掛程式來控制，如圖 6-32 所示。

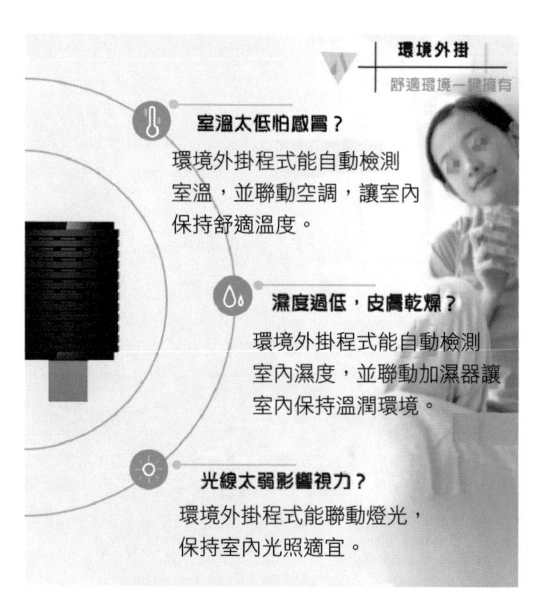

圖 6-32 環境外掛程式的拓展功能

（4）感應外掛：感應外掛程式能感應到 3 ～ 4 米內活動的人體，聯合智能用戶端開啟小夜燈，防盜防摔，如圖 6-33 所示。

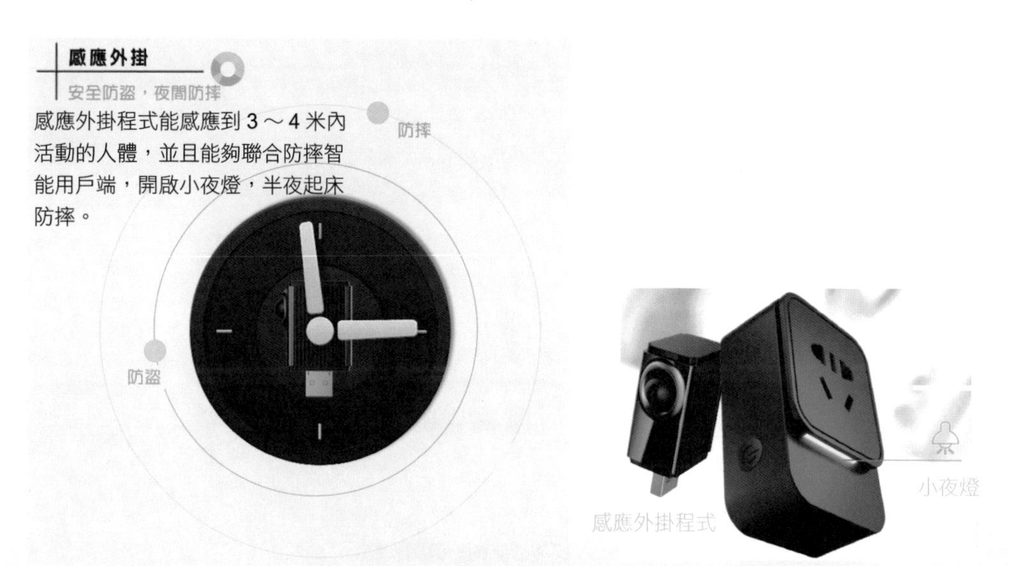

圖 6-33 感應外掛程式的拓展功能

6.3.2 萬寶澤智能插座

萬寶澤智能插座具有連接無線 WiFi、防火預警、防盜提示、遠端控制、智能定時五大功能，如圖 6-34 所示。

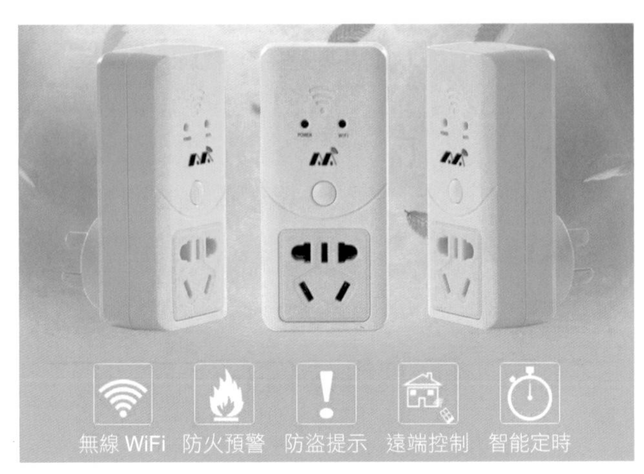

圖 6-34 萬寶澤智能插座的功能

下面將從智能插座R特性和APP安裝兩方面進行介紹。

1. 智能插座的特性

智能插座的特性很多，例如一鍵閃聯性、相容性、雙路控制性、節能性等。

（1）一鍵閃聯性：智能插座支援 2G ／ 3G ／ 4G 網，用戶只要一鍵就能閃聯，如圖 6-35 所示。

用戶通過 SmartLink 設置帳號密碼，就能快速實現 WiFi 配置

圖 6-35 智能插座的一鍵閃聯性

（**2**）**相容性：**智能插座採用國際 5 孔設計，可以輕鬆應對各類插頭，並相容各類電器設備，如圖 6-36 所示。

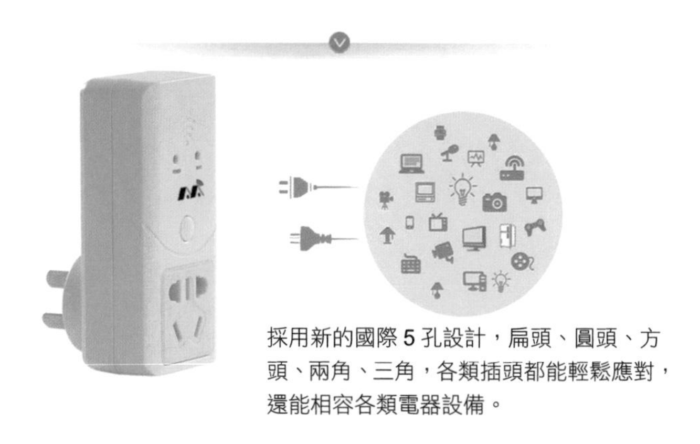

採用新的國際 5 孔設計，扁頭、圓頭、方頭、兩角、三角，各類插頭都能輕鬆應對，還能相容各類電器設備。

圖 6-36 智能插座的相容性

（**3**）**雙路控制性：**用戶可以在家中使用遙控控制，在外面使用手機控制智能插座，如圖 6-37 所示。

圖 6-37 智能插座的雙路控制性

（**4**）**節能性：**智能插座為智能家居而生，有節能省電的功能，如圖 6-38 所示。

圖 6-38 智能插座的節能性

（5）定時性：智能插座可以提前對家電設備設置定時功能，例如，對於喜愛賴床的用戶，只須提前一天設定好電子鍋煮飯的時間，起床時就能吃到香氣撲鼻的早餐了，如圖 6-39 所示；下班回家，可以提前透過手機遠端控制熱水器定時，這樣一來回到家就能洗到熱水澡，如圖 6-40 所示。

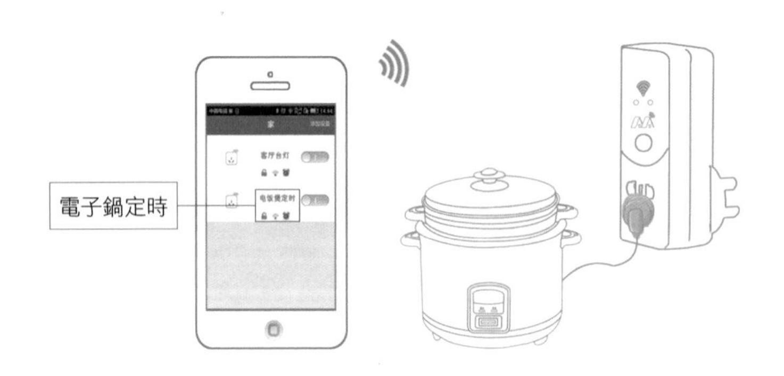

圖 6-39 電子鍋定時

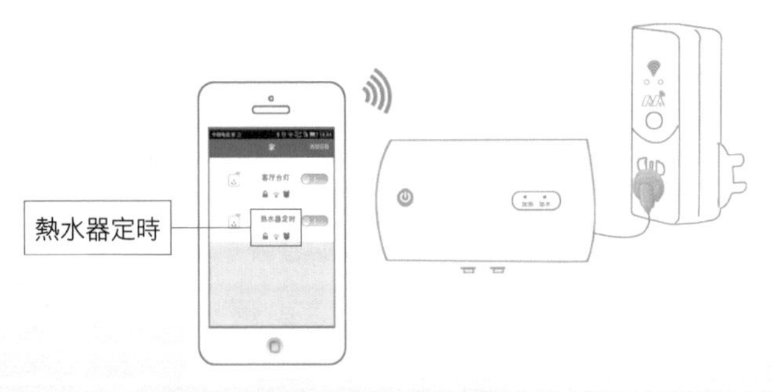

圖 6-40 熱水器定時

（6）保護手機電池：手機「過夜充電」有潛在危險，既耗損手機電池，又容易發生爆炸，智能插座能讓充滿電的手機自動關閉電源，避免發生各種危險情況，如圖 6-41 所示。

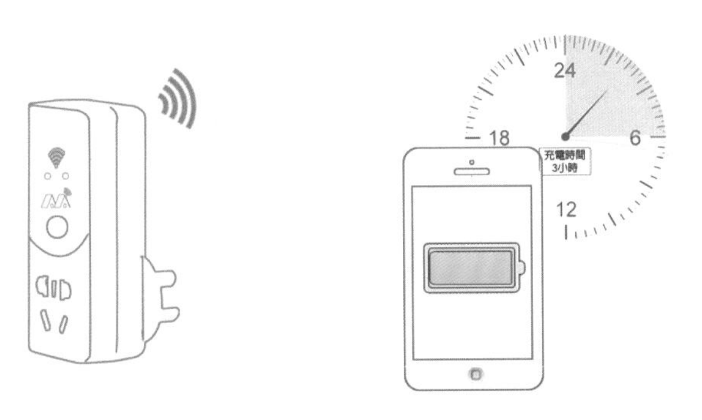

圖 6-41 智能插座可以保護手機電池

（7）防火防盜：當家中無人時，添加無線門磁、紅外、幕簾、燃氣、煙霧探測器及緊急按鈕等應用，實現聯動警報，既能防火，又能防盜，如圖 6-42 所示。

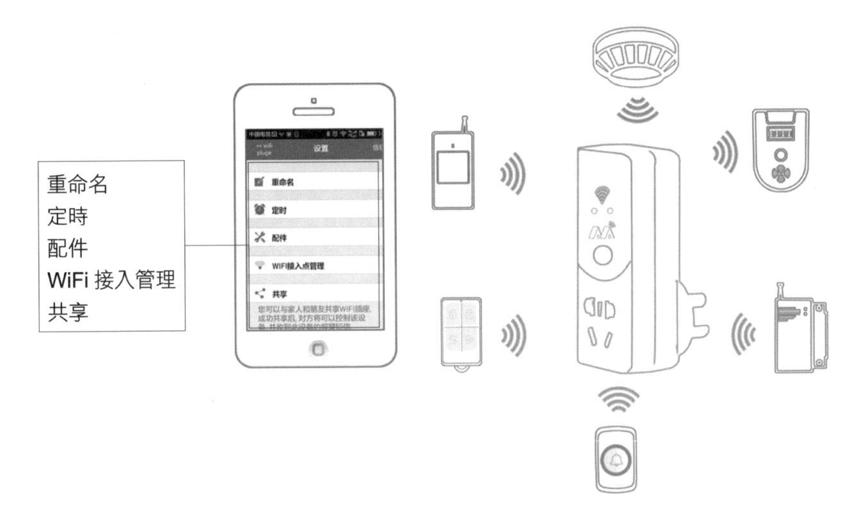

圖 6-42 智能插座可以防火防盜

2. APP 安裝

智能插座的安裝無須任何複雜的設置，只須要插上電源，然後用手機下載智能插座 APP，即可連接，如圖 6-43 所示。

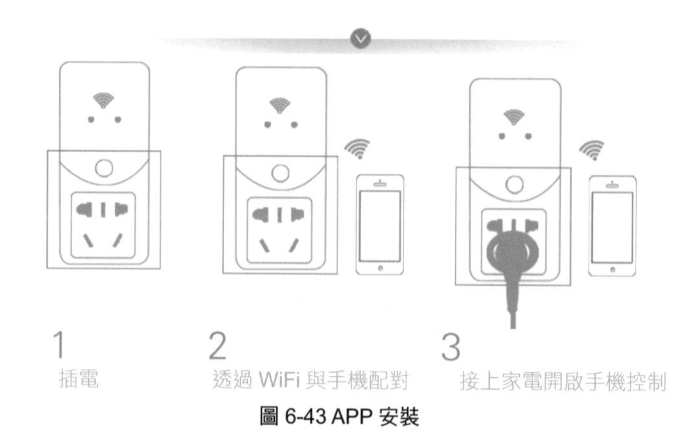

圖 6-43 APP 安裝

6.4 萬能遙控器系統

在智能家居中，萬能遙控器的主要功能是讓用戶脫離控制主機，直接對家中的電器、燈光進行組合控制，同時還能進行場景設置、遠端遙控、預約定時等，與普通遙控器相比，萬能遙控器是採用 315MHz 或 433MHz 的射頻進行遙控的，具備一鍵控制多個功能組合的能力。本節將為讀者介紹幾款萬能遙控器產品。

6.4.1 博聯萬能遙控器

博聯萬能遙控器是一款智能遙控器，它在智能家居中發揮著重要的作用。

1. 性能穩定

萬能遙控器採用 315MHz 或 433MHz 射頻遙控，射頻訊號穩定且覆蓋廣，直線紅外控制距離為 8 ～ 15 米，如圖 6-44 所示。

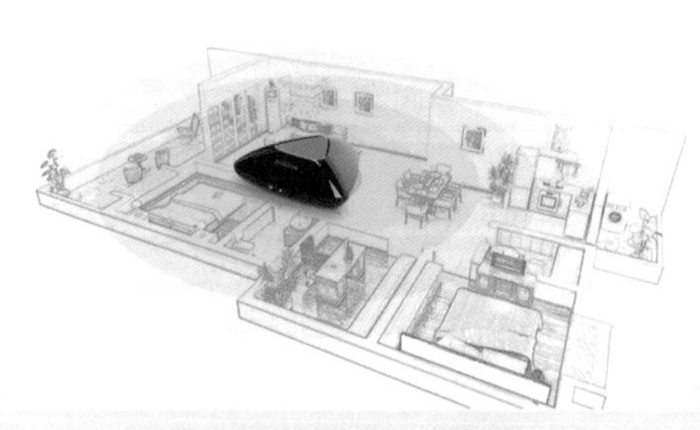

圖 6-44 性能穩定且覆蓋廣

2. 定時控制

用一部智慧手機，就能控制家中所有電器，萬能遙控器具備定時控制功能，用戶只須簡單設置即可，例如，早上醒來窗簾自動拉開、出門家中電器自動關閉、下班回家之前家中空調自動開啟、回到家就能看到自己喜愛的電視等，如圖 6-45 所示。

圖 6-45 定時控制功能

3. 雲端備份

萬能遙控器與手機綁定，當用戶綁定好帳號後，就能將數據上傳至雲端，如此一來，即使更換了手機，也能同步原有的資訊，如圖 6-46 所示。

雲端備份設置資訊 換手機也沒問題
綁定帳號後，將數據上傳至雲端，即使更換手機也能同步原有設置
無論是蘋果還是安卓手機都能備份屬於你的設置資訊
還能與其他用戶分享你的控制面板

圖 6-46 雲端備份功能

4. 安裝簡單

無論是安卓手機還是蘋果手機，都能夠輕鬆安裝關聯 APP，只須輸入 WiFi 密碼，30 秒即可將家電設備和遙控系統一鍵配置聯網，如圖 6-47 所示。

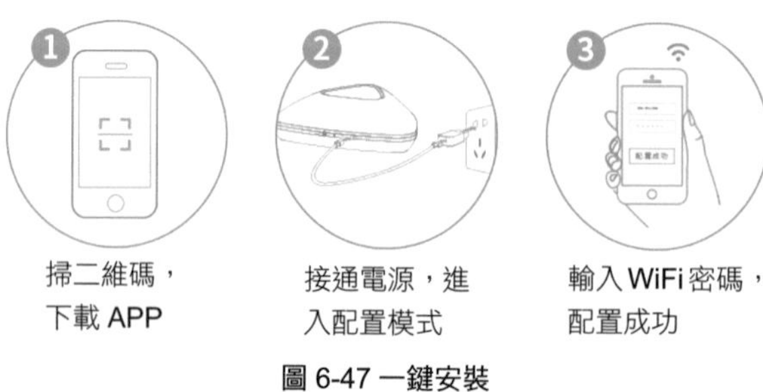

圖 6-47 一鍵安裝

6.4.2 巢控萬能遙控器

巢控遙控器是一款能夠用微信控制的萬能遙控器，它的外觀簡潔大方且使用便利，集多種功能於一身，是家居生活的必備神器，如圖 6-48 所示。

圖 6-48 巢控遙控器的功能

1. 萬能遙控

從前人們客廳中總是擺滿了各種遙控器，現在有了萬能遙控器，用戶只須要一支手機，就能遙控所有家電，出門在外還能透過手機遠端控制，如圖 6-49 所示。

2. 微信控制

如果覺得下載 APP 太佔手機記憶體，用戶還可以透過微信來進行操作，如圖 6-50 所示。

圖 6-49 萬能遙控功能

圖 6-50 微信控制功能

3. 環境感知

萬能遙控器內建溫濕度、光照度感測器，能夠即時檢測用戶家中的環境，給用戶提供一個健康的家居環境，如圖 6-51 所示。

圖 6-51 環境感知能力

4. 智能聯動空調

萬能遙控器可以智能聯動空調，在設定時間內，當遙控器感知到室內溫度超出了用戶設定值時，就會自動開啟空調進行調溫，給家人最舒適的環境溫度，如圖 6-52 所示。

圖 6-52 智能聯動空調功能

5. 智能小夜燈

萬能遙控器具備 RGB 真彩三基色、6 種預設模式、256 級灰度漸變色、1600 萬種色調，可遠端控制燈光，隨意調色，如圖 6-53 所示。

圖 6-53 智能小夜燈功能

6.5 窗簾控制馬達系統

窗簾控制馬達是用來控制窗簾的打開或關閉，窗簾控制馬達有三條電源控制線，一條是正轉相線、一條是反轉相線、一條是零線，當 220V 交流電的相線與正轉相線連接後，馬達正轉；當 220V 交流電的相線與反轉相線連接後，馬達反轉；當 220V 交流電的相線與正轉相線和反轉相線都不連接的時候，馬達停止轉動。本節將為讀者介紹幾款窗簾控制馬達系統。

6.5.1 杜亞智能電動窗簾

杜亞智能電動窗簾是一款家居智能窗簾馬達，如圖 6-54 所示，它能控制家中窗簾的打開或關閉。

圖 6-54 杜亞電動窗簾馬達

1. 主要特徵

電動窗簾馬達共有 8 大特徵，如圖 6-55 所示。

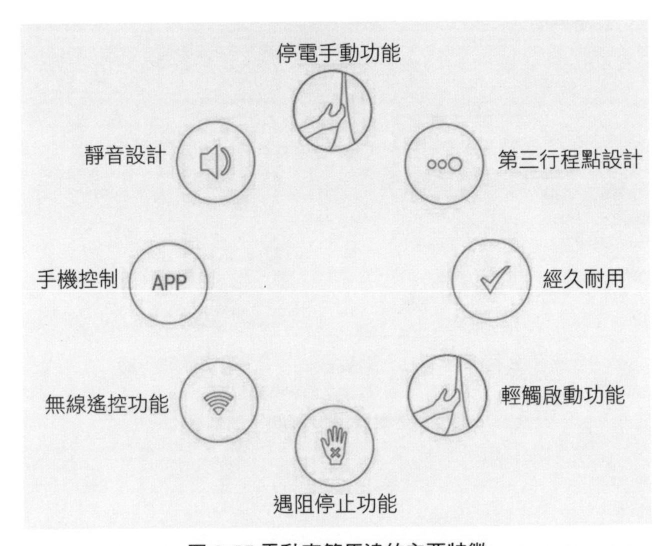

圖 6-55 電動窗簾馬達的主要特徵

2. 手機控制

用戶透過手機 APP 就能直接遠端控制電動窗簾馬達，如圖 6-56 所示。

透過手機，用戶就能輕鬆控制電動窗簾馬達，非常方便。
可以用手機控制的電動窗簾

圖 6-56 手機控制

3. 遙控控制

電動窗簾馬達有多種控制方式，當用戶在家的時候，也可以用遙控控制，無線遙控的細節特徵，如圖 6-57 所示。

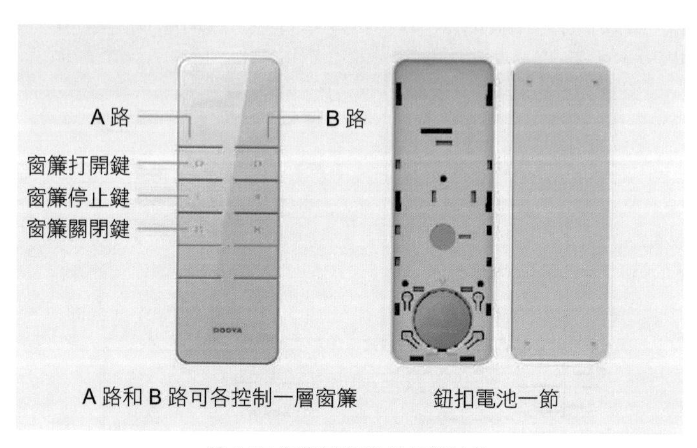

圖 6-57 無線遙控器的細節特徵

6.5.2　卓居電動窗簾

卓居電動窗簾的功能特徵如下。

1. 減震

電動窗簾內建懸掛減震系統，能有效降低噪音，馬達運作的噪音低於 35 分貝，遠低於其他普通馬達，如圖 6-58 所示。

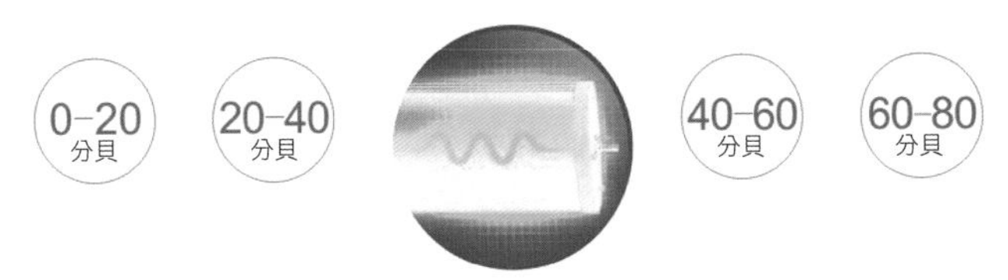

電動窗簾馬達噪音低於 35 分貝

2. 停電手動設計

當停電時，電動開合窗簾依然可以像普通窗簾一樣使用手動開合，保證用戶的正常操作，如圖 6-59 所示。

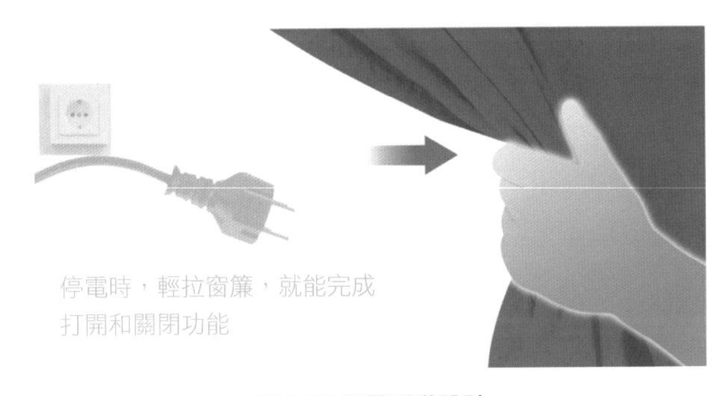

圖 6-59 停電手動設計

3. 變速設計

電動窗簾採用「慢啟動、慢停止」的設計，窗簾通電後，會緩緩運作，不會因突然的碰撞發出噪音，如圖 6-60 所示。

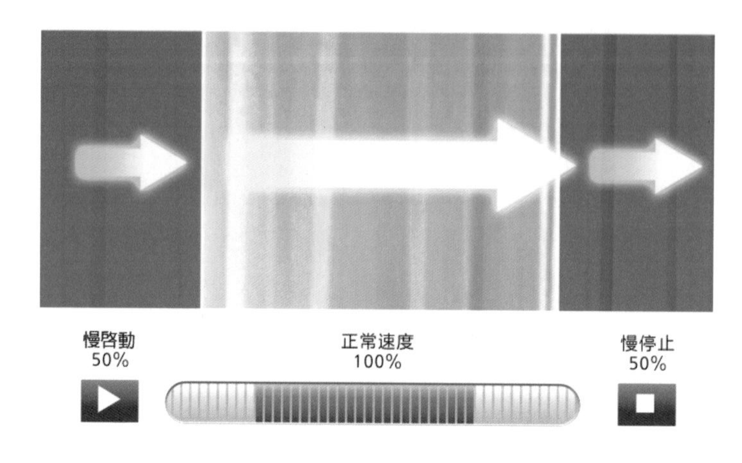

圖 6-60 變速設計

4. 多重控制方式

電動窗簾有兩種控制方式，分別是手持遙控器控制和牆壁遙控器控制。

（1）手持遙控器控：手持遙控器能夠控制四組電動窗簾，其主要細節如圖 6-61 所示。

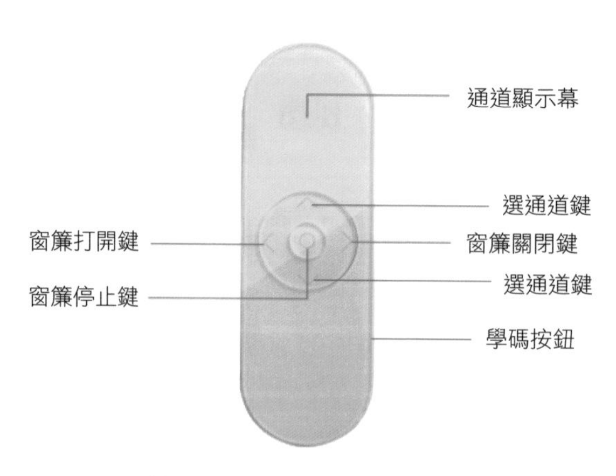

圖 6-61 手持遙控器的細節

（2）**牆壁遙控器：**牆壁遙控器是安裝在牆上的一種電動窗簾遙控器，能夠控制兩組電動窗簾，其主要細節如圖 6-62 所示。

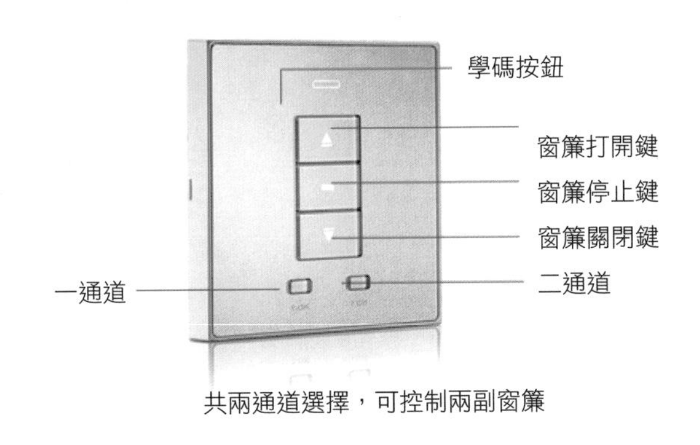

圖 6-62 牆壁遙控器的細節

6.6 溫濕度控制系統

溫濕度感測器可以即時回傳不同房間內的溫濕度值，然後根據需求來打開或關閉各類電器設備，如空調、加濕器等。溫濕度感測器配合智能家居主機工作，能夠遠端監控家中的溫濕度，並實現無線聯動智能調控。本節為讀者介紹幾款溫濕度感測器。

6.6.1 妙昕溫濕度感測器

妙昕溫濕度感測器採用 220V 交流電直接供電，隨插即用，內部整合高精度感測器，性能穩定，如圖 6-63 所示。

1. 適用場所

溫濕度感測器除了適用於家居環境，還適用於各種場合，如車庫、冷凍庫、機房等，如圖 6-64 所示。

圖 6-63 溫濕度感測器

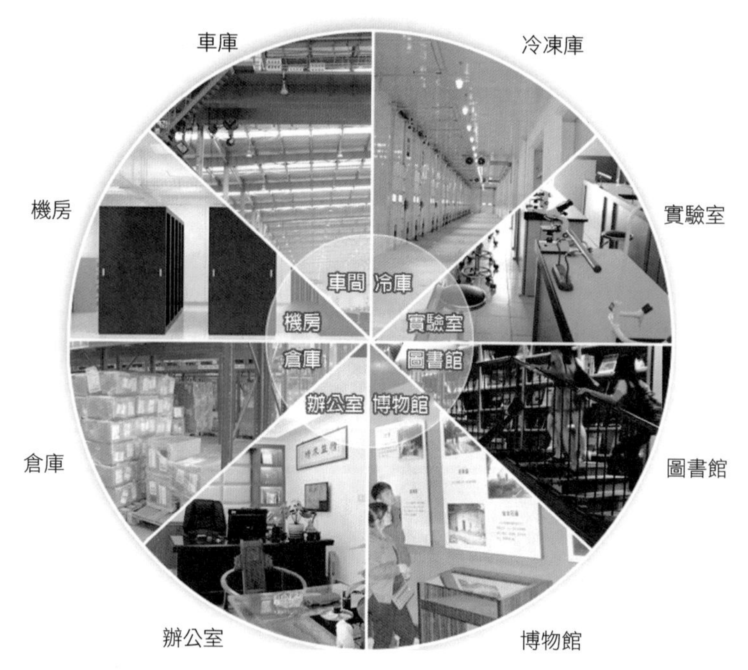

圖 6-64 溫濕度感測器適用的場合

2. 設計特點

溫濕度感測器採用雙層 LED 防刮液晶幕以及外接插頭，設計十分人性化，同時，外殼採用環保材料，感覺貼心深受人們的喜愛，如圖 6-65 所示。

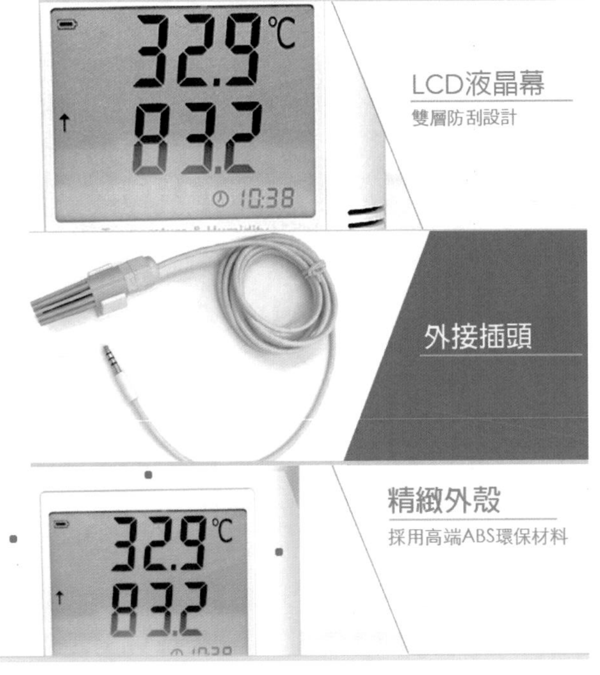

圖 6-65 溫濕度感測器的特點

3. 接線

溫濕度感測器的接線法要根據功率大小來確定。

（1）小功率接線方法：小功率接線法如圖 6-66 所示。

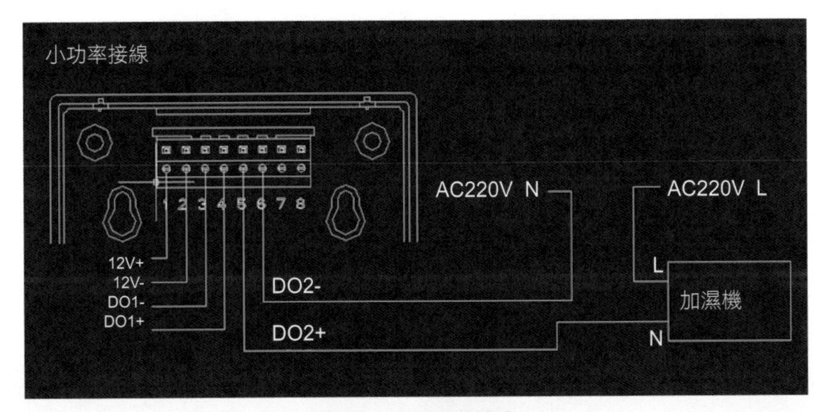

圖 6-66 小功率接線法

（2）大功率接線方法：大功率接線法如圖 6-67 所示。

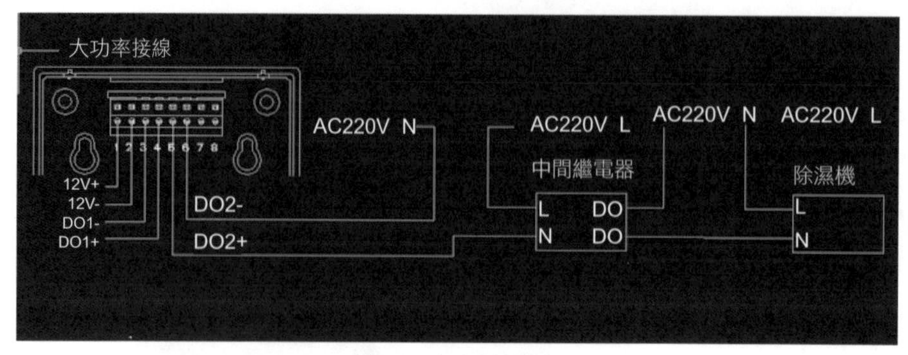

圖 6-67 大功率接線法

6.6.2 物聯無線溫濕度感測器

物聯無線溫濕度感測器是基於 ZigBee 技術建構的新型產品，主要用於檢測周邊空氣的溫度和濕度，並透過 ZigBee 協議，自動向控制中心發送測定數據，同步到移動智能終端機。無線溫濕度感測器廣泛應用於智能家居系統中，用戶可以將其安置在客廳的天花板上，如圖 6-68 所示。

圖 6-68 無線溫濕度感測器安置在天花板上

音頻：讓智能生活更美妙

第7章

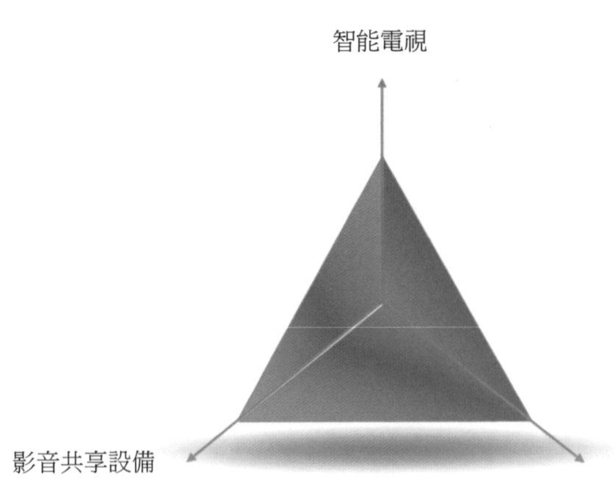

7.1 智能電視

在手機、平板、電腦早已實現智能化的今天，智能電視也躋身「智能化」領域，為人們帶來更多驚喜。如今，在互聯網和大數據時代下，家電智能化已經成為趨勢。作為家居生活的重要設備，電視是客廳視頻娛樂休閒的主要媒介，其智能化也將顛覆傳統電視行業。本節將為讀者介紹幾款智能電視產品。

7.1.1 三星（Samsung）智能電視

作為 LED 電視技術的領導者，三星掌握從面板、晶片到 LED 背光源的全產業鏈的核心技術，引領 LED 電視的發展潮流。而相對其他類型的電視來說，LED 電視在畫質表現、外觀工藝和節能環保等方面具有先天優勢。下面將從畫質、智能功能等兩方面為讀者介紹三星智能電視。

1. 畫質

智能電視採用超高清畫質增強技術，幫助用戶享受到超高清晰度的畫質。

（1）超高清精彩畫質：智能電視透過大幅度提升調整點的數量來提高色彩的表現力，讓電視的色彩更加接近自然，同時，透過伸縮畫面中主體影像、前景、後景的距離，來增加主體影像的對比度，從而實現接近 3D 的立體效果，如圖 7-1 所示。

對比增強
平面畫面 3D享受
透過伸縮主體影像、前景、後景的距離，增強主體影像的對比度。

圖 7-1 智能電視的 3D 立體效果

（2）超高清局部控光：三星超高清局部控光技術可以對虛擬區域中的畫質進行優化處理，使整體畫面亮度更為均勻，對比度更高，如圖 7-2 所示。

圖 7-2 超高清局部控光畫質

（3）智能降噪提高清晰度：三星超高清智能電視可優化和分析多種訊號源，幫助降低噪點並提高畫質的清晰度，如圖 7-3 所示。

智能降噪

優化分析多種訊號源，包括機上盒，幫助降低噪點，提高清晰度。

圖 7-3 智能降噪，提高清晰度

2. 智能功能

智能電視的功能十分強大，兼具娛樂性、實用性為一體，具體包括以下幾點。

（1）快速瀏覽所需。 用戶在看電視時，若想換其他的內容觀看，無須退出當前精彩的內容，只須通過螢幕底部的智能電視功能表，就能輕鬆享受各類趣味內容，如圖 7-4 所示。

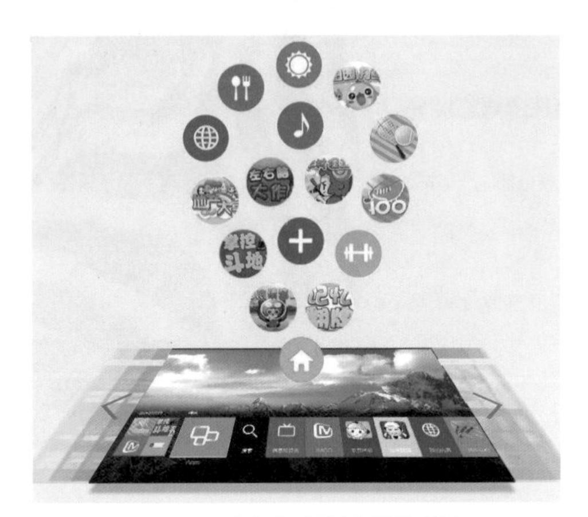

圖 7-4 在功能表中快速瀏覽所需

（2）移動設備內容共享。 用戶一鍵即可實現移動設備和智能電視之間的內容共享，同時還能保存最後觀看的內容，如圖 7-5 所示。

圖 7-5 移動設備與電視內容共享

（3）快速保存觀看記錄。 用戶可以將自己喜愛的精彩內容整合到智能電視的智能中心去，這樣就方便下次觀看的時候，不用刻意去尋找，直接在智能中心查看觀看記錄即可，如圖 7-6 所示。

暢享精彩內容
性能強勁 簡單易用
將喜愛的內容保存到智能中心，還能保存觀看記錄。

圖 7-6 快速保存觀看記錄

（4）多媒體共享。 智能電視擁有四核處理器，支援秒速開機，同時實現多項處理功能，如果用戶在電視上插上 USB，就能實現多媒體共享，用戶能夠得到更多的娛樂體驗，如圖 7-7 所示。智能電視擁有高清晰多媒體埠（HDMI）輸入，該埠可將高清晰數位數據直接從多媒體設備高速傳輸到電視上。

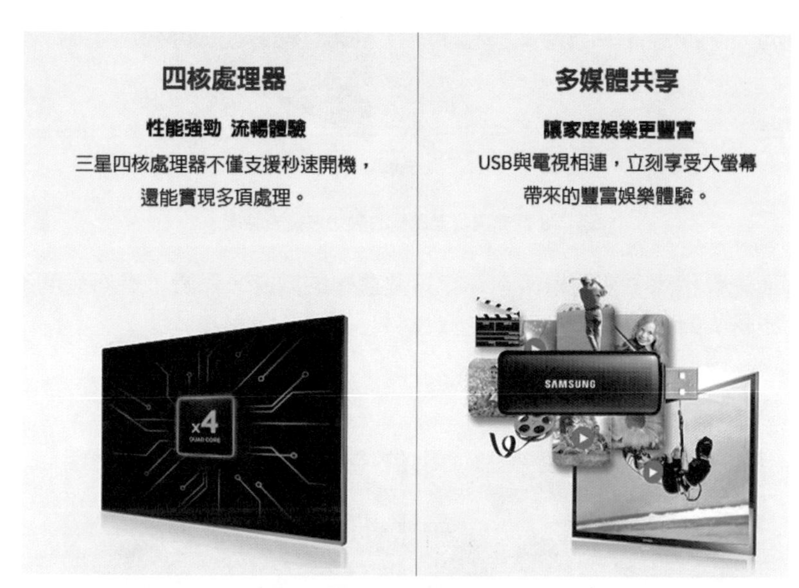

圖 7-7 多媒體共享

7.1.2 飛利浦（Philips）智能電視

飛利浦智能電視主要有以下幾點特徵。

（1）保護雙眼。 經過數年研發，智能電視用獨一無二的背光源發光磷粉，改變了短波藍光強度峰值分布，使得峰值波長從 444nm 變為 460nm，從而淨化了 90% 以上的短波藍光，使得智能電視擁有保護雙眼的功能，如圖 7-8 所示。

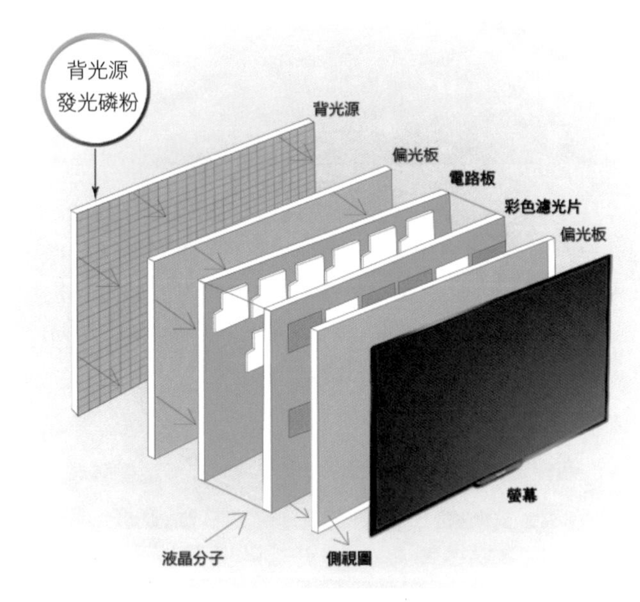

圖 7-8 背光源發光磷粉改變短波藍光強度

與普通電視相比，智能電視在淨化短波藍光的同時，保證了畫面亮度不減，色彩飽和，如圖 7-9 所示。

圖 7-9 智能電視色彩依然飽和

（2）四大畫質處理技術。 智能電視採用先進的四大畫質處理技術，向用戶展示了更高水準的色彩、對比度和清晰度，如圖 7-10 所示。

圖 7-10 四大畫質處理技術

（3）八核處理器。 智能電視採用八核處理器，一方面利用四核 CPU 運算，幫助後臺運作得更快捷；另一方面，通過四核 GPU 提升圖形的渲染力，使畫面更加清晰、色彩還原更加逼真，如圖 7-11 所示。

圖 7-11 採用八核處理器

（4）擁有 360° 音頻環繞音效。 智能電視採用超寬環繞立體聲效，能夠創造出層次豐富的立體聲和環繞音效，令用戶感受到身歷其境的虛擬環繞立體聲，如圖 7-12 所示。

圖 7-12 360° 音頻環繞音效

（5）豐富的應用商城。 採用市場主流智能開放式平臺，擁有更好的相容性和穩定性，同時為用戶提供巨量應用系統，帶來更多更豐富精彩的應用體驗，如圖 7-13 所示。

圖 7-13 豐富的應用商城

7.2 智能音箱設備

經常聽音樂有利身心健康，音樂可以緩解身心的緊張、掩蓋噪音並創造一種輕鬆和諧的氛圍。在智能家居中，智能音箱得到了人們的喜愛，智能音箱可以給人們帶來親臨現場的感覺，音域的層次感和震撼性還會增強藝術感染力。

當人們結束一天的工作，疲憊回到家時，可能最想做的就是躺在沙發上或者回到臥室躺在床上，閉上眼睛，聆聽音樂世界的美好。對於智能家居的音響設備，既可以選擇傳統的家庭音響系統，也可以選擇智能無線藍牙音箱。本節將為讀者介紹幾款智能音箱設備。

7.2.1 Sonos 無線音箱

Sonos 無線音箱是一套非常先進的智能音響設備，它既擁有家庭音響般悅耳非凡的音質效果，又擁有無線藍牙音箱的便利性，與智能手機設備和電腦的連接也很方便，更使得它在播放體驗上有著更加獨特的一面。Sonos 無線音箱的主要特徵包括以下幾點。

1. 雲端音樂

雲端時代的到來，改變了人們收聽音樂的方式。由於強大的寬頻網路，所有的音樂都可以保存在「雲端」伺服器中，還為用戶提供各種排行榜單，並提供自動尋找用戶喜歡的歌曲等服務，人們可以在「雲端」上隨意點播歌曲。

2. 下載 APP

下載免費的 APP，即可在任何移動設備或電腦上操控、搜尋、瀏覽、播放音樂，如圖 7-14 所示，可在每個房間播放不同的歌曲，或讓同一首歌曲同時在每個房間回響；用戶還可以任意搭配其他智能產品，同型號的智能音箱產品還能組成立體聲效；任意一個控制器都可以控制所有智能音箱播放機，而多個控制器也可以同時控制一臺音箱播放機。

3. 無線技術

智能音箱擁有專業的無線 HiFi 技術，與 Sonos 無線技術相比，傳統的藍牙、AirPlay 技術有很多弊端，例如，一旦有來電，音樂自動停止；藍牙技術經過特定的壓縮技術處理後，會導致音樂低音暗啞，而音量升高時，大部分音樂都會失真。

4. 豐富巨量的音樂資源

智能音箱中，播放本地音樂庫，可以享受「雲端音樂」的服務，可以收聽眾多免費的互聯網電臺，讓悠揚的音樂充滿家中每個角落。而傳統的藍牙、AirPlay 無法將來自多個音樂源和設備的音樂整合到一個播放清單中，同時，藍牙揚聲器也無法同時在多個房間播放同一曲目，AirPlay 則無法在多個房間同時播放儲存在手機或平板電腦上的音樂。

5. 安裝使用

如何快速使用音箱設備？其主要步驟如圖 7-15 所示。

圖 7-14 下載 APP 即可播放音樂

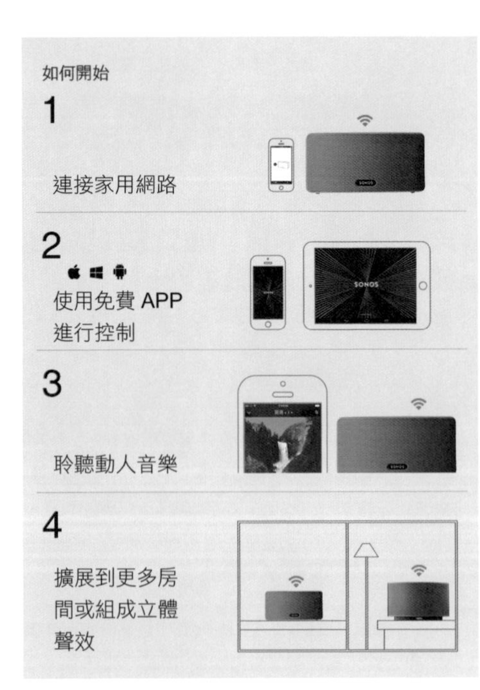

圖 7-15 安裝使用

7.2.2 brim s29 無線藍牙喇叭

brim s29 無線藍牙喇叭機身小巧，採用時尚的觸控按鍵設計，用戶只須用指尖輕觸，就能輕鬆實現各項操作。下面將從產品細節和產品功能特徵兩方面進行介紹。

1. 產品細節

無線藍牙喇叭的產品細節，如圖 7-16 所示。

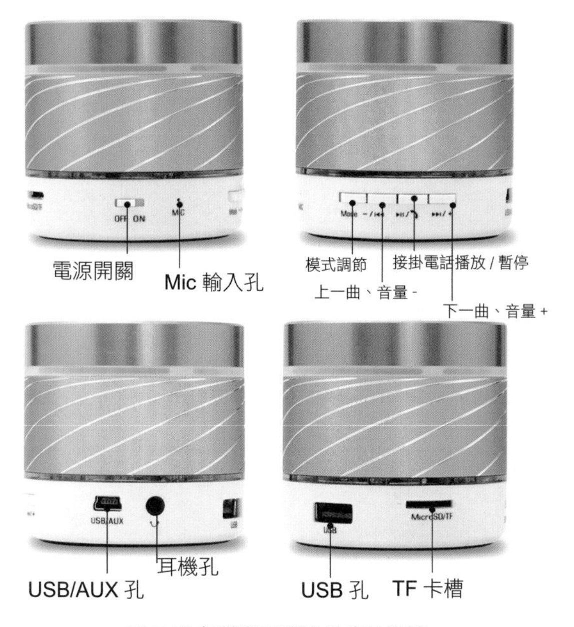

圖 7-16 無線藍牙喇叭的產品細節

2. 產品功能特徵

無線藍牙喇叭的主要特徵包括以下幾點。

（1）夜光燈。 無線喇叭有燈光裝置，能帶來美妙的燈光效果，如圖 7-17 所示。

圖 7-17 夜光燈效果

（2）無線自拍。 無線藍牙喇叭全面相容並支援 iOS 和安卓系統，用戶不僅能聽到美妙音質，還能玩自拍，把喇叭與藍牙連接，連接後長按 Mode 鍵，等喇叭響起了「嘟嘟」的聲音，再按接掛電話鍵，就可拍照了，如圖 7-18 所示。

控制快門輕鬆拍照，一鍵解決難對焦問題。

圖 7-18 無線自拍模式

（3）**10 米傳輸距離。** 因藍牙屬於無線傳輸訊號，因此，用戶要在有效距離內傳輸。無線藍牙喇叭擁有 10 米的有效距離，在 10 米內，用戶能夠自由傳輸，5 米內高保真輸出，如圖 7-19 所示。

圖 7-19 10米有效傳輸距離

（4）**iOS 電量顯示。** 無線藍牙喇叭支援 iOS 系統藍牙耳機電量顯示，喇叭剩餘的電量能夠在 iOS 設備上進行直觀、即時的顯示，讓用戶可以輕鬆掌握電量，如圖 7-20 所示。

圖 7-20 iOS 電量顯示

（5）超長續航時間。 無線藍牙喇叭內建超大容量鋰電池，反覆充電耗損小，確保正常音量使用中可以 3 小時連續播放音樂，如圖 7-21 所示。

（6）支援記憶卡播放。 無線藍牙喇叭支援最大 16GB 的記憶卡，可播放 MP3 和 WMA 格式的歌曲、戲曲和相聲等，如圖 7-22 所示。

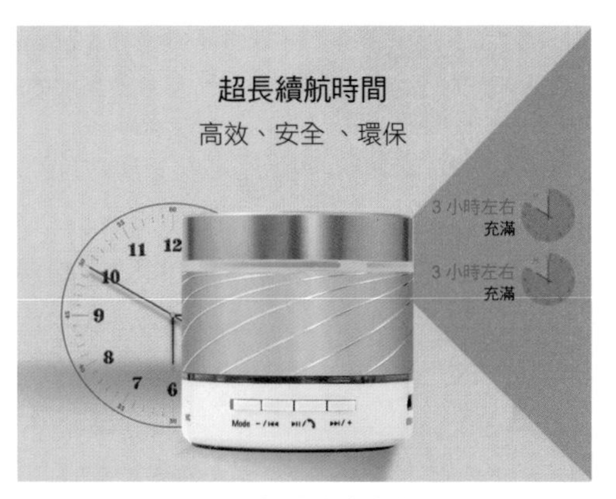

圖 7-21 超長的續航時間

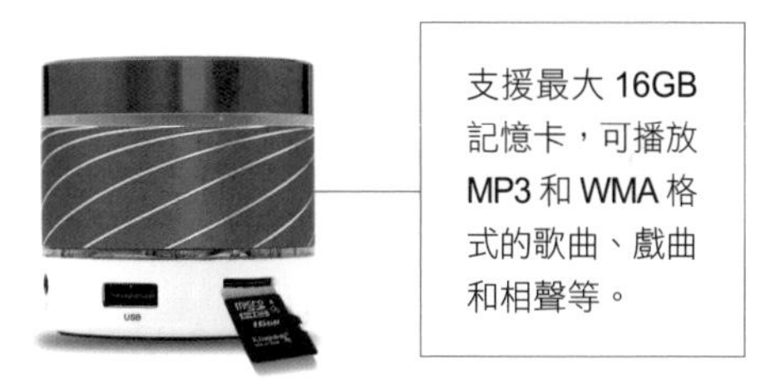

圖 7-22 支援記憶卡播放

（7）連接方便。 無線藍牙喇叭可以與任何設備連接，有線或無線均可，支援手機、平板電腦和筆記型電腦等，如圖 7-23 所示，是將喇叭與手機連接後，透過收音機播放音樂。

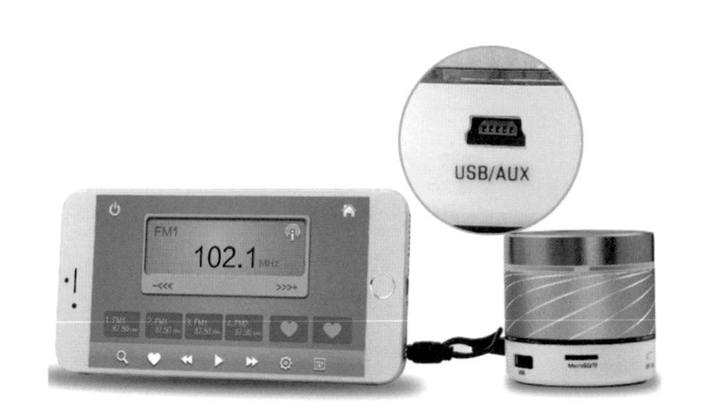

圖 7-23 無線藍牙喇叭可與任何設備連接

（8）支援透過 USB 播放音樂。 不連接手機也可以播放歌曲，只須將隨身碟插入 USB 孔，即可播放歌曲，方便又實用，如圖 7-24 所示。

（9）支援來電免持。 無線藍牙喇叭內建語音麥克風，支援手機來電一鍵接聽功能，無論是單人還是多人進行通話，都能帶來清晰的通話體驗，如圖 7-25 所示。

圖 7-24 支援透過隨身碟播放音樂

內建語音麥克風，支援手機來電一鍵接聽，開車出遊、上下班途中都沒問題，安全又方便。

圖 7-25 支援來電免持

7.3 影音共享設備

家庭電影院為住宅用戶提供了舒適性、藝術性的影音享受。在國外智能家居中，家庭電影院是作為改善居住品質的一個重要內容。家庭電影院，是一種在家庭環境中收看影視節目的播放系統，它不僅可以看電影、聽音樂、唱卡拉 OK，還能透過高清數位電視機上盒收看高清晰度的電視節目，或透過網路下載視頻節目觀看等。本節將為讀者介紹幾款影音共享設備。

7.3.1 AV808 影視交換機

智能家居中，收看數位電視、網路電視、衛星電視、光碟以及實現電視電腦網路互聯的功能，都是依靠電視機接入各種播放設備來實現的，從發展趨勢來看，電視機已經逐漸演變成家庭的顯示終端。數位電視機上盒、衛星電視接收機、網路機上盒、光碟機及監控設備等視聽播放設備，已被越來越多的家庭接納。

家庭影視交換機，如圖 7-26 所示，是家庭裝修必備的影視娛樂平臺，它採用先進的音視頻矩陣晶片和電腦晶片，在微電腦系統的監測下，根據電視機的開關機狀態，把機上盒、衛星接收機、IPTV、DVD 等多路訊號源，根據用戶的設定，自動發送到每個房間的電視機上，從而實現每個房間都能方便快捷地共享家庭配備的各種視聽設備。

圖 7-26 家庭影視交換機

使用智能影視交換機可以達到如圖 7-27 所示的目的。

節約費用

使用影視交換機，用戶只要依需求購置設備，不必每臺電視機都購置 1 套播放設備。比如：一戶家庭有 8 臺電視機，經常觀看數位電視的家庭成員有 3 個人，喜歡觀看網路電視的有 2 個人，喜歡看衛星電視的有 1 個人。用戶只須購買 3 臺數位電視機上盒、2 臺網路機上盒和 1 臺衛星電視接收機即可，如此一來，透過影視交換機，就可以有 6 個家庭成員同時在 6 個任意房間選擇這些設備進行觀看。相比起每臺電視購買 1 套播放設備，節省的購置費和收視費相當可觀。

隱藏安裝

所有播放設備和影視交換機本身都可以隱蔽安裝在視聽櫃中，有利於美化裝修效果。每臺壁掛電視機背面僅僅安裝一個普通面板，看不到任何播放設備和連接線，用戶能隨意選擇觀看數位電視、網路電視或衛星電視。

自動分配

基於影視交換機所採用的先進設計理念和即時電視機開關機檢測功能，用戶打開電視就能看數位電視，不看了就按遙控器讓電視待機或者關機即可，不用自己去選擇機上盒，系統會自動分配空閒機上盒，也不用去開關機上盒，系統會自動開關，方便又實用。

圖 7-27 使用智能影視交換機的目的

智能影視交換機系統的主要功能特徵，如圖 7-28 所示。

集中管理家中的設備

智能影視交換機能將家庭日常使用的數位電視機上盒、網路電視機上盒、衛星電視接收機以及監控攝影機、門口攝影機等設備集中在一起進行科學、高效的管理。

圖 7-28 智能影視交換機系統的主要功能特徵

自動設備選擇

系統可任意指定進入自動選擇的接入設備，當電視機開機後，系統會自動分配 1 個空閒的播放設備供觀看，設備分配完畢，可以自動進入公用的接入設備，如果自動分配的設備不是想看的設備，可以隨時用遙控器切換到其他的接入設備。

提高設備利用效率

系統會隨時監控電視機的開關機或待機狀態，實現電視機開機即分配設備、電視待機或關機即自動釋放設備供其他電視選擇的功能，最大程度提高了設備使用效率。

免打擾設計

電視機透過自動分配或按遙控器選擇設備後，其他房間不能選擇該設備，避免了以往產品常見的控制混亂現象，有利於保護用戶的隱私性。

高效可靠的電源管理

當系統監控到所有電視機關機或待機後，會立即切斷所有接入設備的電源；當任一電視開機時，系統會立即接通設備電源供電視備選。由於幾乎每天都會開關接入設備，大大消除了機上盒、衛星電視、IPTV 等由於長期工作而導致的當機現象。

圖 7-28（續）

7.3.2 英菲克電視機上盒

高清數位電視機上盒是將衛星、有線或地面傳輸的高清數位電視訊號，經過訊道解調、訊源解碼，將傳送的高清電視節目的數位碼流轉換到壓縮前的形式，再經過 D/A 轉換和視頻編碼後送到高清電視接收機，供用戶收看高清數位電視節目。英菲克電視機上盒是一款 8 核 CPU 的電視盒，如圖 7-29 所示，該機上盒採用 28nm 工藝，主頻 2.0GHz，擁有 16G 的超大快閃記憶體功能，支援 4K 超高清、3D 藍光解碼，開機僅需 16 秒，秒殺全網 99% 的電視機上盒，採用人性化人體工學專利設計並支援壁掛，能更好地配合用戶的客製化體驗。

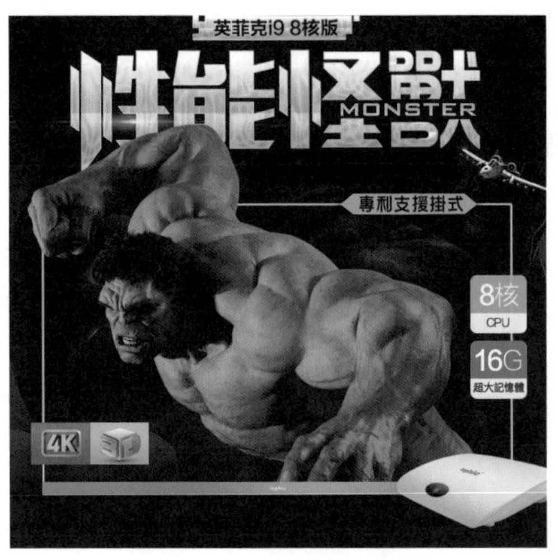

圖 7-29 英菲克電視機上盒

8 核機上盒與 4 核機上盒比起來，在開機速度、切換速度和大型遊戲載入速度上，都有很大的優勢，如圖 7-30 所示。

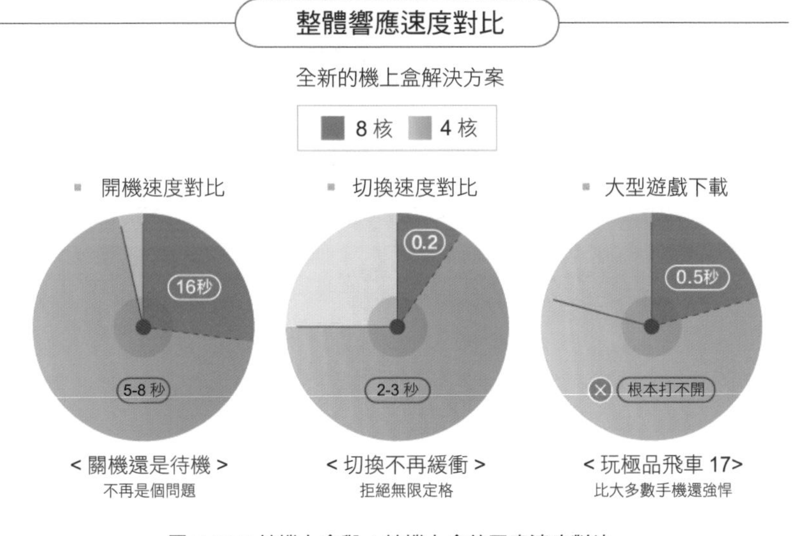

圖 7-30 8 核機上盒與 4 核機上盒的回應速度對比

下面為讀者介紹智能機上盒有哪些主要的功能特徵。

1. 麗色系統 Smart Color

智能機上盒擁有全新研發的麗色系統 Smart Color，專為網路機上盒優化先進影像處理引擎，讓影像效果更加出色，如圖 7-31 所示。

全新研發新一代麗色系統

Smart Color

優化先進影像處理引擎

< 專為網路機上盒而開發 >

圖 7-31 麗色系統 Smart Color

2. 多功能體驗

看電影、看綜藝節目、炒股、K 歌、保健養生、體感運動遊戲、多頻互動等活動，用戶都能透過智能機上盒體驗到，如圖 7-32 所示。

......

電視聊天、炒股、保健養生、多頻互動等多種體驗

圖 7-32 多功能體驗

3. 兩步連接觀看電視

無論家中是使用有線還是無線網路，僅需兩步，就能接上網路看電視，如圖 7-33 所示。

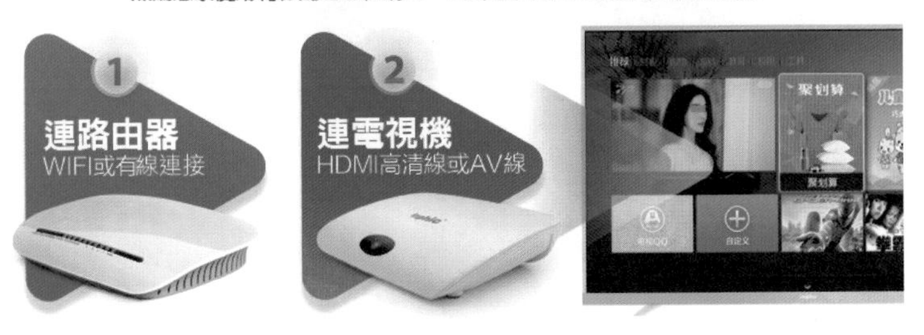

圖 7-33 兩步連接觀看電視

7.3.3 先鋒 DVD 播放機

先鋒 DVD 播放機採用全球領先的混音技術，專門用於播放、儲存視頻節目，它的主要特點如下。

1.USB 直播功能

透過 USB 連接 DVD 播放機，就能播放各種娛樂節目，DVD 播放機支援 WMA 和 MP3 音訊，用戶還能透過 USB 看直播節目，如圖 7-34 所示。

圖 7-34 USB 直播功能

2. 動態即時追蹤

DVD 播放機擁有發光二極體顯示幕，用戶無須連接顯示幕，也能即時瞭解播放進度，如圖 7-35 所示。

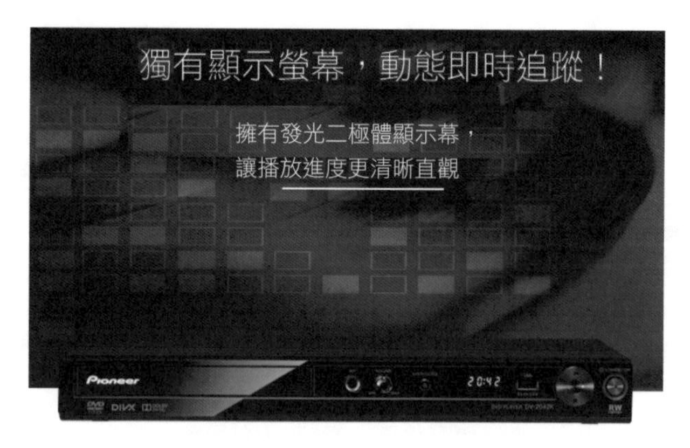

圖 7-35 動態即時追蹤播放進度

3. 一鍵切換

透過前面板上的 USB 插孔連接移動設備，用戶可以隨心所欲地播放自己的照片、音樂和視頻，遙控器上有一個 DVD ／ USB 按鈕，用戶可以一鍵輕鬆切換光碟和 USB 模式，如圖 7-36 所示。

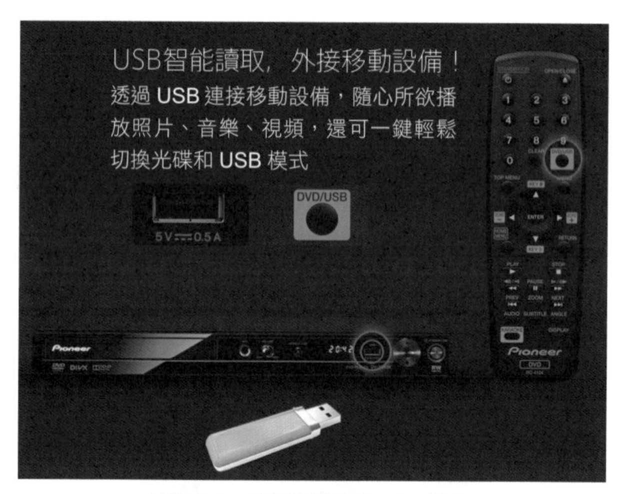

圖 7-36 一鍵切換光碟和 USB 模式

7.3.4 索尼（Sony）藍光播放機

藍光播放機是日本企業開發研製的一種高清 DVD 播放機，它採用波長為 405nm 的藍光作為光碟讀寫用的鐳射，404nm 的藍色鐳射在單面單層光碟上可以錄製、播放長達 27GB 的視頻數據，比現在的 DVD 容量大 5 倍以上。索尼公司推出的藍光播放機，具有多功能特徵。

1. 網路視頻

透過藍光播放機，用戶可以線上點播電影、電視劇等節目，藍光播放機為用戶打造豐富多彩的網路視頻平臺，用戶可以隨意觀看上百部電影、電視劇，更有新聞、娛樂、訪談、少兒、時尚、體育、軍事等精彩高清視頻，可以滿足全家人的需求。

2. 內建無線網路

藍光播放機內建無線模組和控制軟體，結合優化的天線位置，能帶來出色的無線連接能力，讓用戶在家中不受空間限制，欣賞流暢、高品質的網路視頻，如圖 7-37 所示。

圖 7-37 內建無線網路

3. 打造 3D 電影院

藍光播放機為用戶打造智能家居 3D 電影院，讓用戶在家也能體驗到電影院級的 3D 效果，如圖 7-38 所示。

4. 螢幕鏡像

透過藍光播放機，用戶可以透過電視螢幕觀看智慧手機或平板電腦上的視頻、照片、應用、網頁和遊戲等，無須接線，如圖 7-39 所示。

5. 斷電記憶

看電影看到一半，斷電了？沒關係，藍光播放機擁有斷電記憶功能，即使斷電了，下次打開時，依然可以接著上次斷掉的部分繼續播放，如圖 7-40 所示。

電影院級視覺享受

在家就能享受 3D 效果

圖 7-38 打造 3D 電影院

螢幕鏡像

用戶透過電視螢幕觀看智慧手機內容

圖 7-39 螢幕鏡像

斷電記憶功能，可觀看上次觀看的時間段

圖 7-40 斷電記憶

第8章

餐具：讓智能生活更美味

智能廚電系統

智能餐具及杯具

8.1 智能廚電系統

廚房，這個在人們居室中發揮著重要作用的地方，從古至今都與人們的生活分不開。這些年來，隨著人們物質生活水準的大幅提高，在居住環境得到前所未有改善的前提下，高端智能廚房電器也得到更多人的青睞，智能廚電的出現，讓人們的廚房革命進入了一個新的階段。本節將為讀者介紹幾款智能廚電產品。

8.1.1 蘇泊爾智能電子鍋

蘇泊爾智能電子鍋是一款能夠運用手機 APP 控制的智能電子鍋，其主要功能有以下幾點。

1. 即時操作

無論是在家還是在外地，用戶都可以透過阿里小智 APP，一鍵控制家中的智能電子鍋，如圖 8-1 所示。

圖 8-1 即時操控智能電子鍋

2. 一機專控

智能電子鍋每次能綁定一支手機，而只要手機綁定了電子鍋，就能隨時隨地對家裡的電子鍋進行遠端監控，如圖 8-2 所示。

圖 8-2 一機專控

3. 智能監控

用戶透過智慧手機掌控智能電子鍋，可以隨時隨地查看當前的烹飪進度，精確掌控烹飪時間，如圖 8-3 所示。

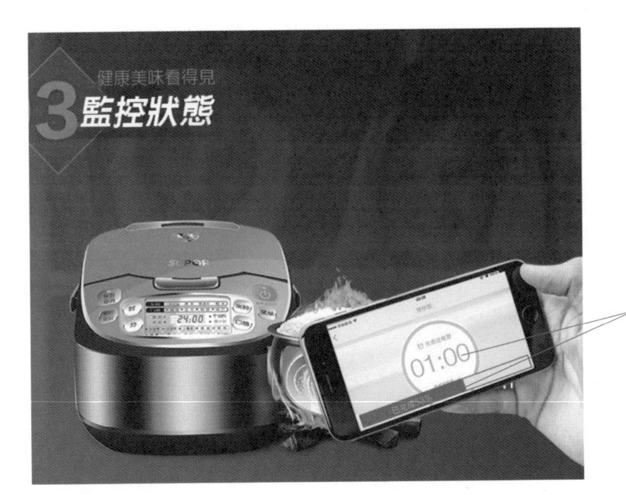

可看到完成烹飪還需要的時間，還可查看烹飪進度。

圖 8-3 智能監控

4. 功能豐富

智能電子鍋的應用功能非常豐富，可以根據米種不同，選擇不同的煮飯方式，還可根據個人喜好選擇不同的口感。除此之外，還有預約、定時、加熱、熬湯、熬粥等功能，如圖 8-4 所示。

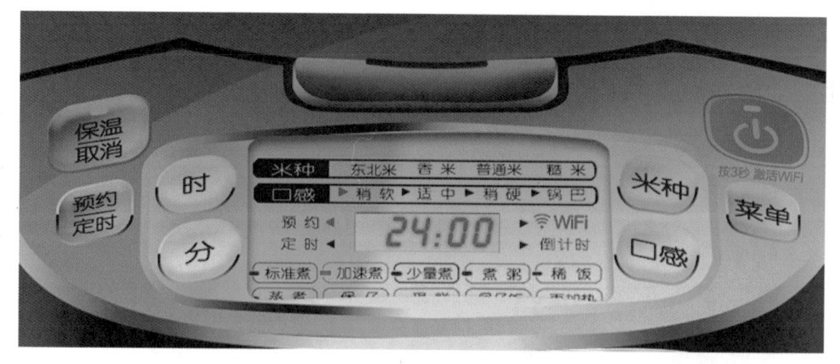

圖 8-4 電子鍋功能很豐富

8.1.2 伊萊特智能電子鍋

伊萊特智能電子鍋的主要特徵包括以下幾點。

1. 內鍋蜂窩材料

智能電子鍋的內鍋是由耐磨環保塗層、耐腐蝕環保塗料、表面粗糙層、環保鋁合金、耐高溫環保塗層五大層構成，具備耐高溫、抗磨損、不沾、持久如新的作用，如圖 8-5 所示。

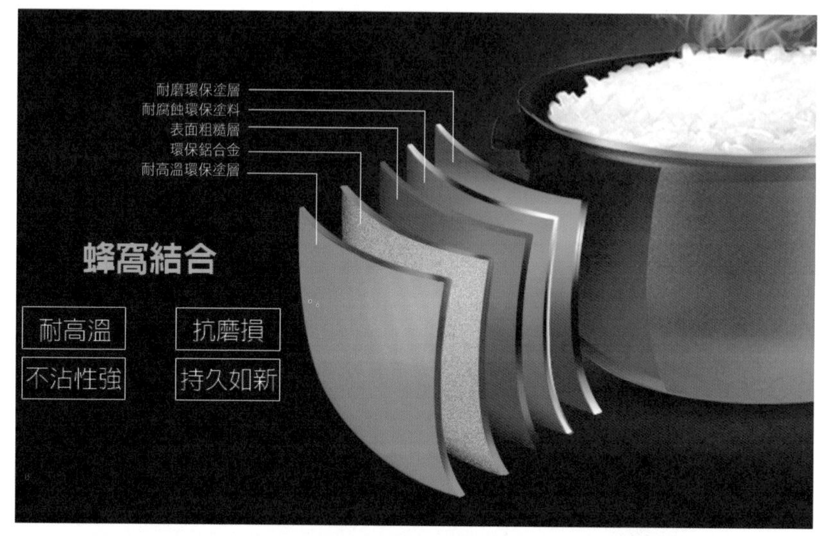

圖 8-5 內鍋蜂窩材料

2. 7 步控溫

智能電子鍋具備 7 步控溫能力，讓煮出來的米飯香甜又有營養，如圖 8-6 所示。

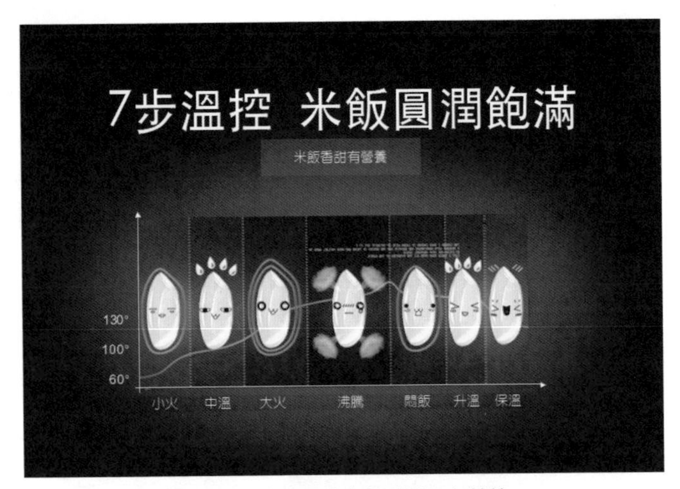

圖 8-6 7 步控溫讓米飯香甜又有營養

3. 高端觸控面板

智能電子鍋使用高端材料做成的觸控面板，設計簡約時尚、操作方便簡單、面板經久耐用，讓用戶如操作手機般觸控自如，如圖 8-7 所示。

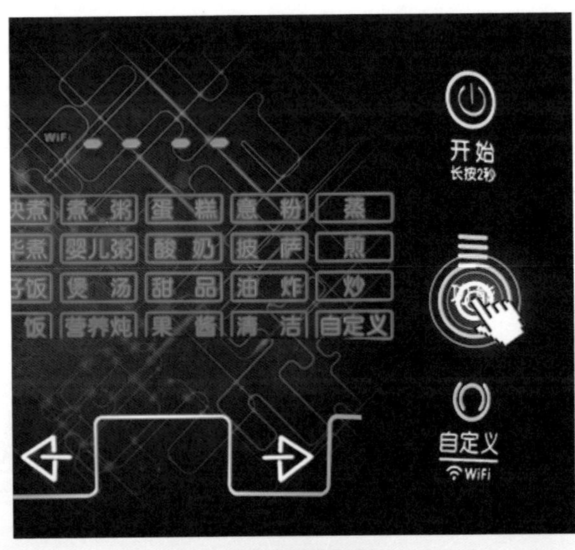

圖 8-7 高端觸控面板

4. 24 小時智能預約

智能電子鍋能夠24小時智能預約煮飯，如圖8-8所示。

圖 8-8 24 小時智能預約

5. 超大容量

智能電子鍋一次能滿足 2 ～ 10 人的飯量，如圖 8-9 所示。

圖 8-9 超大容量電子鍋

6. 防燙內鍋把手

智能電子鍋採用人性化設計，備有防燙內鍋把手，幫助人們安全放心地使用，如圖 8-10 所示。

圖 8-10 防燙內鍋把手

8.1.3 Robam 智能抽油煙機

醫學研究發現，婦女因為天天與油煙打交道，很容易衰老，也容易患上呼吸道疾病。而智能抽油煙機的出現，可以幫助她們緩解這些情況。下面為讀者介紹 Robam 智能抽油煙機的功能特徵。

1. 遠端控制

用戶即使出門在外，也能用手機對家中的智能抽油煙機進行遠端控制，如圖 8-11 所示。

圖 8-11 遠端控制

2. 數位化描述

智能抽油煙機的某些功能特徵可以用數位化來呈現，如下所示。

（1）智能抽油煙機的 895mm 的集煙槽，擁有 12000 毫升的吸煙量，讓油煙無處可逃，如圖 8-12 所示。

895MM 集煙槽

12000 毫升即時吸煙量
讓油煙無處可逃

圖 8-12 智能抽油煙機的 895mm 集煙槽

（2）無擋板阻隔，能以 0.2 秒快速吸煙，如圖 8-13 所示。

圖 8-13 智能抽油煙機能以 0.2 秒快速吸煙

（3）智能抽油煙機採用雙勁芯 2.0 雙通道急速排煙系統，利用 360° 快速抽煙煙道和 310Pa 的靜壓，實現油煙分流作用，降低阻力，讓廚房無死角地順暢排出油煙，如圖 8-14 所示。

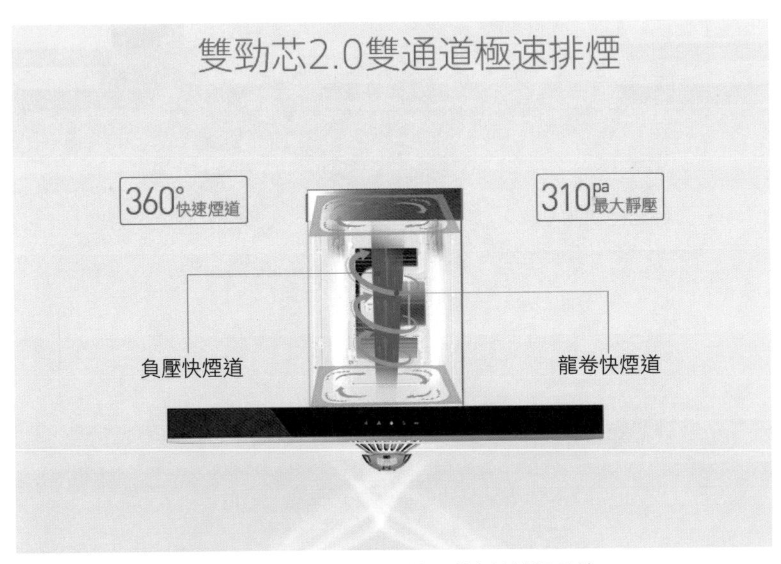

圖 8-14 採用雙勁芯 2.0 雙通道急速排煙系統

（4）智能抽油煙機豎直擺放，能夠減少阻力，讓吸煙效果更強，同時它擁有 17 立方米／秒的風量速度，能更快地吸盡油煙，如圖 8-15 所示。

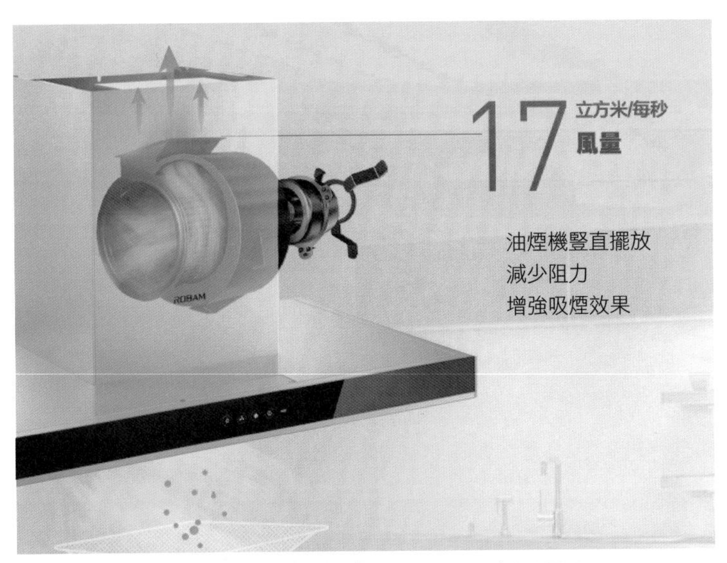

圖 8-15 智能抽油煙機擁有 17 立方米／秒的風量

（5）智能抽油煙機擁有 92% 的油煙分離度，讓油煙分離，油污不沾留，排煙更順暢，如圖 8-16 所示。

圖 8-16 智能抽油煙機擁有 92% 油煙分離度

3. 免拆洗

智能抽油煙機具備免拆洗功能，其油網和網罩都具有不沾油的功能，油流入油杯，用戶只須清洗油杯即可，不需要將油煙機拆開來洗，如圖 8-17 所示。

圖 8-17 免拆洗功能

4. 舒適觀感

智能抽油煙機擁有靈敏的觸控介面，用戶輕輕一點，就能啟動各種功能。從外觀上來看，智能抽油煙機的設計既經典又大方，精緻的觸控按鍵是很多用戶喜愛它的理由之一，如圖 8-18 所示。

圖 8-18 智能抽油煙機大方舒適的外觀設計

8.1.4 美的智能洗碗機

在智能家居時代，很多家用電器都進入了 WiFi 時代，美的洗碗機也不例外。本節為讀者介紹美的智能洗碗機的功能特徵。

1. 手機 WiFi 操作

用戶可以透過手機向洗碗機發送指令，其原理是：手機發送的指令資訊經過路由器傳送到洗碗機上，洗碗機將檢測到的使用資訊透過路由器傳送到手機上，如圖 8-19 所示。

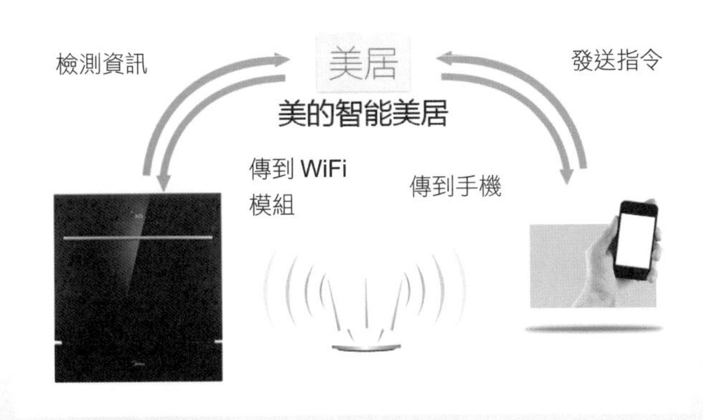

圖 8-19 手機 WiFi 操作

2. 七大洗碗方式

智能洗碗機有七大洗碗方式，用戶可以針對不同程度污染的餐具，採用不同的清洗方式，如圖 8-20 所示。

強力洗
用於重度污染餐具，如平底鍋、烘焙模具、盤子和殘留一定時間的餐具
標準洗
日常洗滌專用，用於稍髒的餐具
eco
經濟洗
日常洗滌專用，用於稍髒的餐具
玻璃洗
用於輕度髒的杯具或好的瓷器
90′
90 分鐘
用於有輕度污漬的餐具
快速洗
用於有輕度污漬的餐具
預沖洗
用於暫時不洗的餐具

圖 8-20 七大洗碗方式

3. 3D 高壓噴淋去污

智能洗碗機具備 360 度高壓噴淋去污功能，水速高達 4.2m ／ s，高壓去污，洗得乾淨，又不傷餐具，如圖 8-21 所示。

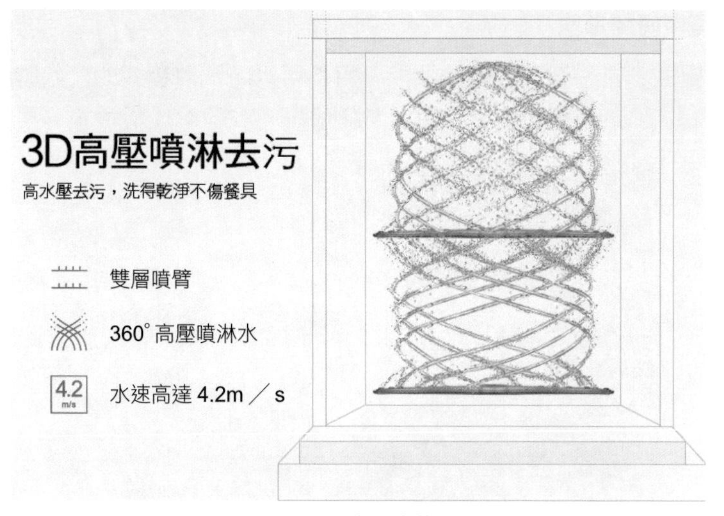

圖 8-21 3D 高壓噴淋去污

4. 70℃高溫去油

智能洗碗機能夠邊清洗邊加熱，水溫最高可達攝氏 70 度，利用熱水強力沖洗，能夠快速分解油脂，即使是油煙機上的陳年油垢，也能輕鬆洗淨。

5. 自清潔過濾系統

智能洗碗機具備自清潔過濾系統，包括主過濾、粗過濾和微過濾三部分，如圖 8-22 所示。

自清潔過濾系統 能有效過濾殘渣

主過濾：
過濾餅首先循環水中的食物和其他髒汙顆粒

粗過濾：
過濾掉那些可能進入排水槽並堵住排水槽的大塊物體，比如骨頭、玻璃片等。

微過濾：
當洗碗機運作時，可以讓髒污和食物殘渣殘留在這裡而不進入循環水中再次污染餐具。

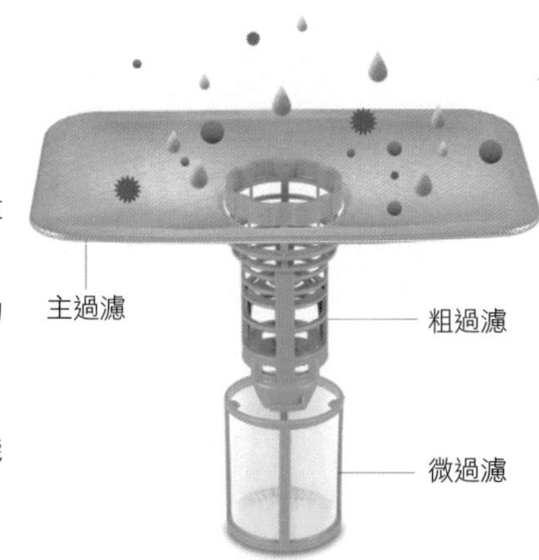

圖 8-22 自清潔過濾系統

6. 智能時間預約

智能洗碗機具有一鍵預約清洗功能，用戶可以將洗滌程式的開始時間推遲 1 ～ 24 小時，根據自身的情況設定預約私人洗滌時間，如圖 8-23 所示。

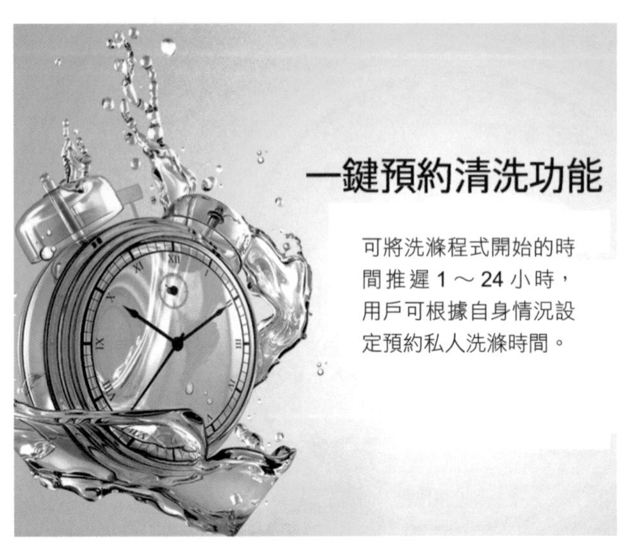

圖 8-23 智能時間預約

7. 兒童鎖

智能洗碗機上有兒童鎖，可防止兒童玩耍或意外按壓按鍵時，改變洗碗機的運作狀態。兒童鎖的上鎖、解鎖，如圖 8-24 所示。

圖 8-24 智能洗碗機的兒童鎖開鎖與解鎖

8. 餐具擺放

洗滌之前，要將餐具擺放好，擺放示意圖，如圖 8-25 所示。

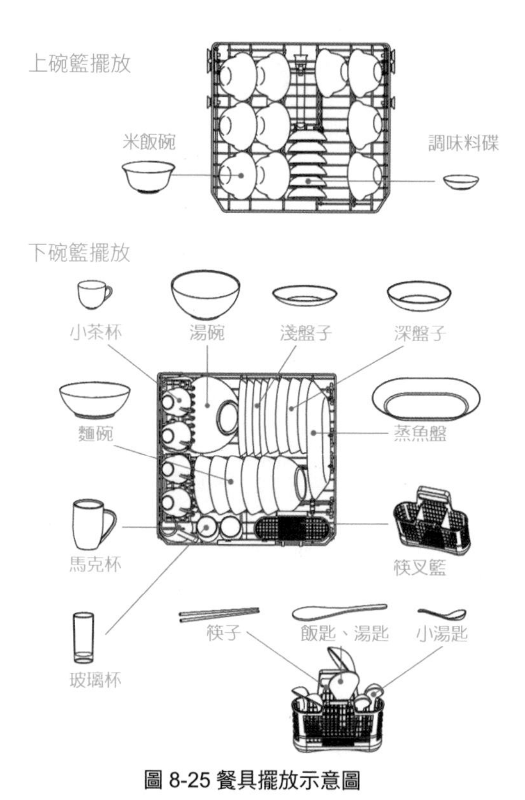

圖 8-25 餐具擺放示意圖

8.1.5 格蘭仕智能微波爐

格蘭仕智能微波爐的設計採用平板面板方式，讓食物受熱更加均勻，同時更節省內部空間；在爐門開合的連接處採用防磨損設計，防止微波爐在反覆使用過程中造成爐門連接處的磨損，從而有效延長微波爐的使用壽命；在腔體頂部和左側均設計有多排散熱孔，充分利用熱空氣上升冷空氣下沉的原理，幫助微波爐快速有效地散熱。本節將為讀者介紹智能微波爐的一些功能特徵。

1. 八項智能功能

智能微波爐擁有八項智能功能，如圖 8-26 所示。

智能功能表
一鍵直達多項智能功能表
光波／組合
燒烤或油性食物專用加熱
微波殺菌
針對塑膠、玻璃、陶瓷餐具殺菌
光波殺菌
針對不鏽鋼餐具殺菌
精準時間
烹飪時間精準確實
健康寶貝
獨有寶寶功能更安全放心
預約功能
提前預約
上班不遲到
一鍵快速啓動
不用一秒一秒加時間，按一下30秒，兩下一分鐘，以此類推

圖 8-26 八項智能功能

2. 雙排風散熱設計

智能微波爐頂部的散熱孔具備「上旋排風」系統，其原理是利用熱空氣上升冷空氣下沉的原理，透過內建的旋風裝置，引導腔體內的熱氣充分排出，從而延長磁控管的壽命，如圖 8-27 所示。

雙排風散熱防水設計
熱的空氣上浮，
從散熱孔排出。
冷的空氣下沉，
從散氣孔排出。

圖 8-27 雙排風散熱系統

3. 三層防護功能

智能微波爐具有三層防輻射功能：回流槽和抗流槽、蜂窩聚能遮罩層、鈦膜遮罩層，如圖 8-28 所示。當微波爐爐門打開 0.01 毫米時，會觸動系統三重連鎖微動開關，微波爐將會自動斷電，確保無輻射洩漏。

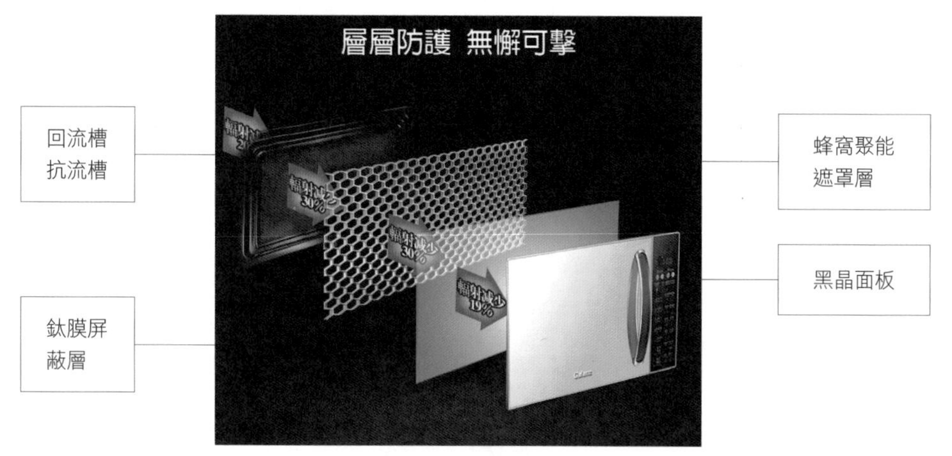

圖 8-28 三層防護功能

8.1.6 柏翠麵包機

柏翠麵包機是一款智能麵包機，它具有以下幾點特徵。

1. WiFi 雲端智能控制

用戶能夠通過手機對麵包機進行智能控制，如圖 8-29 所示。

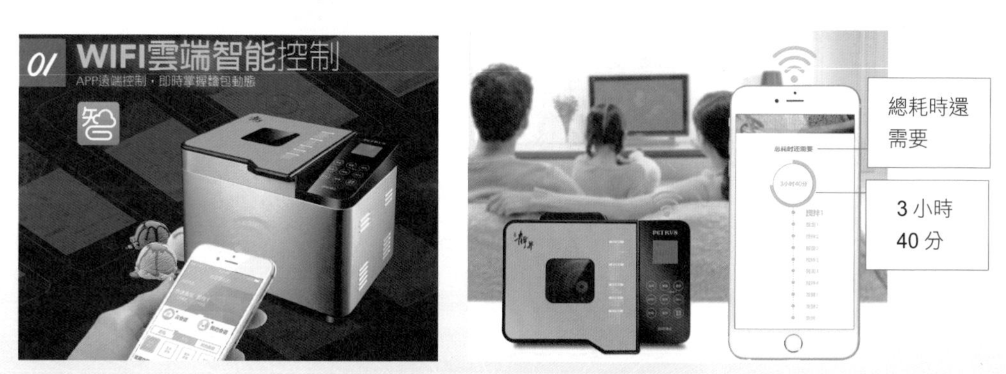

圖 8-29 WiFi 雲端智能控制智能麵包機

2. 達人專業食譜

智能麵包機擁有巨量的達人食譜，用戶可以根據自己的喜好來選擇喜歡的口味，量身打造自己的食譜，如圖 8-30 所示。

圖 8-30 達人專業食譜

3. 50dB 靜音功能

智能麵包機揉麵的聲音小於 50dB，大大降低了運作時發出的噪音，解決了麵包機揉麵的噪音問題，如圖 8-31 所示。

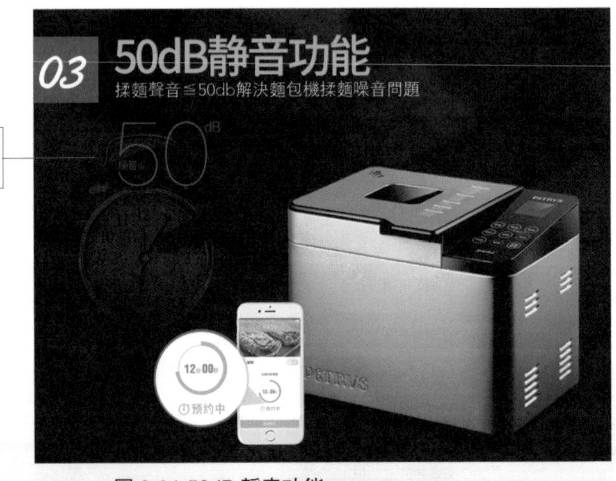

圖 8-31 50dB 靜音功能

4. 雙管烘烤

智能麵包機採用第 3 代雙管烘烤技術，讓麵包受熱更均勻，烘烤時間更短，如圖 8-32 所示。

5. IMIX 霜淇淋功能

智能麵包機也能做霜淇淋，如圖 8-33 所示。

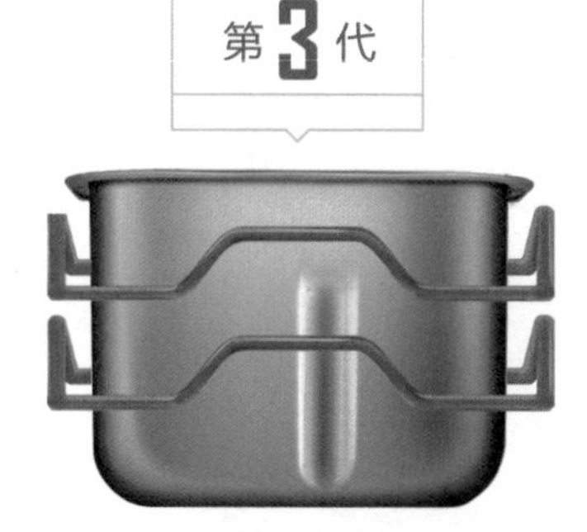

圖 8-32 第 3 代雙管烘烤

圖 8-33 IMIX 霜淇淋功能

除了以上的主要功能之外，智能麵包機還具備 15 分鐘斷電記憶功能、60 分鐘保溫功能、15 小時超長定時預約功能以及安全兒童鎖功能。

8.2 智能餐具及杯具

在智能家居、智能硬體的熱潮中，越來越多的企業開始關注能讓人吃得更好、更放心的智能設備，於是各種類型的智能餐具紛紛呈現在人們的生活中。本節將為讀者介紹幾款智能餐具設備。

8.2.1 GYENNO 睿餐防抖勺

據悉，中國有三到四千萬人遭受帕金森氏症或其他不明原因的影響，導致手抖而無法自行進餐。GYENNO 睿餐防抖勺是一款能夠智能辨識並主動抵消手部抖動的智能餐具，專為手抖人群設計，可避免手抖人群在就餐時因抖動而帶來的尷尬和不

便，同時，還為手抖患者提供更輕鬆穩定的用餐方案。下面為讀者介紹 GYENNO 睿餐防抖勺的一些功能特徵。

1. 360 度全方位防抖

智能防抖勺可有效抵消 85% 以上的手部抖動，採用智能高速服務控制系統，基於無人機的計算技術，提供精準快速的主動防抖功能，自動辨識並區分有意識運動和無意識運動，提供更為穩定的控制效果。比如，進食時，可有效抵消手部的震顫，但對於手部的移動不做任何處理。智能防抖勺的外形，如圖 8-34 所示。

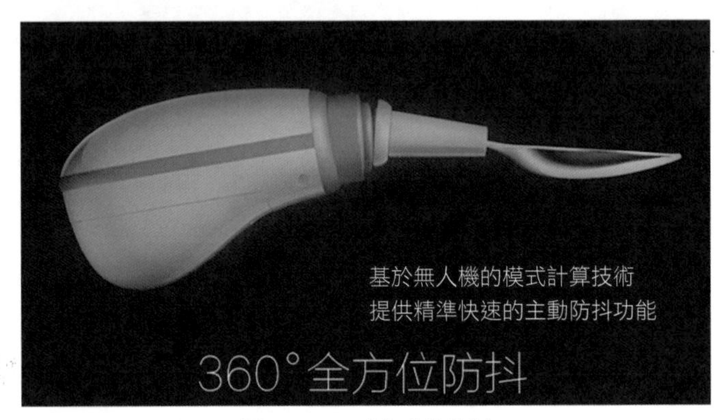

圖 8-34 360 度全方位防抖

2. 一次充電可用 3 天

智能防抖勺每次充電後，使用時間長達 180 分鐘，若 20 分鐘一餐，那麼充一次電能夠用 3 天，如圖 8-35 所示。

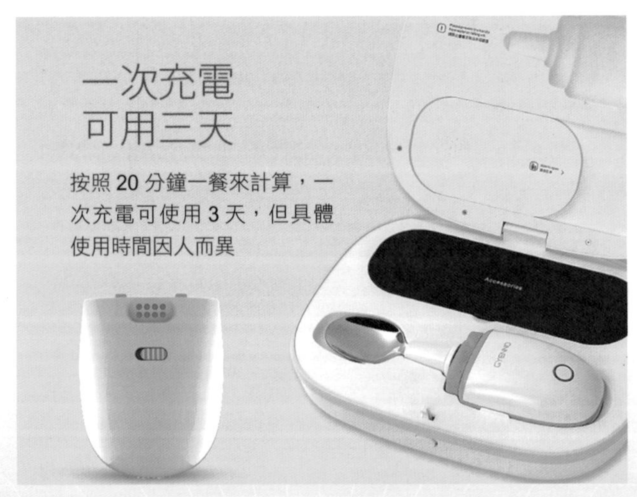

圖 8-35 一次充電可用 3 天

3. 註冊啟用

首次使用防抖勺時，用戶需要透過手機掃碼或網頁註冊啟用防抖勺，啟用後，用戶使用的數據就會回饋到智能數據處理中心，經過自我調整演算法幫用戶客製最適合的應用程式，以達到最佳的使用效果，註冊啟用步驟及使用方法如圖 8-36 所示。

① 連接好配件並檢查接觸和 GPRS 訊號是否良好。

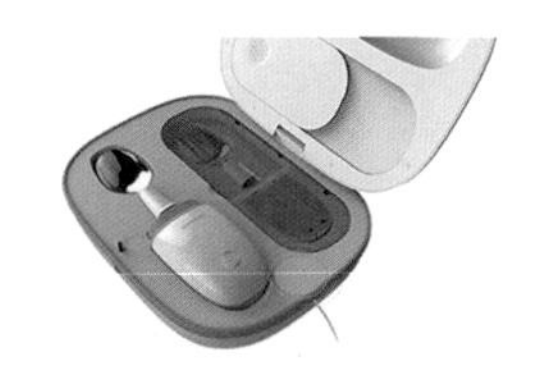

② 掃描智能充電收納盒底部的二維碼或登錄網址（http://gyenno.com/gyenno/spoon_user）。

二維碼示意圖

③ 在「用戶註冊」頁面填入用戶的資料。

填寫資料

④ 註冊成功，稍等 3 分鐘，啟用成功後，手柄運作指示燈改變為綠燈。

啟用成功

⑤ 打開開關，單手握住防抖手柄，不要接觸前端活動區域，活動區域必須保持無阻礙才能抵消手抖的影響，人為阻止活動區域運作將損壞防抖手柄。

⑥ 用餐完畢，應取下餐具清洗；更換餐具或取下餐具清洗前，必須關閉開關，以避免耗電。

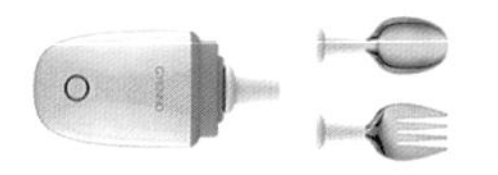

圖 8-36 註冊啟用及使用方法

8.2.2 沃普智能雲杯

沃普智能雲杯具備六大優勢，如圖 8-37 所示。

下面將為讀者介紹智能雲杯的功能。

1. 科學設定飲水指標

智能雲杯能夠根據飲用者的年齡、身高、體重以及職業資訊，科學系統地設定合理的飲水指標，用戶每飲用一口水，智能雲杯都能進行一次即時精確的統計，如圖 8-38 所示。

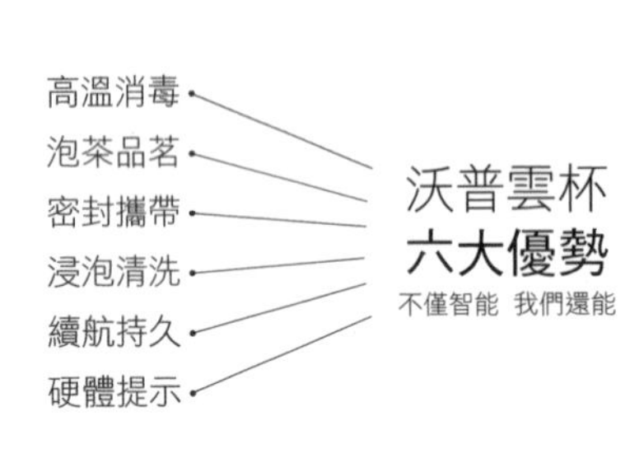

圖 8-37 沃普智能雲杯的六大優勢

圖 8-38 科學設定飲水指標

2. 喝水提示

手機用戶端根據個人資料幫助用戶客製飲水習慣，到了時間點，就會發送消息提醒用戶該喝水了，如圖 8-39 所示。

圖 8-39 發送資訊提醒用戶喝水

3. 每日數據分析

手機 APP 會記錄用戶的每日飲水資訊，根據這些資訊，用戶可總結一段時間的飲水習慣是否符合設定要求，同時，智能雲杯還能監督，幫助用戶養成良好的飲水習慣，如圖 8-40 所示。

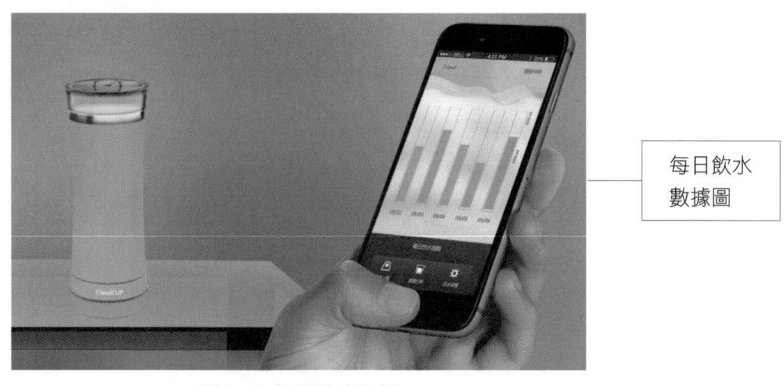

圖 8-40 每日數據分析

4. 內建聲音提示

智能雲杯內建蜂鳴聲音提醒器，可根據 APP 設置的時間提醒用戶即時喝水，如圖 8-41 所示。

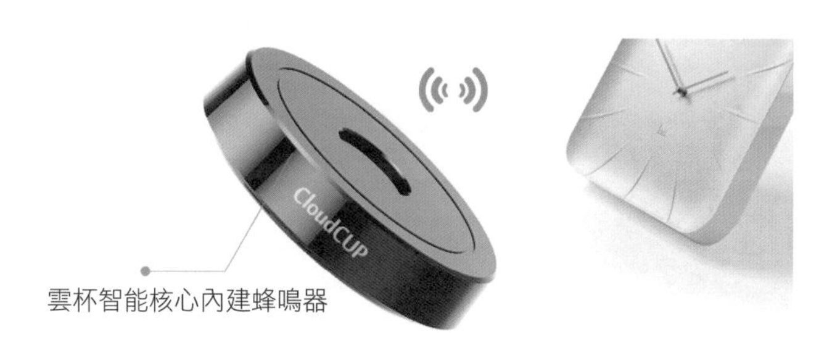

圖 8-41 內建聲音提示

8.2.3 麥開智能水杯

麥開水杯是一款智能水杯，如圖 8-42 所示。它具有提醒用戶飲水、監測飲水量、對用戶飲水習慣進行評分以及水溫監測等功能。

麥開智能水杯內建多個高精度感測器，如圖 8-43 所示。

圖 8-42 麥開智能水杯

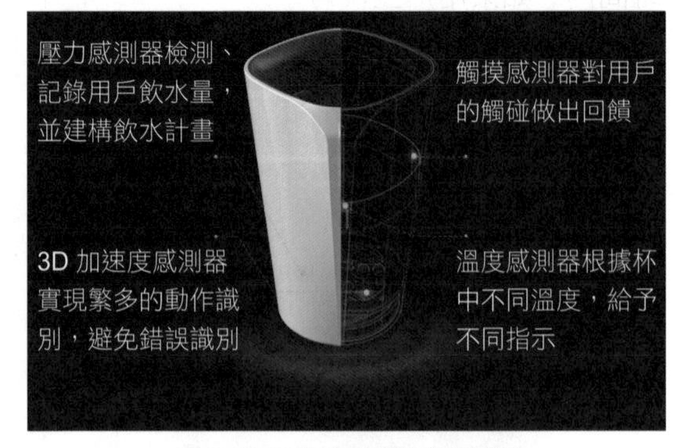

圖 8-43 內建多個高精度感測器

麥開智能水杯主要具有以下幾大功能。

1. 飲水量統計

麥開智能水杯可以通過內建的壓力感測器和 3D 加速感測器大致地測量出用戶每次喝水的喝水量，然後將測量到的數據同步到手機軟體，並將每一次的喝水時間和喝水量透過圖表展示出來，如圖 8-44 所示。

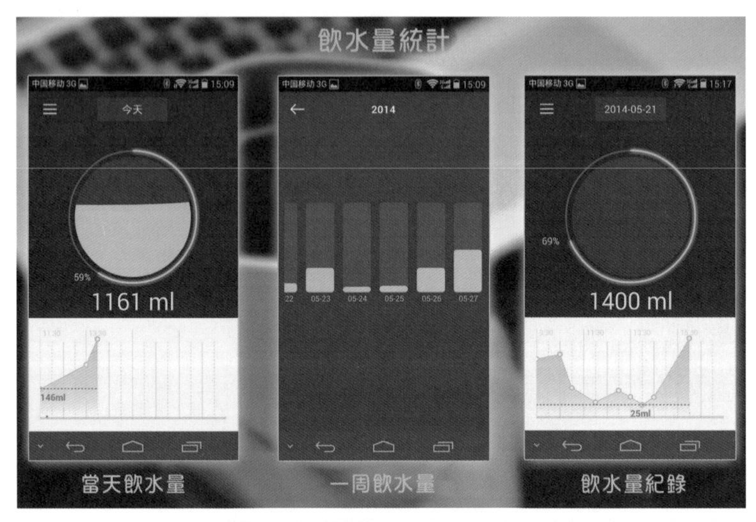

圖 8-44 麥開智能水杯飲水量統計

2. 飲水提醒

麥開智能水杯主要是透過藍牙 4.0 將用戶的飲水資訊傳輸至手機，根據用戶的飲水量和飲水計畫來調整水杯的飲水提醒時間，在提醒過程中，智能水杯會發出類似電子錶鬧鐘的「嗶嗶」聲或者直接透過震動提醒，如圖 8-45 所示，並在提示的一段時間內，如果用戶並沒有拿起杯子進行喝水，它則會判定用戶已經離開了桌前，待用戶再次回到桌前後再進行提醒。

圖 8-45 飲水提醒

3. 評分用戶的飲水習慣

智能水杯的 APP 軟體中還內建了飲水習慣評分系統，該系統會對用戶每天的喝水習慣進行簡單的評分，包括每天的飲水習慣得分和星級評分，如圖 8-46 所示。

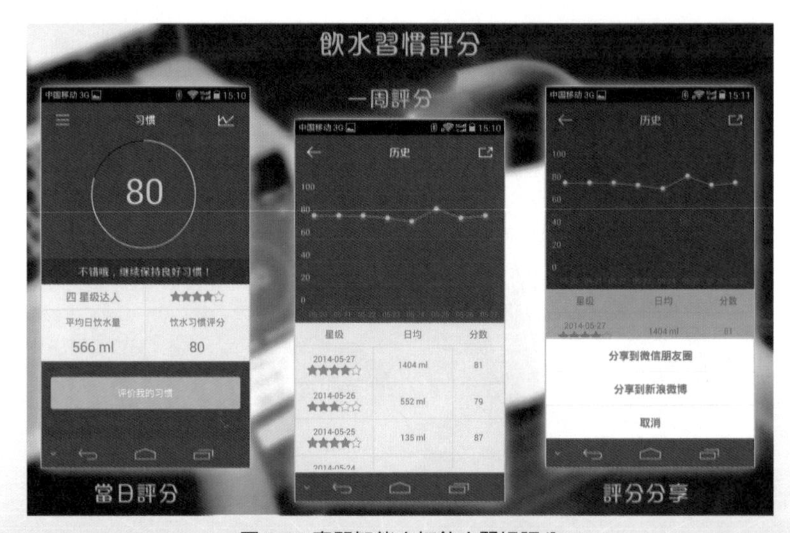

圖 8-46 麥開智能水杯飲水習慣評分

▶ 4. 水溫監測

智能水杯的內部還設計了溫度感測器，它能夠監測到杯子中的水溫情況，並通過不同顏色的指示燈來提示，避免用戶在飲水的時候不小心被燙傷。其中藍色表示水溫 0℃～ 35℃，黃色表示水溫 35℃～ 75℃，紅色表示水溫 75℃～ 95℃，如圖 8-47 所示。

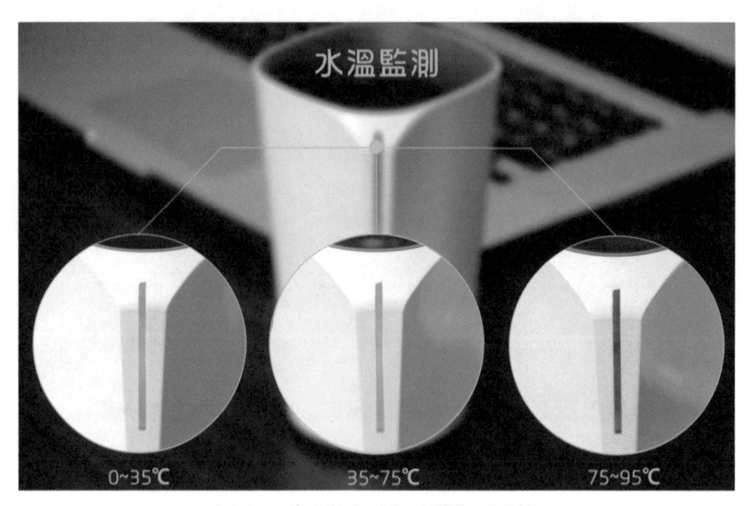

圖 8-47 麥開智能水杯水溫監測功能

▶ 5. IPX5 防水設計

麥開智能水杯採用防水設計，即使將水杯放在水龍頭下沖洗或短時間浸泡，都不會導致產品損壞，如圖 8-48 所示。

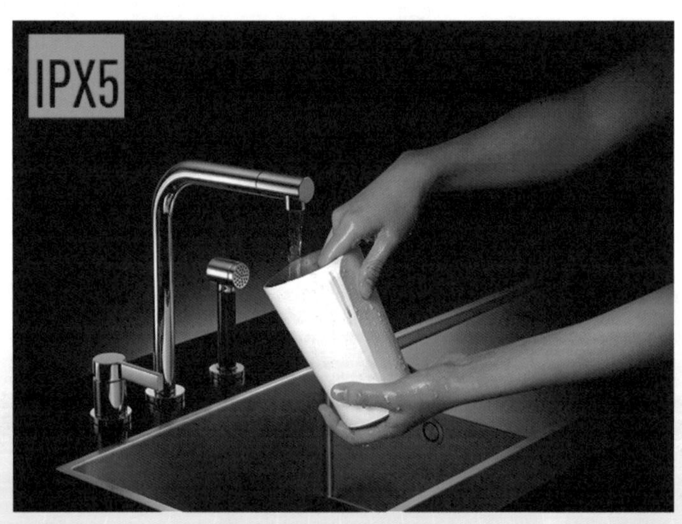

圖 8-48 IPX5 具有防水設計

娛樂：讓智能生活更有趣

第9章

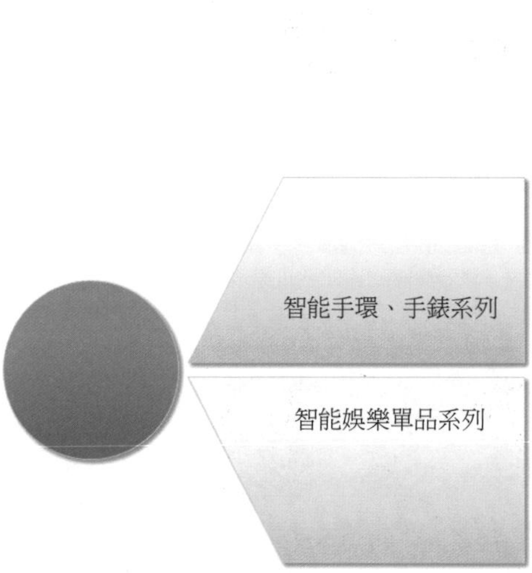

智能手環、手錶系列

智能娛樂單品系列

9.1 智能手環、手錶系列

在人們的娛樂生活中，時尚智能單品是不可或缺的智能娛樂設備，智能手環、手錶系列是深受人們喜愛的，因其簡單時尚的外表加上便捷智慧的功能，讓很多智能控者欲罷不能。本節將為讀者介紹幾款智能手環、手錶。

9.1.1 dido 心率監測智能手環

dido 智能手環是一款監測心率的運動手環，其功能特徵，如圖 9-1 所示。

圖 9-1 dido 的主要功能特徵

1. 心率、睡眠監測

心率、睡眠監測是智能手環的第一大功能特徵，其主要原理是透過綠光感測 LED 燈，對皮膚下的血液流動情況做出準確的分析，如圖 9-2 所示。

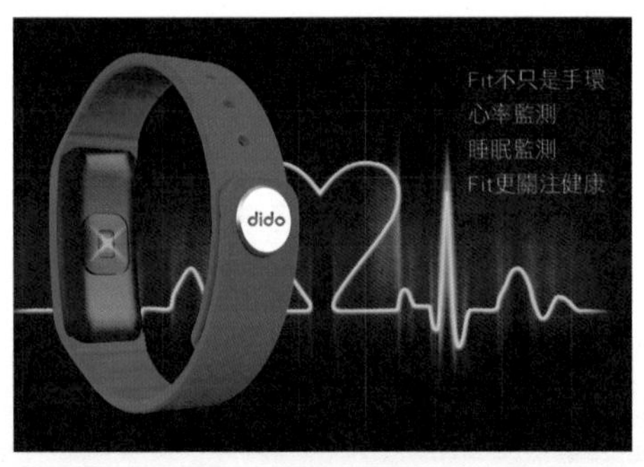

圖 9-2 心率、睡眠監測

2. 步數、卡路里、距離測算

智能手環採用最新科技彈性敏感元件製成重力感測器，採用彈性敏感元件製成的儲能晶片來驅動電觸點，完成從重力變化到訊號的轉換，因此，智能手環的第二大功能是運動計步、距離和卡路里計算，如圖 9-3 所示。

圖 9-3 運動計步、距離和卡路里計算

3. 超長續航

智能手環採用日本精工鋰聚合物電池，具備超長續航功能，充電 20 分鐘，可以待機 5 ～ 7 天的時間，如圖 9-4 所示。

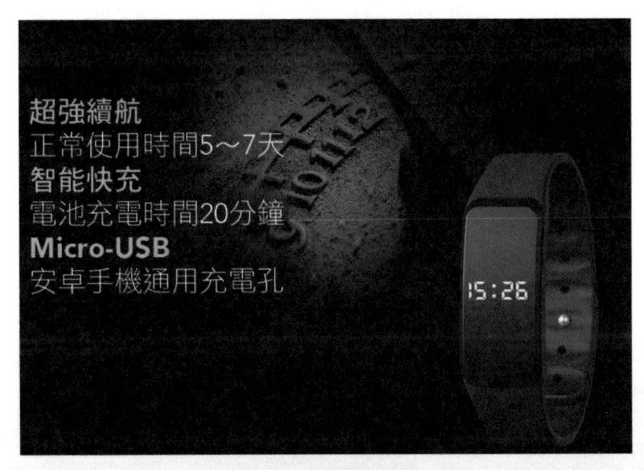

圖 9-4 超長續航功能

9.1.2　三星（Samsung）智能手環

三星 Gear Fit 是一款為運動愛好者打造的智能佩戴設備，可單獨佩戴，也可以與其他時尚配飾一起佩戴，作為首款曲面炫麗螢幕，三星智能手環透過符合人體工學的弧度設計，讓用戶佩戴舒適之餘又盡顯時尚，如圖 9-5 所示。

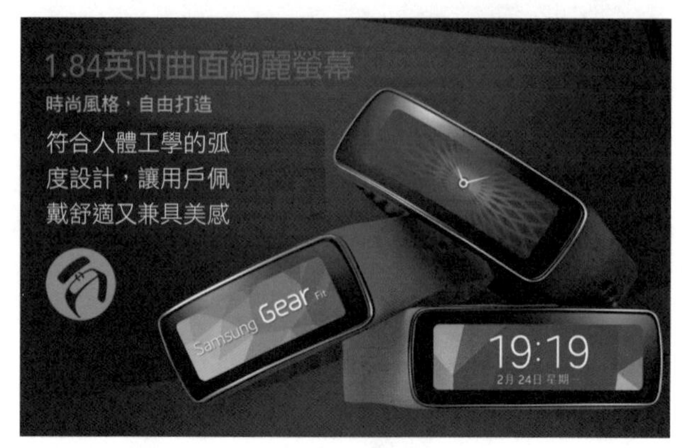

圖 9-5 外觀設計

下面為讀者介紹三星智能手環的一些功能特徵。

1. 查看通知功能

三星智能手環是即時智能手機提醒器，與智能手機配對後，不用觸碰手機就可以看到智能手機上的通知，如時間、簡訊、來電顯示等，如圖 9-6 所示。

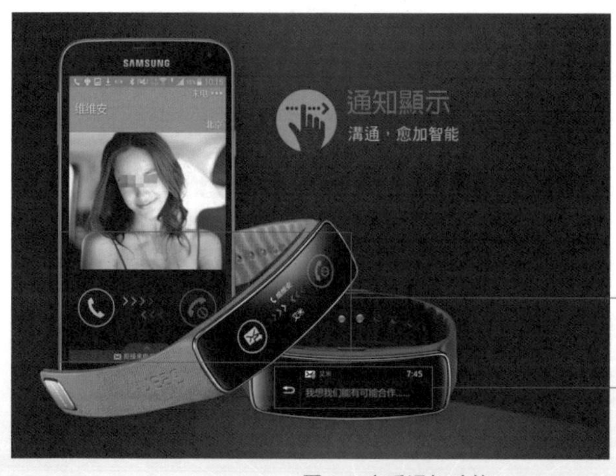

圖 9-6 查看通知功能

2. 健康管理

三星智能手環採用了一塊彎曲的弧形螢幕，在這個螢幕上，用戶可以查看其監測到的各種健康數據，包括計步器數據、自行車運動數據、跑步鍛煉數據等，如圖 9-7 所示。

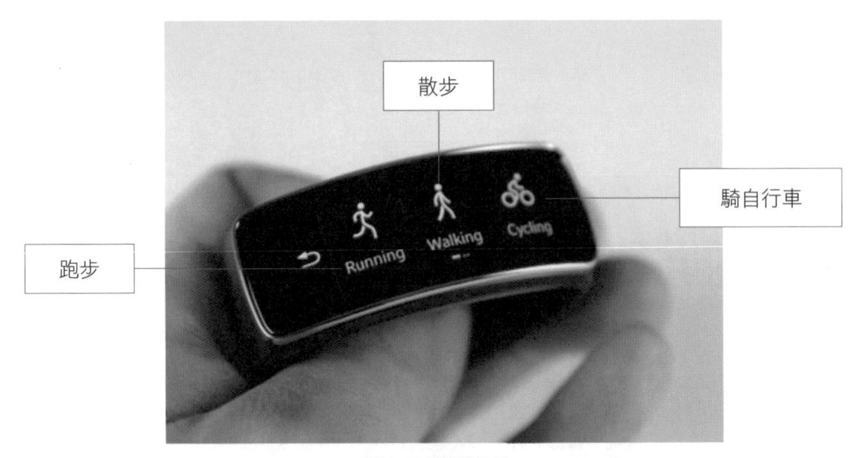

圖 9-7 健康管理

3. IP67 級防塵防水

智能手環具備 IP67 級防塵防水功能，讓用戶更加無憂，如圖 9-8 所示。

圖 9-8 防塵防水功能

9.1.3 Moto 360 智能手錶

Moto 360 智能手錶外型設計非常搶眼，特別是精緻的金屬圓形錶盤，更接近於傳統手錶，打破了自三星 Gear 智能手錶以來四邊形為主的設計，Moto 360 智能手錶的主要功能特徵有以下幾點。

1. 全面相容

這款智能手錶全面支援 iOS 和安卓系統，如圖 9-9 所示。

圖 9-9 全面支援 iOS 和安卓系統

2. 無線吸磁式充電

充電時，只須將智能手錶放入充電座就能自動充電，如圖 9-10 所示。

圖 9-10 無線吸磁式充電

3. 心率檢測

跑步時，用戶可以透過智能手錶隨時查看動態心率，隨時瞭解自己的有氧運動情況，如圖 9-11 所示。

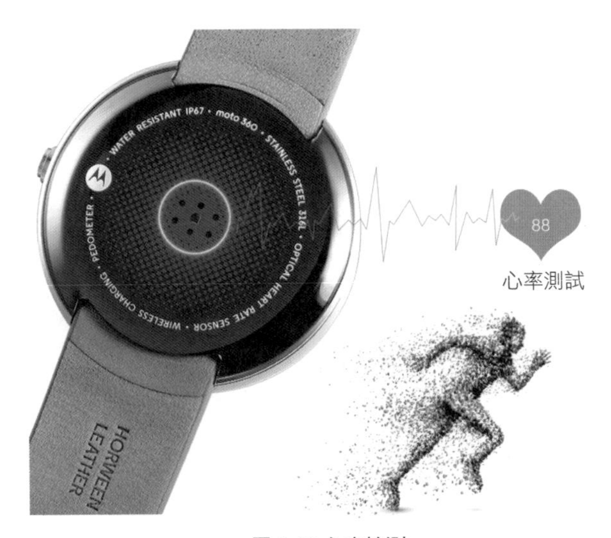

圖 9-11 心率檢測

4. 電話即時同步傳送

手機來電時，可以即時傳送至智能手錶，讓用戶不會漏掉任何一通重要電話，如圖 9-12 所示。

圖 9-12 電話即時同步傳送

▶ 5. 資訊即時同步傳送

透過智能手錶，用戶除了能即時接收電話外，還能接收微信、QQ、簡訊和新聞等資訊，如圖 9-13 所示。

資訊即時同步傳送

接收微信、QQ、簡訊和新聞等資訊

圖 9-13 資訊即時同步傳送

▶ 6. 支援語音查詢功能

在主螢幕喚出語音介面，可以查天氣、查車票、查電影、查酒店、查餐廳等，非常方便快捷，如圖 9-14 所示

圖 9-14 支援語音查詢功能

7. IP67 級防水

智能手錶具備防水、防塵、防雨、防汗的功能，在洗臉、洗手的情況下，不會影響手錶的正常使用，如圖 9-15 所示。

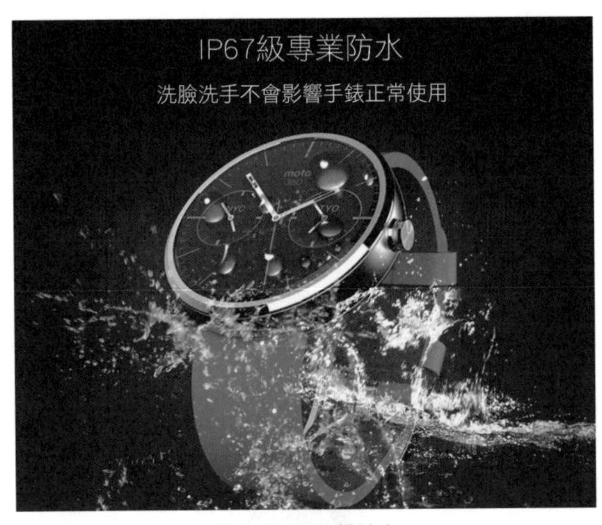

圖 9-15 IP67 級防水

8. 錶盤隨意 DIY

智能手錶在設計時備有了上千種錶盤，用戶可以根據自己的喜愛隨意 DIY，如圖 9-16 所示。

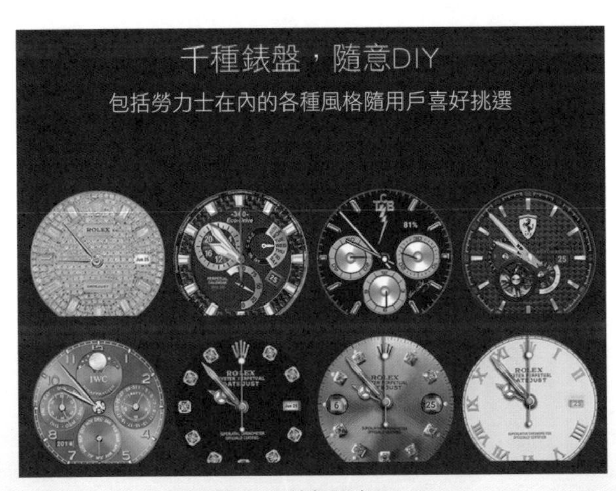

圖 9-16 錶盤隨意 DIY

9.1.4 樂心智能手環

樂心 BonBon 智能手環擁有漂亮的外表，圓圓的錶盤配合纖細的牛皮，帶有一種時尚復古的氣質。下面為讀者介紹樂心智能手環的特徵和功能。

1. 3D 加速度感測器

樂心智能手環配置了性能強大的低功耗藍牙晶片以及 3D 加速度感測器，讓測量更準確、性能更強大、耗能更低，如圖 9-17 所示。

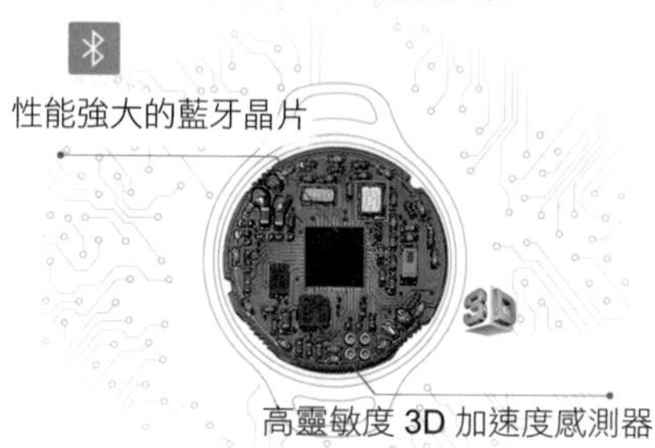

圖 9-17 3D 加速度感測器

2. 優質牛皮帶

樂心手環的環帶採用優質的牛皮材質，如圖 9-18 所示。

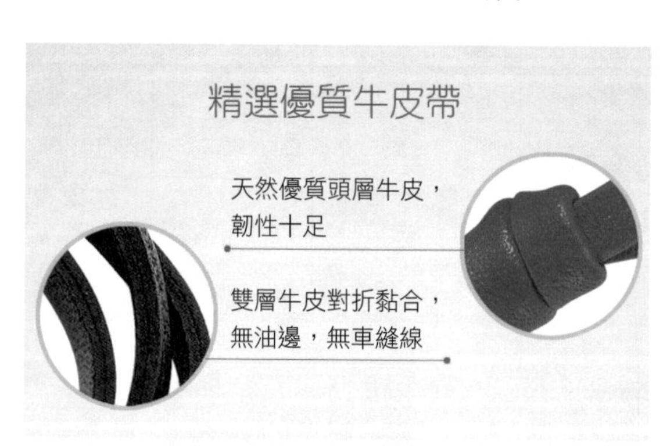

圖 9-18 優質牛皮帶

3. 功能豐富多樣

樂心智能手環的功能非常豐富多樣，如圖 9-19 所示。

圖 9-19 功能展示

4. 微信量化運動

樂心運動手環能夠自動與微信同步，在微信上用戶能隨時獲取步數、卡路里消耗、運動距離等數據，如圖 9-20 所示。

圖 9-20 微信量化運動

5. 與好友 PK

用戶戴著運動手環運動，會在微信中自動生成排行榜，如圖 9-21 所示。

圖 9-21 在微信與好友運動 PK

6. 睡眠監測

智能手環能全程追蹤記錄用戶的睡眠情況，如入睡時間、淺度睡眠、深度睡眠等，幫助用戶更瞭解自己的睡眠狀況並做出改善，如圖 9-22 所示。

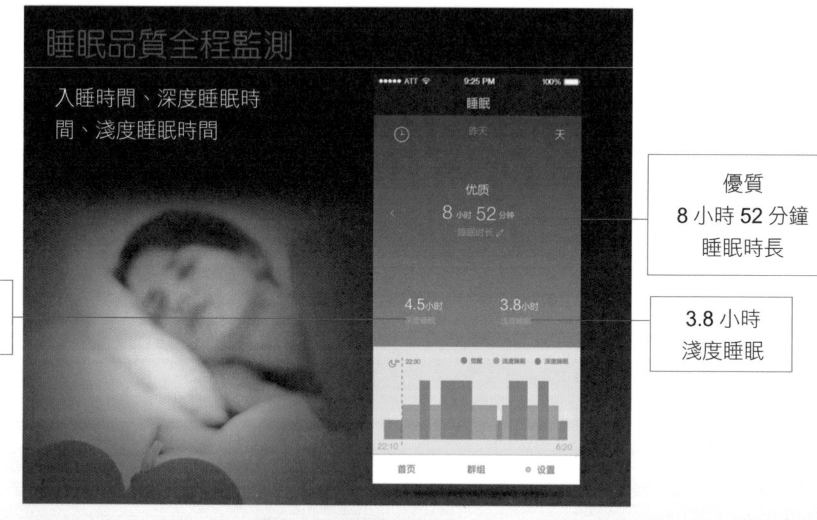

圖 9-22 全程睡眠監測

9.2 智能娛樂單品系列

對於智能愛好者來說，智能單品是不可缺少的娛樂工具，隨著物聯技術、移動互聯網技術、人工智能技術的發展，充滿高科技力量的產品正慢慢走入人們的生活中。下面為讀者介紹幾款應用在生活中的智能單品。

9.2.1 萬火智能感應燈

對於家裡有老人和小孩的用戶來說，最好在家中安裝智能感應燈，可以避免老人和小孩夜晚摸黑摔跤，萬火智能感應燈外型酷似四葉草，它具有以下幾點功能特徵。

1. 人體感應設計

智能感應燈最大的特點就是具有人體感應功能，即人來燈亮，人走燈滅，如圖 9-23 所示。

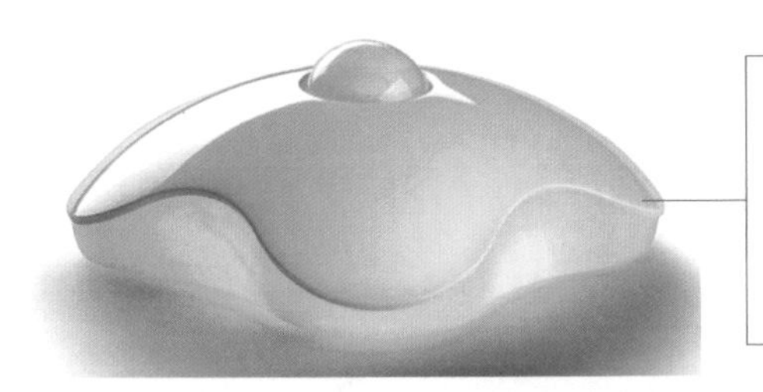

自動感應人體，人來燈亮，人離開 30 秒後自動熄滅，當周圍亮度較高時，感應燈會自動熄滅以節能。

圖 9-23 人體感應設計

2. 可任意黏貼

人體感應燈自帶 3M 膠紙，可黏貼在任何需要的地方，如圖 9-24 所示。

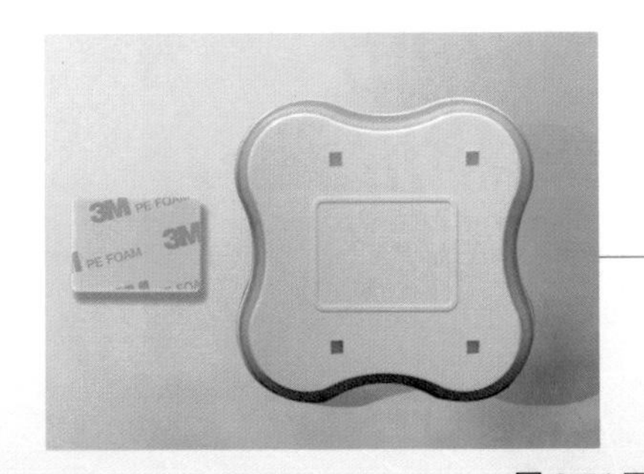

3M 膠帶，可貼在任何地方，例如臥室、書櫃、廚房、廁所、寶寶小屋，甚至汽車後車箱等。

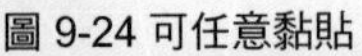
圖 9-24 可任意黏貼

▶ 3. 背光設計

人體感應燈採用背光設計，燈光不會直射眼睛，如圖 9-25 所示。

背光設計
不會直射人的眼睛。

圖 9-25 背光設計

▶ 4. 移動照明功能

遇到緊急情況時，用戶可以將人體感應燈從側面滑動取下燈體，當臨時手電筒使用，如圖 9-26 所示。

圖 9-26 移動照明功能

9.2.2 Uni 智能盆栽

環境的品質對人們的心理、生理起著重要的作用，智能盆栽是居家生活少不了的情調點綴，Uni 就是一款智能盆栽，這裡將從以下幾方面為讀者介紹這款智能盆栽。

1. 科學化種植技術

智能盆栽上的植物生長燈，以紫外或藍光 LED 晶片為發光源，製成的植物光源可實現同步發射紅藍光譜，有效覆蓋植物光合色素吸收光譜，與光合作用有效光譜高度匹配，並根據植物喜光習性及光週期，配置適宜植物生長所需的光源及光質比例，為植物提供良好的光環境，有效減少病蟲害的發生。

機體的「U」形呼吸燈同植物一起生長，透過 U 形燈顏色的變化，提示植物需要的水量要求，如圖 9-27 所示，盆栽的儲水箱出水容量為 230ml，配套有盛水器皿，每月用戶只須注水一次，植物膠囊會透過吸水繩自己吸取所需要的水分。

圖 9-27 U 形燈

2. 植物膠囊

智能盆栽採用膠囊一體化設計，將種子、基質和營養液混成一體，用戶不用擔心泥土四處散落，也不用小心翼翼地學習如何播種，更不用擔心植物的營養，只要將植物膠囊放入機體內，就能安心等待發芽，如圖 9-28 所示。

與傳統的土培花卉相比，基質栽培花卉具有清潔衛生、節省水並可以控制植物水分、提高產量和品質、減少農藥和除草劑的殘留、病蟲害少等優點。

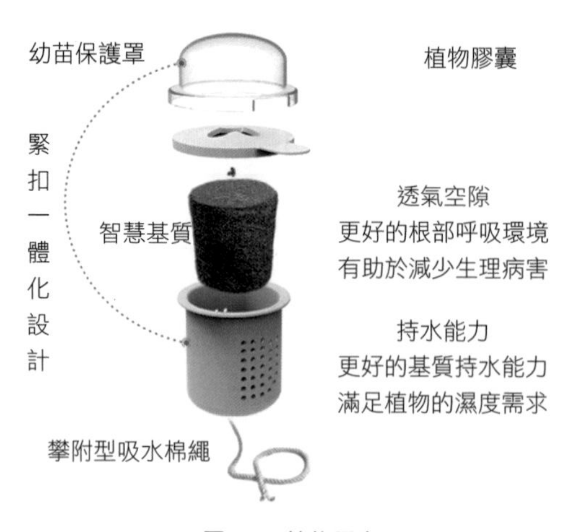

圖 9-28 植物膠囊

同時，高強度吸水棉繩透過毛細現象原理，能夠一直保持濕潤狀態，當土壤缺水時，盛水器皿中的水會透過棉繩沿土壤上升，讓土壤保持適當濕潤。

3. 水培系統

智能盆栽的水培系統結構，如圖 9-29 所示。

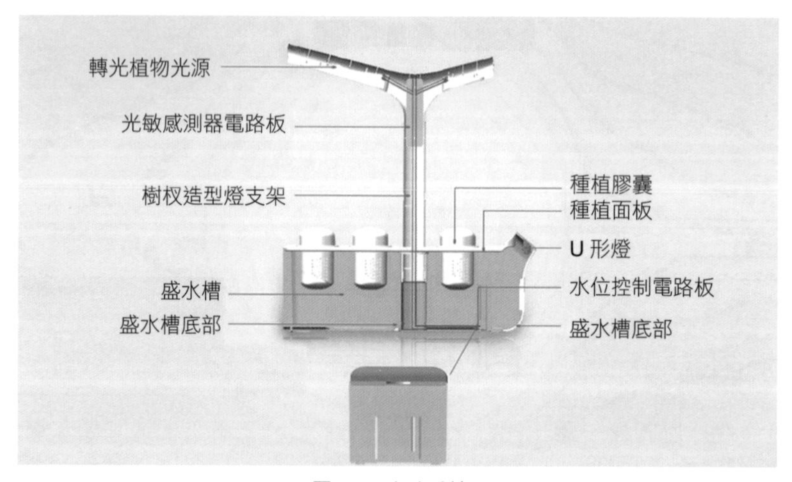

圖 9-29 水培系統

智能盆栽內建轉光植物光源和高精度光照感測器，感測裝置隨時檢測植物周圍環境的變化，可根據室內環境智能調節光照強度，檢測植物光合作用。

U 形呼吸燈圍繞在植物周圍，透過 U 形燈顏色的變化，盆栽會接收到植物所需水量的要求：紅色表示植物生活環境需要改善，即需要加水；藍色表示植物生長環境水量過多；綠色表示植物生長狀態正常。

4. 創新升級

未來，智能盆栽還會有更多創新的功能，或者在已有的智能化功能上，再次升級，實現更好的服務功能，為人們的家居生活帶來更舒適的環境，如圖 9-30 所示。

圖 9-30 未來會有更多的創新功能

9.2.3 愛國者智能相框

愛國者智能相框的主要功能特徵包括以下幾點。

1. 連接微信

將相框與微信綁定後，進入雲端相框公眾帳號，就能上傳照片到相框中同步顯示，如圖 9-31 所示。

圖 9-31 與微信綁定

2. 綁定多個微信帳號

一個智能相框能夠同時綁定多個微信帳號，用戶可以與親朋好友在微信中同步查看新上傳的照片，如圖 9-32 所示。

3. 豪華硬體設定

智能相框具備如圖 9-33 所示的硬體設定系統。

圖 9-32 可綁定多個微信帳號

圖 9-33 豪華硬體設定

9.2.4 夏新智能加濕器

夏新智能加濕器是一款加濕量為 330ml ／ h 的智能加濕器，其主要功能特徵包括以下幾方面。

1. 高端電腦螢幕控制

用戶透過螢幕可以實現加濕器的開關、出霧模式選擇、負離子、定時、濕度顯示等功能，如圖 9-34 所示。

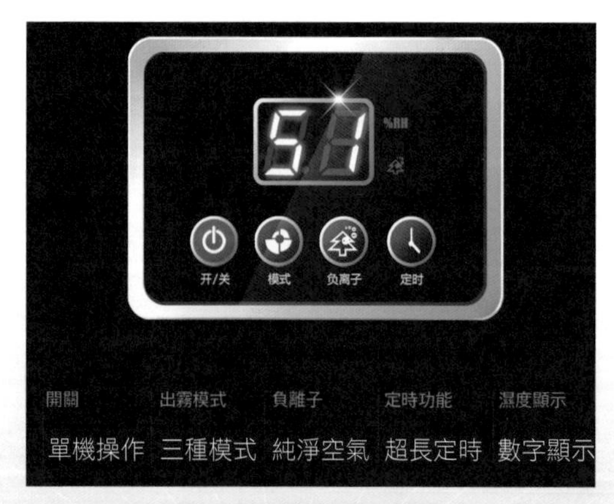

圖 9-34 高端電子螢幕控制

2. 超聲波霧化

加濕器採用超聲波高頻率震盪霧化技術，快速將水珠擊碎成水分子，配合高效的風動裝置，將水分快速擴散到室內，如圖 9-35 所示。

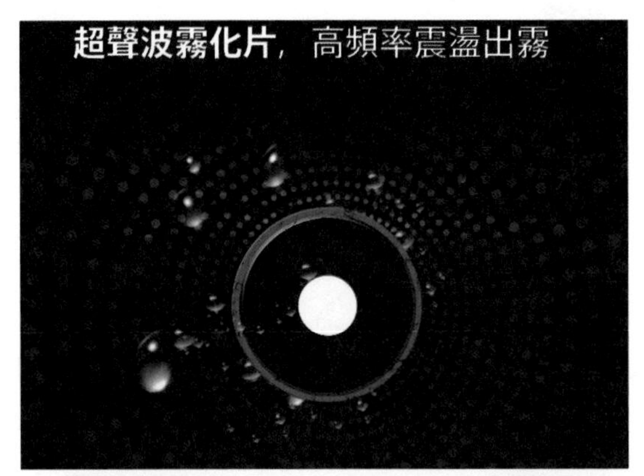

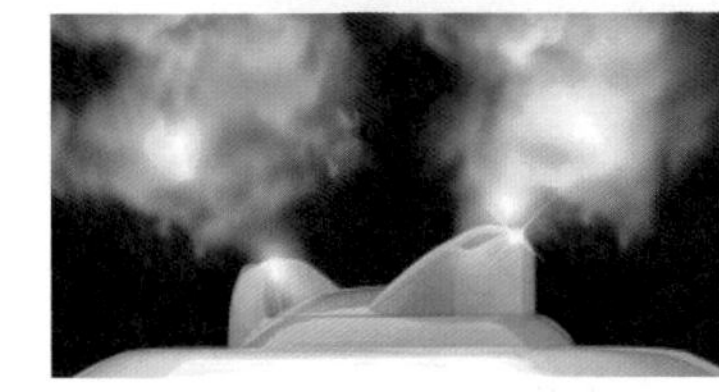

雙重放霧，360° 全覆蓋

單孔放霧，霧量少，加濕慢

圖 9-35 超聲波霧化

3. 2.5 升水箱

該智能加濕器擁有 2.5 升水箱容量，水分足夠持續一整晚的加濕，用戶不用中途起來加水，如圖 9-36 所示。

4. 銀離子淨化水質

智能加濕器採用金屬離子法消毒，由於金屬離子處理法處理後不產生任何有害物質，並且有持久殺菌能力，不受光照和有機物濃度的影響，因此，霧化後的水質更健康，如圖 9-37 所示。

圖 9-36 2.5 升水箱容量

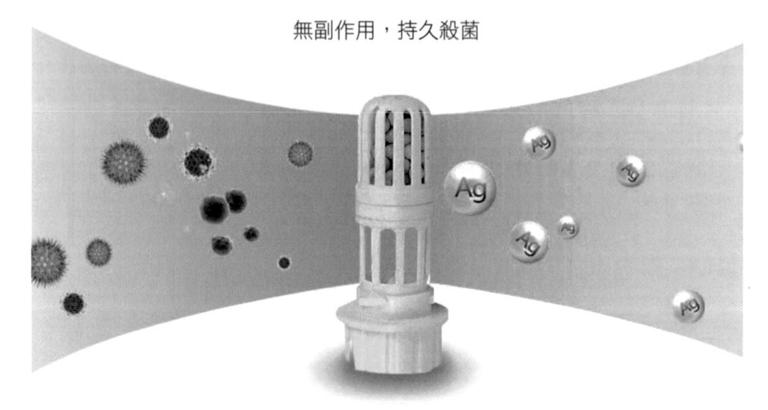

圖 9-37 銀離子淨化水質

5. 缺水斷電保護功能

當水箱裡的水用完後，懸浮片會飄起來，電路會自動斷開，如圖 9-38 所示。

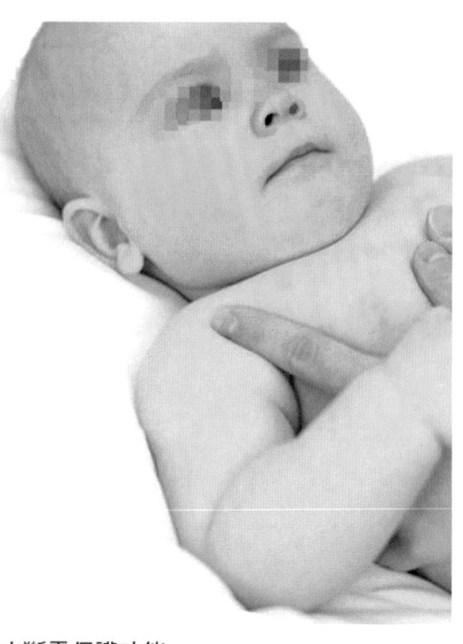

圖 9-38 缺水斷電保護功能

6. 三種模式出霧量

智能加濕器具備三種不同模式的出霧量：加濕模式、正常模式和夜間模式，如圖 9-39 所示。

三種出霧量 人性化設計

加濕模式
提升 10% 左右的濕度

正常模式
出霧量中等，適合白天長時間使用

夜間模式
出霧現象不是特別明顯，適合夜間使用

圖 9-39 三種出霧量

7. 定時和靜音功能

智能加濕器擁有長達 12 小時的定時功能，若是晚上用戶還能進行靜音設置，如圖 9-40 所示。

圖 9-40 定時和靜音功能

9.2.5 飛利浦（Philips）智能燈泡

這裡將從以下幾個方面來介紹飛利浦 hue 智能燈泡。

1. 色彩和情境

每個 hue 燈泡覆蓋所有從暖黃色到冷藍色之間的白色調，比如溫暖的燭光色或日光燈，除此之外，還可以創造千萬種彩色燈光。透過這款智能燈泡，用戶能夠自由創建並保存 90 個不同的照明情境。此外，飛利浦還能提供 4 種光配方，幫助用戶提升生活品質，如圖 9-41 所示。

2. 鬧鐘、計時及遠端控制功能

hue 具有鬧鐘和計時功能，用戶可以預設時間，利用燈光的變化提醒自己起床，或者在晚上提醒自己睡覺。用戶出門在外，還能利用無線網路及遠端控制方案去控制家居照明設備，以保衛家庭，如圖 9-42 所示。

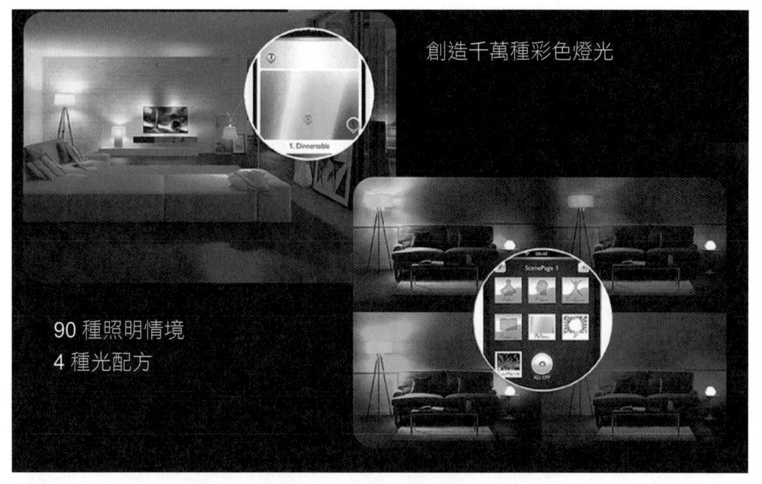

創造千萬種彩色燈光
90 種照明情境
4 種光配方

圖 9-41 色彩和情境功能

鬧鐘和計時功能
遠端控制家中照明設備，
加強家居安全

圖 9-42 鬧鐘、計時及遠端控制功能

3. 智能照明系統的構成

hue 無線智能系統包括 hue 智能燈泡、hue 橋接器以及 hue 應用程式，如圖 9-43 所示，用戶可以下載 hue 應用程式到智能設備上，即可輕鬆掌控智能燈泡照明。

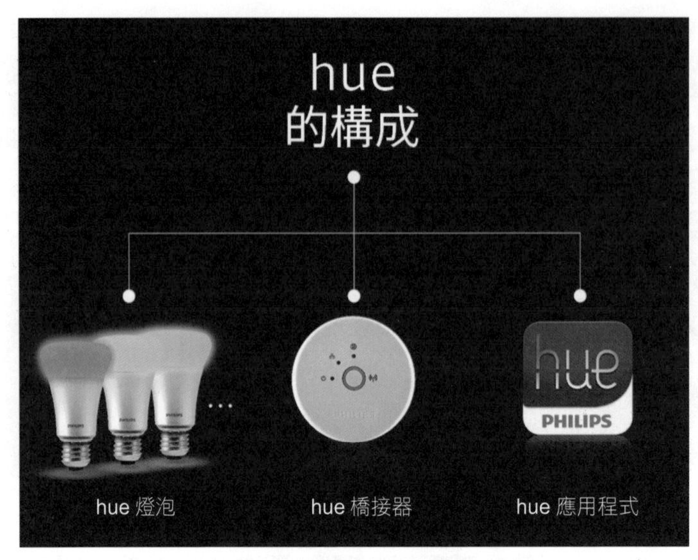

圖 9-43 智能照明系統構成

4. 安裝使用步驟

只須簡單的 3 步，就能開啟智能照明之旅，如圖 9-44 所示。

圖 9-44 安裝使用步驟

實戰：智能家庭設計方案

第10章

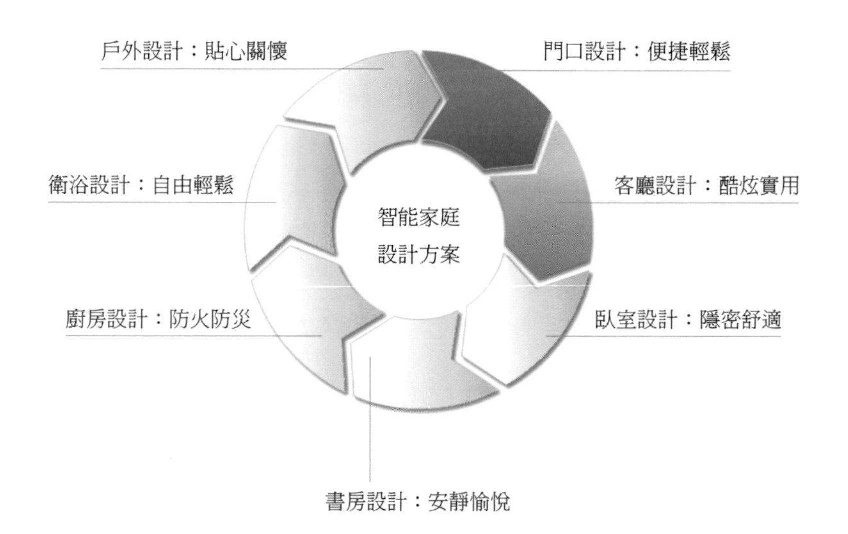

10.1 戶外設計：貼心關懷

設想一下這樣的場景：

早上出門時，懸掛在牆上的提示器提示外面有雨，播報雨量大小及風速，提醒主人出門記得帶雨具，同時提示今日空氣品質情況，包括霧霾、PM2.5 數值等。

在前往車庫的途中，打開手機輕輕一點，車庫門便被遠端控制自動打開，車庫的智能照明燈自動照亮，車開出車庫之後，在手機上輕輕一點，車庫門又自動關閉，照明燈也自動熄滅。

在大晴天，花園裡的灌溉系統會透過感應器檢測植物的缺水和土壤情況，將檢測到的數值透過手機發送給主人，詢問是否啓動灌溉程序，主人點擊「確定」按鈕，灌溉系統就能給花園裡的植物自動澆水，在下雨天，如果雨量超過一定值，花園裡累積的水量過多，花園會自動開啓排水系統，將多餘的水排出，防止積水，如果有人闖入花園，感應系統和監控系統會同時發揮作用，將感應到的入侵者透過提示和影像形式發送到主人的手機。

晚上回家，屋外的照明燈會透過感應裝置進行感應，如果感應到主人回家，就會自動照明，幫助主人照亮回家的道路，主人進屋後，感應燈就會自動熄滅。

這樣的場景是否充滿了智能化和人性化？隨著移動物聯網的發展，人們也越來越重視室外的智能化系統，尤其在互聯網、物聯網、智慧手機等行業的大力推動下，智能家居也漸漸走進了人們的生活中，不僅是室內的智能化系統在升級轉型，室外的智能化系統也已經成為人們生活中的熱門話題，人們對未來智能家庭的期待越來越大。本節將為讀者闡述室外的智能系統設計。

10.1.1 戶外燈光照明

戶外燈光照明是指利用智能燈光面板替換傳統的電源開關，實現人體感應全自動開關照明的目的，如圖 10-1 所示。

戶外全自動感應燈光照明，幫助人們安全回家。

10-1 戶外燈光照明

戶外燈光照明的主要目的，是為了人們回家時的安全，因此可以不具備亮度調節、照明效果等其他拓展的功能，只要有感應照明或者手機遠端遙控開關功能即可。但是，如果是為了美化屋宅的效果，還可以安裝更優化的燈光管理系統，用手機或遙控等多種智能控制方式對燈光進行遙控開關、亮度調節、全開全關以及組合控制等，如圖 10-2 所示，從而實現多種燈光情境效果，如「宴會」、「自助燒烤」、「悠閒」等。

透過手機或遙控等多種智能控制方式對燈光進行遙控開關、亮度調節、全開全關以及組合控制等，實現想要的燈光情境效果。

圖 10-2 美化屋宅

戶外燈光照明系統設計的要求有以下幾點，如圖 10-3 所示。

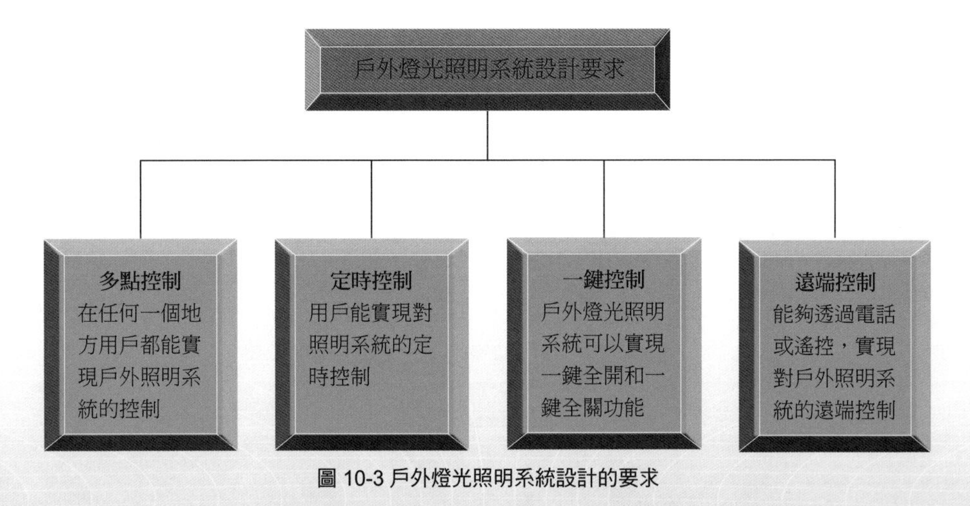

圖 10-3 戶外燈光照明系統設計的要求

10.1.2 戶外環境檢測

隨著社會經濟市場的發展，人們的生活水準越來越高，對健康的重視程度也越來越大，綠色蔬菜、防塵口罩、防輻射外套等健康食物或裝備也成了人們生活中的必需品。

特別是在環境污染嚴重的地區，人們希望環境得到改善的同時，也能有一個環境監測系統，幫助他們監測環境及控制污染情況，一方面能夠知道室外氣候、噪音及監控品質情況，另一方面，能夠採取相應措施，防止污染侵害，如圖 10-4 所示。

圖 10-4 智能家居環境監測漸漸走入人們生活中

作為人們生活中的一部分，戶外環境監測系統主要包括 3 個部分：環境資訊採集、環境資訊分析及控制和執行機構。其系統組成包括空氣品質感測器、室外氣候探測器以及無線噪音感測器，其工作原理，如圖 10-5 所示。

空氣品質感測：室外空氣品質感測是透過空氣品質感測器、無線 PM2.5 探測器採集室外污染資訊，將檢測到的數據資訊透過網路傳輸給用戶，或者透過網路將數據傳輸給系統，讓室內的空氣淨化器等智能家電工作。

室外氣候感測：室外氣候感測是透過太陽輻射感測器、室外風速探測器、雨滴感測器等智能設備採集室外氣候的資訊，然後將相應的數據資訊傳遞給用戶，讓用戶即時做好防範準備。

室外噪音感測：室外噪音感測是透過無線雜訊感測器採集室外噪音資訊，如果噪音太大，就將數據資訊透過網路傳遞到系統，系統會根據噪音情況做出一系列的反應，譬如啟動自動關窗系統、開啟室內背景音樂系統等。

圖 10-5 戶外環境監測系統的工作原理

戶外環境檢測系統是人們智能家居生活中一種比較理想的環境檢測系統，目前市面上的主要產品包括空氣品質感測器、空氣感測控制器、空氣品質檢測儀、太陽輻射感測器、室外風速探測器、雨滴感測器、無線噪音探測器等。各產品的主要作用，如圖 10-6 所示。

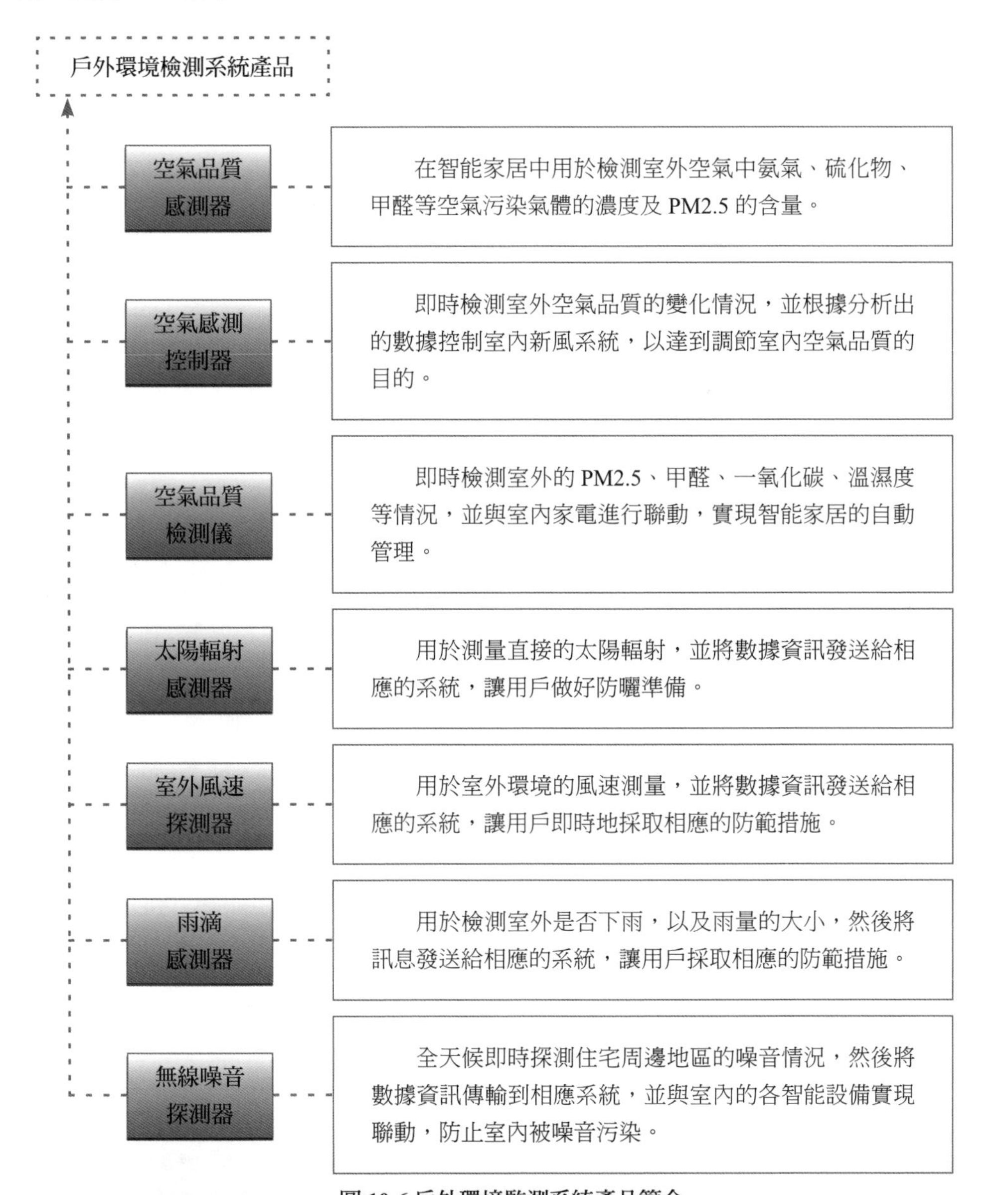

圖 10-6 戶外環境監測系統產品簡介

10.1.3 戶外安全監管

戶外也需要安全監管，因此戶外監控器材就必不可少了。通常來說，戶外監控器材需要具有靈敏度高、抗強光、畸變小、體積小、壽命長、抗震動、防水、紅外夜視、監控距離長等特點。目前的戶外監視器種類很多，這裡將簡單介紹一種室外智能高速球機，如圖 10-7 所示。

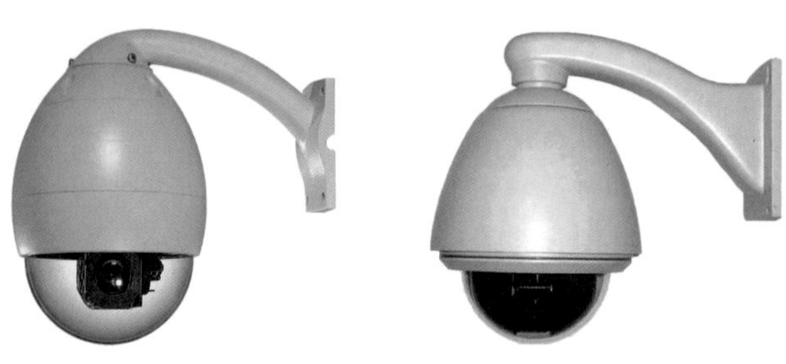

圖 10-7 室外智能高速球機

簡而言之，室外智能高速球機是一款綜合了紅外監視器、智能雲臺系統、通訊系統等功能特點的監控器材，它屬於監控系統中的前端設備，主要負責全方位攝影、採集數據。室外智能球表面帶有鋼化玻璃保護層、內建智能溫控警報電路及特有的散熱系統，因此，相較於同類產品，其使用壽命會更長。

室外智能球專注於影像處理與通訊技術，特別是在影音編解碼方面，擁有獨特、先進又高效的演算法，透過與遠端視頻硬體設備進行嵌入整合，能夠保證產品在穩定性、圖像清晰度、壓縮比、運作效率、負載能力、安全等級、功能可操控性和許可權嚴密性等方面都居於中國與國外同類產品的領先地位。

同時，智能辨識、自動追蹤是室外智能球的兩大重要特徵，如圖 10-8 所示。

智能辨識：透過對當前目標的外形特徵或行為動作特徵及後臺預存特徵進行比對和有效分析，預測目標的行為，改變被動防範為主動防範。

自動追蹤：在智能辨識的基礎上，對圖像進行差分計算，不僅能夠自動辨識視覺範圍內目標運動的方向，還能自動控制雲臺對移動目標進行追蹤，同時伴有高清晰的自動變焦鏡頭作為輔助，當目標進入智能球機視線範圍後，所有動作都被清晰地傳往監控中心。

圖 10-8 室外智能球的兩大特徵

10.2 門口設計：便捷輕鬆

門口一直是智能家居領域非常重視的一塊，不論是智能門鎖、影像對講機系統還是無線門磁探測器、人體紅外探測器等，都在為門口領域保護家庭，如圖 10-9 所示。

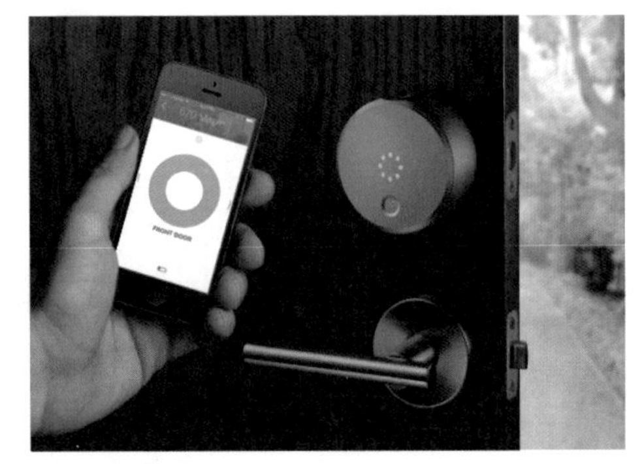

圖 10-9 門口智能領域

設想一下這樣的場景：

當主人離開家門之後，拿出手機，設置「家中無人」模式，門口的智能門鎖自動開啓「保護家庭」程式，門鎖密碼啓動，影音對講機進入影像監控模式。一旦有人進入可監控範圍，就會被拍攝下來，並且存檔，等待主人回來隨時查看，如果有人違法侵入室內，紅外系統只要一感應到有人入侵，便即時將影像發送給主人，並且自動啓動警報系統，不讓非法分子有機可乘。

當有客人來訪時，主人不在家，在外可透過智能系統發過來的影像，鑑定門口的人確實是自己的朋友，便可遠端控制解除保全模式，進入會客模式，然後門鎖會自動打開，讓客人進入家門。

當晚上回家時，無須翻找一堆鑰匙，只要輸入密碼，或者利用指紋，即可開啓門鎖，然後進入家中，還可以調看當天的影像，查看是否有可疑人員在家門口徘徊。

目前來說，以上的智能場景基本上已經可以實現，隨著互聯網技術的發展和越來越多的智能產品上市，人們離真正的智能家居生活越來越近。本節就為讀者介紹一下門口的智能系統的設計。

10.2.1 智能鎖

門鎖的出現滿足了人們對安全方面的需求，門鎖的發展歷經了掛鎖、電子鎖、指紋鎖的歷程，如今到了智能門鎖的階段。智能鎖是指區別於傳統機械鎖，在用戶辨識、安全性、管理性方面更加智能化的鎖具，智能門鎖涵蓋如圖 10-10 所示的產品。

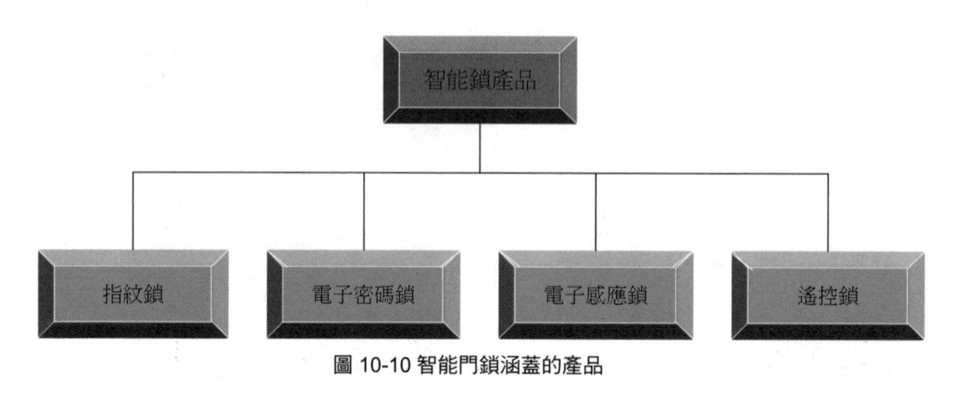

圖 10-10 智能門鎖涵蓋的產品

不同門鎖開鎖的方式不同，下面為讀者介紹不同門鎖的工作原理，如圖 10-11 所示。

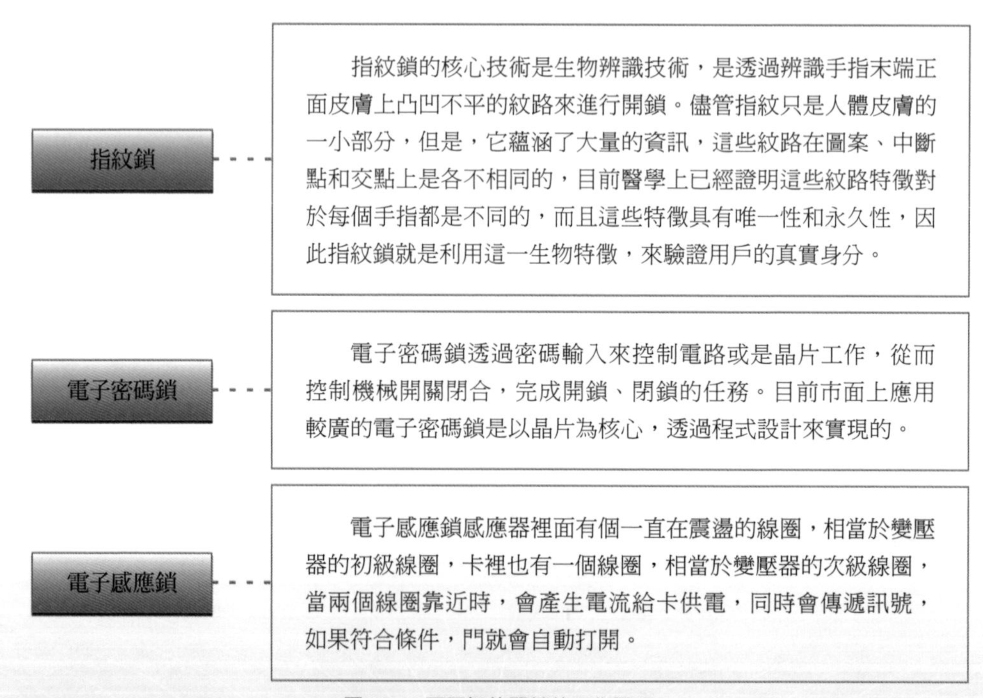

指紋鎖
指紋鎖的核心技術是生物辨識技術，是透過辨識手指末端正面皮膚上凸凹不平的紋路來進行開鎖。儘管指紋只是人體皮膚的一小部分，但是，它蘊涵了大量的資訊，這些紋路在圖案、中斷點和交點上是各不相同的，目前醫學上已經證明這些紋路特徵對於每個手指都是不同的，而且這些特徵具有唯一性和永久性，因此指紋鎖就是利用這一生物特徵，來驗證用戶的真實身分。
電子密碼鎖
電子密碼鎖透過密碼輸入來控制電路或是晶片工作，從而控制機械開關閉合，完成開鎖、閉鎖的任務。目前市面上應用較廣的電子密碼鎖是以晶片為核心，透過程式設計來實現的。
電子感應鎖
電子感應鎖感應器裡面有個一直在震盪的線圈，相當於變壓器的初級線圈，卡裡也有一個線圈，相當於變壓器的次級線圈，當兩個線圈靠近時，會產生電流給卡供電，同時會傳遞訊號，如果符合條件，門就會自動打開。

圖 10-11 不同智能門鎖的工作原理

遙控鎖

遙控鎖是利用無線技術和物聯網技術，透過網路、藍牙等無線訊號實現門鎖與手機或遙控器的連接。

圖 10-11（續）

為什麼智能門鎖隨著智能家居的興起，漸漸受到了人們的喜愛和重視，原因當然不只是智能門鎖美觀的高科技化式的外貌。除了美觀之外，智能門鎖還具備很多方面的優勢。就目前而言，智能門鎖的主要優勢如圖 10-12 所示。

便利性（Convenience）

智能鎖具有自動電子感應鎖定系統，當感應到門處於關閉狀態時，系統將自動上鎖，用戶可以透過指紋、觸控式螢幕、感應卡等開啟門鎖。一般的指紋鎖在使用密碼或指紋登記不方便時，還可以開啟它獨特的語音提示功能，讓使用者操作更簡便。

安全性（Safety）

一般的指紋密碼鎖具有密碼洩露的危險，但智能鎖具有虛位元密碼功能技術，即在登記的密碼前面或後面，可以輸入任意數位作為虛位元密碼，有效防止登記密碼洩露，同時又可開啟門鎖。對於普通門鎖，其把手開啟方式很容易從門外打鑽小孔，再用鋼絲轉動把手將門打開，不能確保足夠安全。但智能鎖具有專利技術保障，在室內的把手設置中增加了安全把手按鈕，需要按住安全把手按鈕轉動把手門才能開啟，也帶來更安全的使用環境。

防禦性（Security）

最近的智能鎖不同於以往的「先開啟再掃描」的方式，掃描方式非常簡單，將手指放在掃描處的上方，由上至下掃描就可以，無須將手指按在掃描處，這種掃描方式更減少了指紋殘留，大大降低了指紋被複製的可能性，安全獨享。

創造性（Creative）

智能鎖不僅外觀設計符合人們口味，甚至還有像蘋果產品一樣的智能感覺。

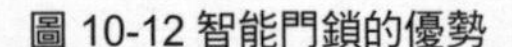

圖 10-12 智能門鎖的優勢

互動性（Interactive）

智能門鎖內建嵌入式處理器和智慧監控設備，具有與訪客之間的任何時間的互通互動能力，可以主動匯報當天的訪客影像情況，同時，戶主能夠遠端控制智能門鎖，為來訪的客人開門。

圖 10-12（續）

雖然智能家居的發展已經勢不可擋，智能門鎖看似也順著潮流有破竹而出的趨勢，但實際上智能門鎖的發展依然十分緩慢，因為它面臨幾大挑戰，如圖 10-13 所示。

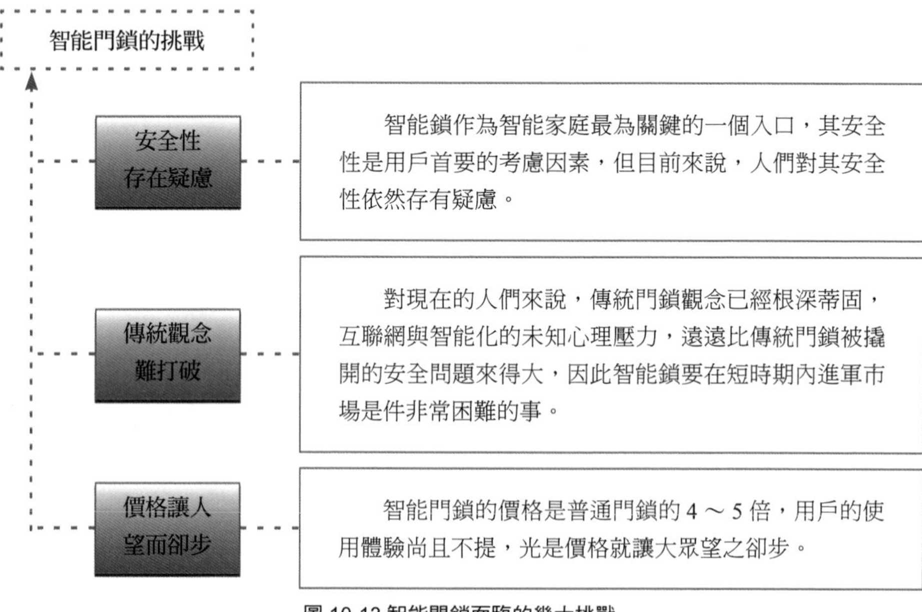

智能門鎖的挑戰
安全性存在疑慮
智能鎖作為智能家庭最為關鍵的一個入口，其安全性是用戶首要的考慮因素，但目前來說，人們對其安全性依然存有疑慮。
傳統觀念難打破
對現在的人們來說，傳統門鎖觀念已經根深蒂固，互聯網與智能化的未知心理壓力，遠遠比傳統門鎖被撬開的安全問題來得大，因此智能鎖要在短時期內進軍市場是件非常困難的事。
價格讓人望而卻步
智能門鎖的價格是普通門鎖的 4 ～ 5 倍，用戶的使用體驗尚且不提，光是價格就讓大眾望之卻步。

圖 10-13 智能門鎖面臨的幾大挑戰

10.2.2 門口影像對講機

影像對講機是現代小康住宅的一套服務措施，它主要是提供訪客與住戶之間的雙向影像通話，實現影像、語音雙重辨識，從而增加住宅的安全可靠性，是住宅社區防止非法入侵的第一道防線，如圖 10-14 所示。

影像對講機從最初出現到現在，一共經歷了三段歷程，分別是從語音對講到黑白影像對講機，從黑白影像對講機到彩色影像對講機，從彩色影像對講機到智能終端機。

▶ 1. 從語音對講機到黑白影像對講機

影像對講機自 20 世紀 90 年代從發達國家引進，然後在中國得到了快速的發展。主要應用在商品住宅樓方面，隨著智能城市規劃和智能家居的進一步發展，影像對講機目前已經普遍進入城市社區的中高層住宅。影像對講機最開始只是語音形式，當門口有人按鈴時，住戶會聽到鈴聲，就像接聽電話一樣，接受來訪者透過樓下門口主機的呼叫，進行對話。

圖 10-14 影音對講機

到後來，語音對講機才慢慢發展成影像對講機，住戶可以透過門外的主機鏡頭獲得門外的視頻影像，透過觀察分機顯示幕幕上的監控影像來確認訪客的身分，最後決定是否按下室內分機的開鎖按鈕，打開連接門口主機的電控門鎖，允許來訪客人開門進入。

▶ 2. 從黑白影像對講機到彩色影像對講機

語音對講機發展為影像對講機後，一開始只是黑白影像對講機，即通過門外主機鏡頭傳遞過來的視頻影像是黑白的。就如同黑白電視機發展成彩色電視機一樣，影像對講機也從黑白影像對講機慢慢發展成彩色影像對講機，如圖 10-15 所示。

圖 10-15 彩色影像對講機

▶ **3. 從彩色影像對講機到智能終端機**

彩色影像對講機發展到一定階段，隨著人們對智能家居智能化需求的提高，影像對講機慢慢發展成智能家居的智能終端機，其功能越來越強大。一旦住宅內所安裝的門磁開關、紅外警報探測器、煙霧探險測器、瓦斯警報器等設備連接到影像對講機系統的保全型室內機上以後，影像對講機系統就能夠升級為一個安全技術防範網路，它可以與住宅社區物業管理中心或社區警衛進行有線或無線通訊，從而實現防盜、防災、防瓦斯洩漏等安全保護作用，為屋主的生命財產安全提供最大程度的保障。

門口影像對講機除了具有安防、監控、警報等功能外，還具有留影留言、資訊接收與發布、家電智能控制、遠端控制等多重功能。

10.3 客廳設計：酷炫實用

客廳的設計主要從燈光照明系統、電視及家庭電影院系統、視頻監控、門窗安防警報系統等幾方面入手，既要做到美觀實用，又要確保安全性。

10.3.2 客廳照明系統設計

客廳是家人休閒娛樂和會客的重要場所，因此，客廳的照明要以明亮、實用和美觀為主，如圖 10-16 所示。

明亮、實用又美觀的基調設計，以吊燈和吸頂燈為主，壁燈、檯燈、落地燈為輔。

圖 10-16 客廳照明設計

客廳照明在光源設計上應有主光源和副光源，主光源包括吊燈和吸頂燈，組合吊燈應以奢華大器為主，亮度大小可以調節。副光源是指壁燈、檯燈、落地燈等，發揮輔助照明的作用，有些壁燈起裝飾作用，落地燈的燈罩是關鍵，顏色應與沙發等客廳主色調保持一致，檯燈對亮度的要求較高，光源位置應高一點。

在智能家居領域，客廳的燈光都是透過觸控面板來控制的，如圖 10-17 所示。

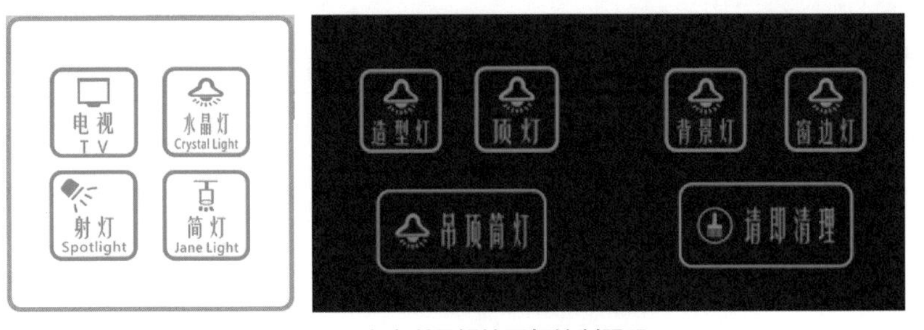

圖 10-17 客廳利用觸控面板控制照明

10.3.2 智能電視設備系統

在客廳，電視設備是能夠呈現第一視覺化效果的裝置，作為第一休閒和會客場所，客廳的智能電視設備系統極為重要。智能電視的到來，順應了電視機「高清化」、「網路化」、「智能化」的趨勢。在 PC 早就智能化，手機和平板也在大面積智能化的情況下，TV 這一塊螢幕也逃不過 IT 巨頭的眼睛，慢慢走向了智能化。在中國，各大彩色電視巨頭早已開始了對智能電視的探索，智能電視盒生產廠家也緊跟在後，以電視盒搭載安卓系統的方式來實現電視智能化提升。

所謂真正的電視智能化，是指電視應該具備能從網路、AV 設備、PC 等多種管道獲得節目內容的能力，能夠通過簡單易用的整合式操作介面，將消費者最需要的內容在大螢幕上清晰地展現出來，如圖 10-18 所示。

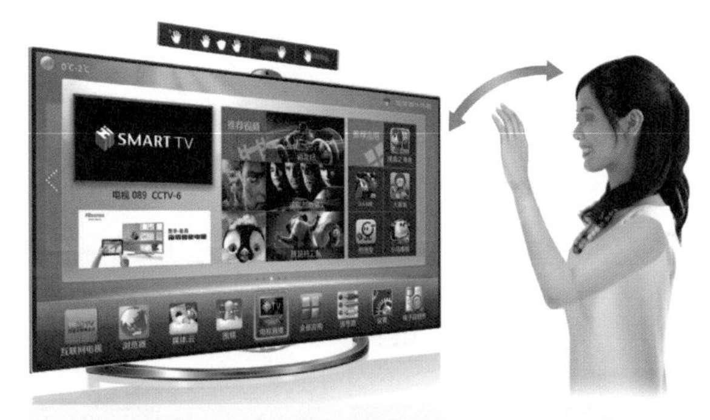

圖 10-18 智能電視

目前，智能電視也像智慧手機一樣，具備了全面開放式平臺，同時搭載了一系列作業系統，可以由用戶自行安裝和移除軟體、遊戲等合作廠商提供的程式，透過此類程式來實現對彩色電視功能的不斷擴充，同時，用戶還可以透過有線網路、無線網路來實現在網路上瀏覽的功能。智能電視發展的優勢，如圖 10-19 所示。

帶動硬體升級

智能電視的發展，意味著硬體技術的升級和革命，因為只有配備了業界領先的高配置、高性能晶片，才能順暢地運行各種軟體程式。

帶動軟體內容升級

智能電視的發展，同時也意味著軟體內容技術的升級，它根據用戶的需求，進行客製化的安裝和設計，用戶可以透過平臺設定功能。

未來有成長空間

智能電視是一款可成長的電視，透過搭載開放的平臺，為用戶提供了可載入的無線內容、應用和下載空間。

圖 10-19 智能電視發展的意義

10.3.3 家庭電影院設備系統

除了智能電視以外，很多智能家庭都在客廳裝上了家庭電影院系統，一個好的家庭電影院，除了與音效有關外，還與其音響裝修設計處理有直接關係，只有兩者相輔相成，才能設計好一套家庭電影院。

一個完整的家庭電影院系統包括：5.1 聲道或 7.1 聲道音箱、AV 功放、藍光播放機或 DVD、投影機、投影布幕以及中控系統等，如圖 10-20 所示。

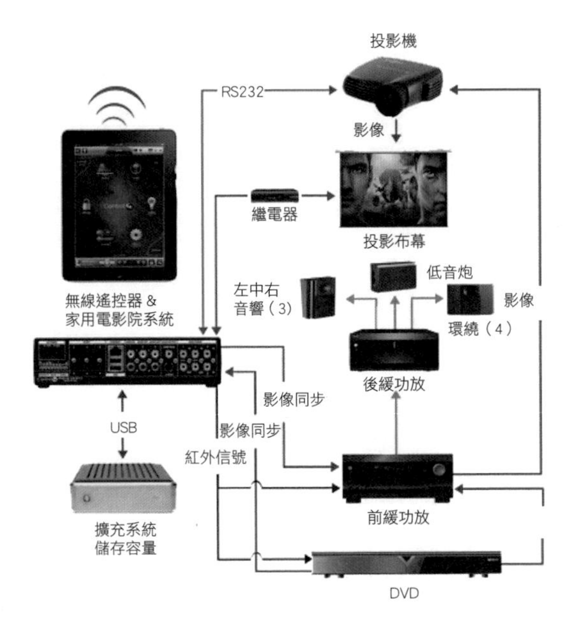

圖 10-20 家庭電影院系統的組成

10.3.4 客廳視頻監控系統

客廳視頻監控是智能家居設計中不可缺少的一個環節，因為客廳作為進門後的第一區域，最能夠在第一時間捕獲非法入侵者，客廳視頻監控系統一般包括視頻採集、視頻傳輸、視訊訊號儲存與顯示部分。視頻採集可根據需要，在客廳內安裝若干臺網路鏡頭，分別監控主要出入口位置。例如，在客廳的某個靠窗的位置安裝一臺家用網路鏡頭，就能監視客廳的大部分區域；又如，在客廳門口安裝一臺鏡頭，只要有人非法入侵，手機就會收到警報，並監視入侵者，如圖 10-21 所示。

圖 10-21 室內視頻監控

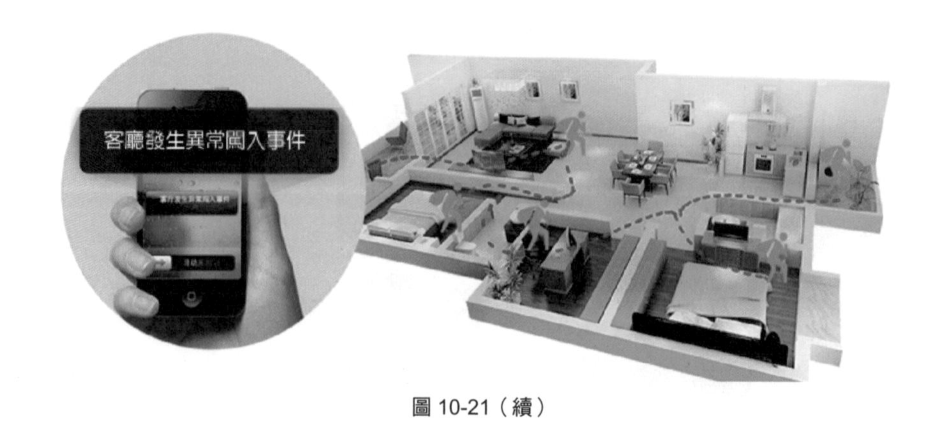

圖 10-21（續）

10.4 臥室設計：隱密舒適

由於臥室封閉空間的特性，它成了物聯網的良好媒介。最近幾年，隨著互聯網進入千家萬戶，已經有很多公司，包括蘋果、谷歌和微軟等科技巨頭，都試圖將智能系統裝入用戶的臥室，搶佔智能家居市場。

設想一下這樣的場景：

當用户早上醒來時，臥室的窗簾自動拉開，暖暖的陽光照射進來，優美的背景音樂徐徐響起，讓人心情愉悦；冬天，用户不想把手伸出被窩拿手機看時間，臥室掛在牆上的鬧鐘會進行自動報時，提醒用户即時起床，不要遲到。

晚上，當用户入睡後，家中的燈和電視會自動關閉，當用户睡著以後，家中的安防設備就會自動啓動，一旦有人入侵，就會報警。

如果半夜用户需要起來活動，為了不影響他人睡眠，床頭的感應燈會自動點亮，方便用户起來後看清腳下的路，不被撞到。

20 年來，「臥室」的定義已經發生了變化，一開始只是簡單地對睡眠功能的滿足，後來，便是對空間和舒適性的滿足，而智能家居的出現，則使臥室的定義發生了更大的變化，人們已不再局限於從前的那些簡單需求，而是出現了對安全、健康、個性、精神層面的深層次追求。

10.4.1 臥室照明系統設計

臥室是人們休息睡覺的場所，因此需要滿足柔和、輕鬆、寧靜的要求，同時還要滿足裝飾以及睡前閱讀的需求，光線柔和，避免眩光和散光，利於主人進入睡眠，裝飾類的照明主要用來烘托氣氛，如果用戶有睡前閱讀的習慣，床頭可放置可調光型的檯燈。臥室照明設計，如圖 10-22 所示。

光線柔和、輕鬆、寧靜，避免眩光和散光，床頭安放調節檯燈供閱讀使用。

圖 10-22 臥室照明設計

10.4.2 臥室智能衣櫃

智能家居臥室的設計離不開衣櫃，幾乎每間主臥室都會有一個大大的衣櫃，衣櫃與人們的家居生活息息相關。

從衣櫃內部的布局來看，傳統衣櫃因其設計與空間限制，布局比較簡單，沒有細分。而現代智能衣櫃在設計上將衣櫃的空間布局得非常精細，其儲存空間可分為掛放區、抽屜區、放鞋區、襯衫區、內衣區、飾品區、換洗衣物區、棉被區等，這種精細的組合方式，真正實現了「有限空間，無限組合」的家居夢想，如圖 10-23 所示。智能衣櫃經過合理的規劃，能更有效地提升收納容量，帶來靈活、便捷的收納空間。

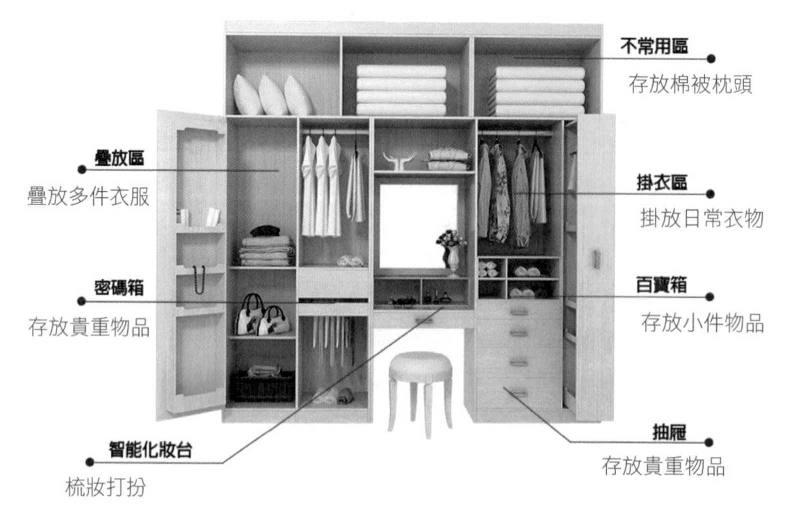

圖 10-23 智能衣櫃

10.4.3 臥室智能床

隨著智能家居的出現，智能床產品也層出不窮。西班牙 OHEA 就推出了一款 50 秒自行整理床鋪的智能床，用戶只要用手指輕輕按下自行操作按鈕，床就能察覺到有人起床，3 秒後就開始自行整理床鋪，如圖 10-24 所示。

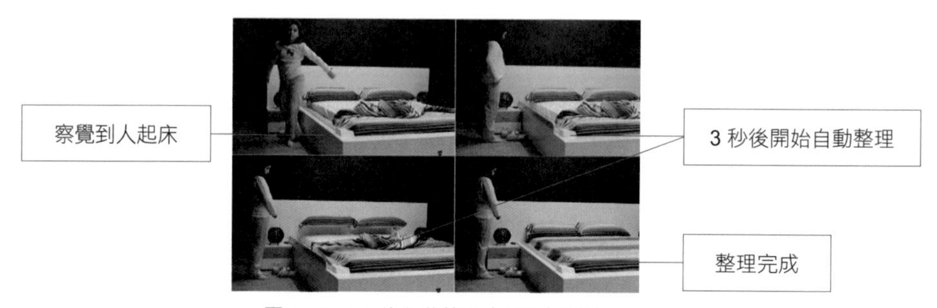

圖 10-24 50 秒自動整理床鋪的智能床

智能床具有多種智能化功能，不僅配備有先進的影音系統，讓人們坐在床上，就能夠看電影聽音樂，而且還能開啟按摩模式，幫助人們進行多部位的按摩，甚至還能診斷睡眠中人們的身體與呼吸情況，幫助治療打鼾。

10.4.4 臥室智能背景音樂

臥室背景音樂，是在公共背景音樂的基礎上，再結合家庭生活的特點發展而來的新型背景音樂系統。簡單地說，就是在臥室裡布上背景音樂線，透過 MP3、FM、DVD、電腦等多種音源進行系統組合，讓臥室隨時都能根據需求聽到美妙的背景音樂。同時，臥室還能與其他房間聯動，即在每個房間都安裝上背景音樂線，並且設置好聯動模式，用戶只須在臥室點擊聯動背景音樂模式，整個房子都能聽到優美愉悅的背景音樂，包括花園、客廳、臥室、酒吧、廚房或衛浴等，如圖 10-25 所示。

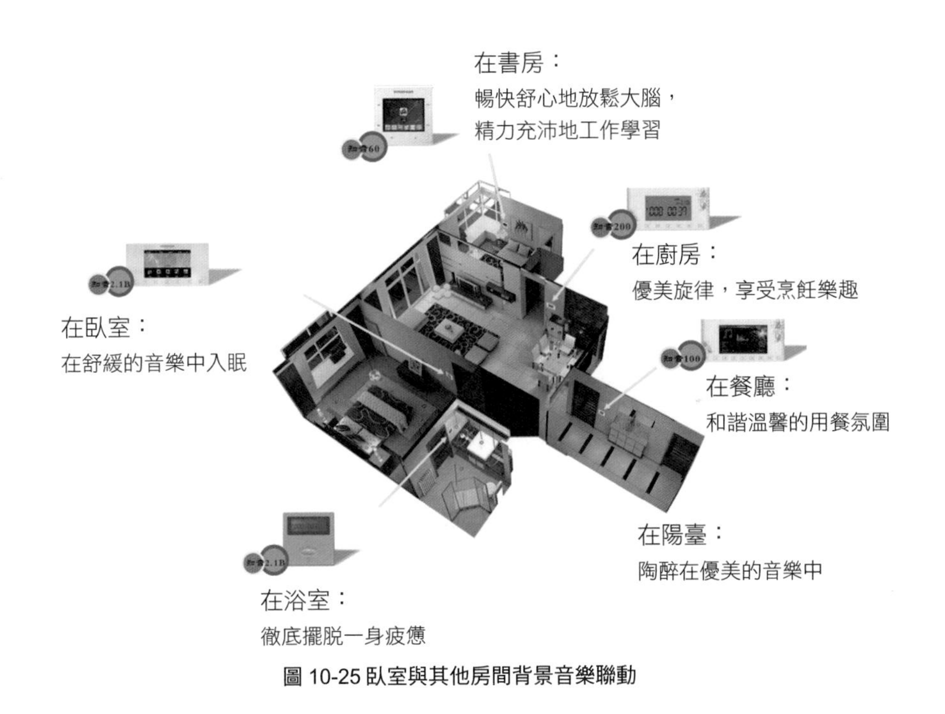
在書房：
暢快舒心地放鬆大腦，
精力充沛地工作學習
在廚房：
優美旋律，享受烹飪樂趣
在臥室：
在舒緩的音樂中入眠
在餐廳：
和諧溫馨的用餐氛圍
在陽臺：
陶醉在優美的音樂中
在浴室：
徹底擺脫一身疲憊

圖 10-25 臥室與其他房間背景音樂聯動

10.5 書房設計：安靜愉悅

書房對於一個現代化的智能家庭而言，早已不是傳統意義的看書、閱讀場所那麼簡單，更是休閒、聚會、創意的場所，對很多人來說，一個寧靜、舒適的書房環境，對於辦公休閒，一直都是最為重視和關心的。

設想一下這樣的場景：

書房中，坐在靠近窗户的椅子上，按下按鈕，窗簾自動打開，充足的陽光照射進來，自然的光線充滿了整個書房。

晚上辦公時，按下辦公模式，書桌上的檯燈自動亮起，並根據用户平時的辦公習慣調節到最合適、最舒適的亮度，旁邊的智能咖啡機自動泡上一杯咖啡，香氣嫋嫋撲鼻，讓人倍感精神。

辦公超過一個小時，牆上的鐘錶發出提示，幾秒鐘後，書房進入休息模式，原本明亮的光線慢慢變暗，桌上的檯燈熄滅，悦耳的背景音樂緩緩響起，十分鐘後，再次進入辦公模式。

辦公結束了，用户將書房調節為閱讀模式，背景音樂再次響起，輕柔舒緩，桌上的檯燈自動調節到適合閱讀的亮度，空調系統自動更新室內空氣。

有客人來時，用户將書房調節為會客模式，會客區域的燈自動亮起，辦公區域的燈自動熄滅，智能茶壺自動燒水泡茶，泡好後發出「叮」的一聲提醒用户茶已泡好。

隨著居住條件的不斷改善，現代的書房被人們賦予了更多的實用功能，它的功用變得智能化，空間得到了更大的延展。書房在慢慢成為智能家居不可或缺的一部分的同時，其美觀性和舒適度也越來越受到大家的重視，由於目前社會的發展現狀，很多上班族不用再天天去公司上班了，在家就可以完成辦公，比以往便利了不少，而書房的智能化布置就顯得格外重要。

10.5.1 書房智能燈光控制

在書房中，辦公、閱讀是第一要件，因此書房的照明要求，要以保護視力為首要原則。由於在學習、工作、閱讀的方面，對用眼的需求較大，因此燈的配置更要以保護視力為第一準則。

書房的燈光照射要從保護視力的角度出發，除了人的生理、健康和用眼衛生等因素外，還必須使燈具的主要照射面與非主要照射面的照度比為 10：1 左右，這樣才適合人的視覺需求；而電腦區域，需要良好的照明環境，檯燈需要具有高照度、光源深藏、視覺舒適、移動靈活等特點。書房照明設計，如圖 10-26 所示。

書房照明，以保護視力為主，整體以高照度、視覺舒適的特點為主。

圖 10-26 書房照明設計

書房中，洽談、會客、學習、辦公需要的光線照度不同，因此可以設置多種光照模式，以應對不同的情境模式要求，還能自訂「陪讀」模式，如圖 10-27 所示。

父女溫馨的親子閱讀時間，再也不用「將就」昏暗的燈光了，開啟閱讀模式，科學設定的亮度和色溫保護孩子眼睛

圖 10-27 書房照明定義「陪讀」模式

10.5.2 書房智能降噪系統

書房屬於辦公、學習的場所，因此對於營造一個舒適的、適合閱讀的環境是十分重要。在智能書房中，一般可以安裝一個噪音感測器，當外面噪音太大時，書房的噪音感測器會採集室外的噪音資訊和來源，將門窗自動關閉，隔絕噪音，同時開啟背景音樂系統，將舒緩的音樂播放出來，幫助辦公的人抵抗噪音污染，如圖 10-28 所示。

圖 10-28 書房智能降噪系統

如果噪音很大，直接影響到人的工作學習效率，那麼書房系統就會將情境模式自動調節為「休息」模式，避免人們在過於吵嘈的環境中進行低效率的工作和學習，如圖 10-29 所示。

圖 10-29 書房進入「休息」模式

10.5.3 書房背景音樂系統

書房的背景音樂系統可以用於很多情境模式中，例如，會客時，用戶可以與客人在優美的音樂中交談；休息、休閒時，背景音樂緩緩響起，用戶可以在休息區做點感興趣的事；室外有噪音干擾時，書房系統自動播放音樂來抵擋外界的干擾；當用戶不再辦公，轉而進行輕閱讀時，也可以伴著輕音樂享受美好的閱讀時光，如圖 10-30 所示。

圖 10-30 輕閱讀時伴著背景音樂

由於書房是安靜學習和辦公的場所，因此，書房的背景音樂系統最好有單獨的音量控制按鈕，這樣便於進行獨立的智能控制，不受其他房間音樂的影響。

10.5.4 書房遠端監視系統

因為書房是重要的辦公場所，因此可能存放著很多重要的資訊和資料，所以，書房的監視系統必不可少。智能鏡頭可以選擇具備清晰影像且具備旋轉、夜視功能的鏡頭，並且能即時通知用戶，將拍攝到的視頻發給用戶，即時啟動報警裝置，如圖 10-31 所示。

圖 10-31 書房遠端監視器

具體來說，書房的遠端網路監控系統可以分為兩部分，如圖 10-32 所示。

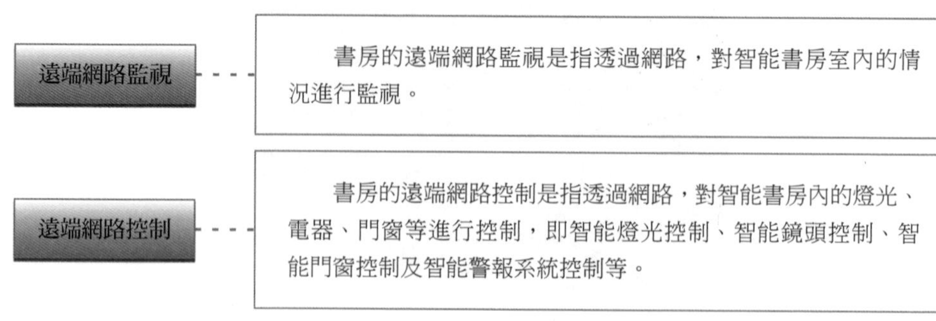

圖 10-32 書房的遠端網路監控系統

10.6 廚房設計：防火防災

中國自古以來就有「民以食為天」的說法，可想而知，廚房一直都是家的重心。隨著科技社會的發展，現代廚房已經不僅僅是單一的烹飪空間，而是慢慢成為人們的第二客廳，智能生活也從客廳進入廚房，賦予人們越來越多的智能和便利。當整體廚房概念還未走入千家萬戶時，商家已經迫不及待地想要帶領人們走進「智能化」的時代。

設想一下這樣的場景：

用户在炒菜時，前面呈現出一塊大螢幕，用户只須用手指觸控，就可在互聯網上尋找相應的美食教學，跟著視頻一步一步地做，讓「菜鳥」也能成為大廚。

冰箱顯示幕上顯示的不再只是簡單的時間和溫度，而是貼心的提示，例如哪些食物快過期，請儘快食用；雞蛋的數量剩下多少；製作牛肉火鍋還需要購買哪些材料等。

洗碗槽有條不紊地工作著，將洗好的碗分門別類依次放入烘碗機中，碗具全部放置好後，烘碗機門關閉，自動調節設置後開始運作，而用户只須坐在客廳觀賞電視即可。

早上人們起床，廚房開始準備早餐，一杯溫熱的牛奶、一份可口的食物，當用户洗漱好之後，走進廚房，這些美食就已經新鮮出爐。

當用户出門上班後，廚房自動開啓安防裝置，如有發生氣體洩漏的情況，要立

即開窗通風，讓電路進入關閉狀態，同時將警報資訊透過網路發送到用户的手機上，防止意外發生。

雖然這些還只是我們對未來智能廚房的一些美好的構想，但是隨著互聯網和高科技的發展，我們相信這些也不僅僅是夢。高科技廚房能為我們帶來的，不僅僅是傳統烹飪方式的改革，還是實現人們對精神世界、心理需求層次的一種滿足，原本繁瑣的廚房家務，在智能廚房的幫助下將變得更智慧、更全面、更輕鬆。

10.6.1 廚房煙霧感測器

煙霧感測器廣泛用於家庭廚房中，是一款透過監測煙霧的濃度來實現火災防範的裝置，尤其在火災初期、人不易感覺到的時候就進行警報。煙霧感測器可分為離子式煙霧感測器和光電式煙霧感測器，如圖 10-33 所示。

離子式煙霧感測器	離子式煙霧感測器是一種技術先進，採用離子煙霧感測且工作穩定可靠的感測器，被廣泛運用到各消防警報系統中，其性能遠優於氣敏電阻類的火災警報器，如圖 10-34 所示。
光電式煙霧感測器	光電式煙霧警報器內安裝有紅外接收管，無煙時紅外接收管收不到紅外發射管發出的紅外光，當煙塵進入時，通過折射、反射作用，接收管能接收到紅外光，然後智能警報電路判斷是否超過閾值，如果超過就發出警報，如圖 10-35 所示。

圖 10-33 煙霧感測器的分類

圖 10-34 離子式煙霧感測器

圖 10-35 光電式煙霧感測器

光電式煙霧感測器又可分為減光式和散射光式煙霧感測器，如圖 10-36 所示。

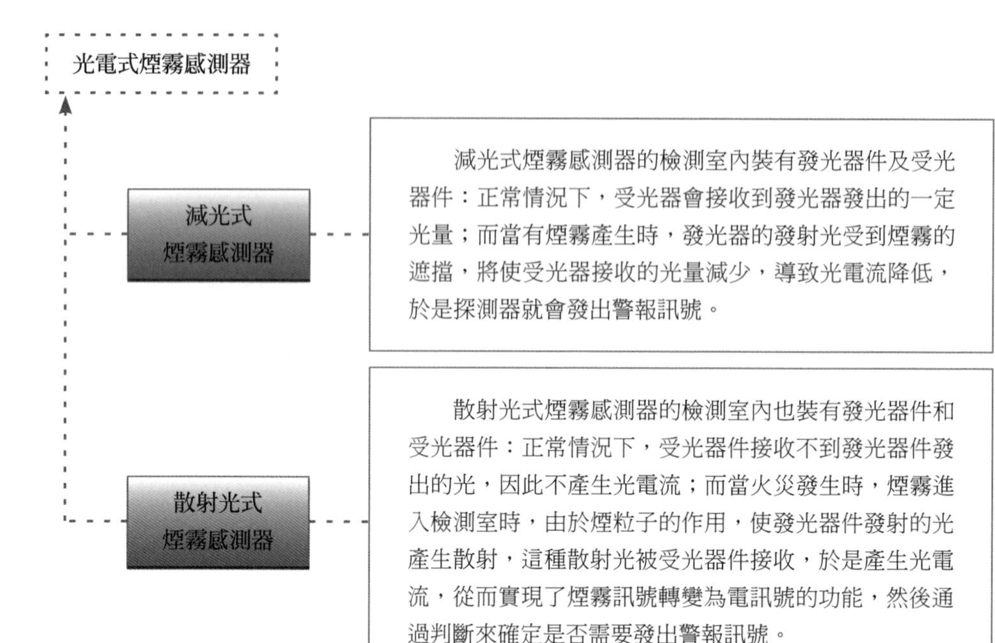

光電式煙霧感測器
減光式
煙霧感測器
減光式煙霧感測器的檢測室內裝有發光器件及受光器件：正常情況下，受光器會接收到發光器發出的一定光量；而當有煙霧產生時，發光器的發射光受到煙霧的遮擋，將使受光器接收的光量減少，導致光電流降低，於是探測器就會發出警報訊號。
散射光式
煙霧感測器
散射光式煙霧感測器的檢測室內也裝有發光器件和受光器件：正常情況下，受光器件接收不到發光器件發出的光，因此不產生光電流；而當火災發生時，煙霧進入檢測室時，由於煙粒子的作用，使發光器件發射的光產生散射，這種散射光被受光器件接收，於是產生光電流，從而實現了煙霧訊號轉變為電訊號的功能，然後通過判斷來確定是否需要發出警報訊號。

圖 10-36 光電煙霧感測器分類

離子煙霧感測器和光電式煙霧感測器各有優劣，將兩者進行比較，會發現離子煙霧警報器對微小的煙霧粒子的感應更靈敏一些；而光電煙霧警報器對稍大的煙霧粒子的感應更靈敏，而對灰煙、黑煙的感應則差些。

10.6.2 廚房智能防火系統

廚房智能防火設計通常包括家用火災警報探測器、家用火災控制器和火災聲警報器等幾部分。

1. 感覺器官—火災警報控制器

火災警報探測器主要作用是探測環境中是否有火災發生。火災警報探測器一般用可燃氣體感測器和煙霧感測器，如圖 10-37 所示。我們認為，不光是廚房，每間臥室、起居室也應設置一個火災探測器。

圖 10-37 可燃氣體感測器

將可燃氣體感測器在廚房設置時，要注意如圖 10-38 所示的幾點。

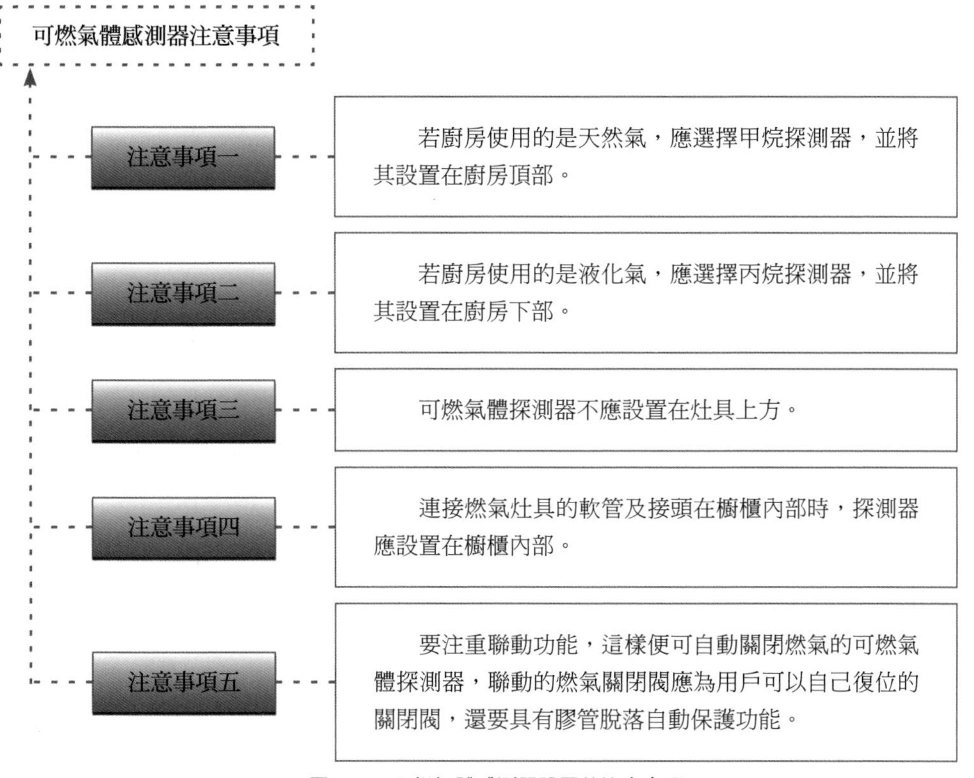

可燃氣體感測器注意事項
注意事項一
若廚房使用的是天然氣，應選擇甲烷探測器，並將其設置在廚房頂部。
注意事項二
若廚房使用的是液化氣，應選擇丙烷探測器，並將其設置在廚房下部。
注意事項三
可燃氣體探測器不應設置在灶具上方。
注意事項四
連接燃氣灶具的軟管及接頭在櫥櫃內部時，探測器應設置在櫥櫃內部。
注意事項五
要注重聯動功能，這樣便可自動關閉燃氣的可燃氣體探測器，聯動的燃氣關閉閥應為用戶可以自己復位的關閉閥，還要具有膠管脫落自動保護功能。

圖 10-38 可燃氣體感測器設置的注意事項

2. 行為操縱—火災警報控制器

廚房火災警報控制器應獨立設置在明顯且便於操作的位置，當採用壁掛方式安裝時，底邊離地面應有 1.3 ～ 1.5 米，火災警報控制器能夠通過聯動控制電氣火災監控探測器的脫扣訊號輸出，切斷供電線路，或控制其他相關設備，如圖 10-39 所示。

3. 高聲警報—火災聲警報器

一旦發生火情，火災聲警報器可以在未產生明火時就探測到火情，同時發出高音警報，並在 8 秒內迅速給家人或社區保全或物業傳遞遠端警報訊號，第一時間通知相關人員趕到著火災現場，即時進行撲救。火災聲警報器一般具備語音功能，能接收聯動控制，或由手動火災警報按鈕訊號直接控制發出警報，如圖 10-40 所示。

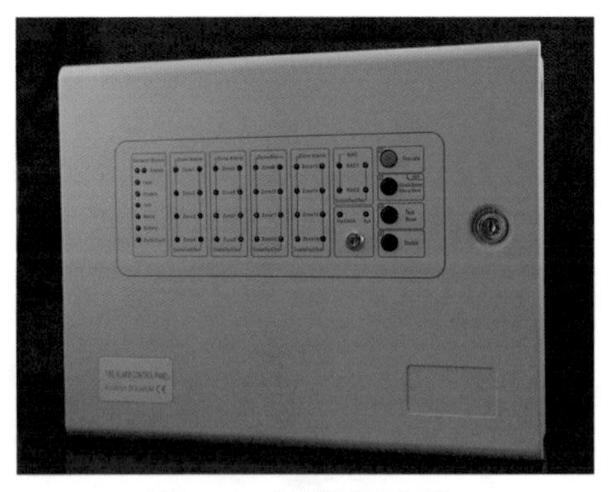

圖 10-39 火災警報控制器

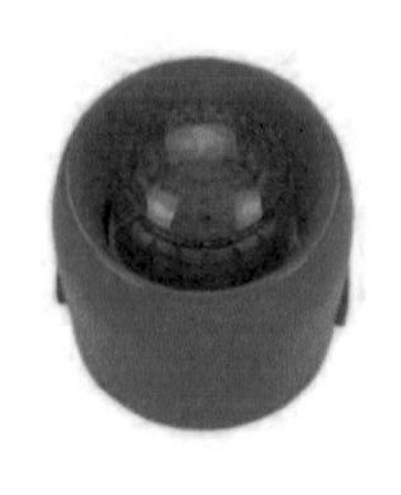

圖 10-40 火災聲警報器

10.7 衛浴設計：自由輕鬆

眾所周知，衛浴是除了臥室之外最隱密的場所了，一般而言，傳統的衛浴裡包含了馬桶、淋浴、洗手臺等，但似乎除了這些，就沒有什麼別的東西了。隨著科技的發展，智能及網路元素也開始逐漸滲透到衛浴中，如圖 10-41 所示。

圖 10-41 智能衛浴

設想一下這樣的場景：

每天走進衛浴時，撲鼻而來的不再是難聞的異味，而是一陣陣令人感到舒適的清香，地面也不再潮濕，任何時候進入都不用再擔心會因為地面潮濕而滑倒。冬天洗澡的時候，衛浴依然保持恆溫，同時再也不用擔心空間閉塞，呼吸不順，在沐浴的過程中，躺在按摩浴缸中，空氣中有輕緩的音樂聲緩緩流淌，用户再也不用擔心噪音影響了。

坐在馬桶上時，馬桶已經微微加溫，並且腳底有自動按摩功能，每次結束後系統都會進行紫外線除菌，讓用户安心使用。夜晚起床的時候，馬桶的夜燈會自動開啓，同時還有超清晰視頻供用户打發時間。

智能化已漸入人心，住宅智能化給家居生活帶來了許多便利，衛浴的智能化設計將為人們的生活帶來顛覆性的變化，不但能增加衛浴的功能，還能改善衛浴存在的一些問題。

10.7.1 衛浴智能設計原則

在家居生活中，衛浴是一個不可或缺的重要空間，它與人們的關係極為密切，而智能技術的引入，將使衛浴更顯人性化。隨著人們對衛浴的期望和要求越來越高，衛浴的智能化設計能夠營造更完美的空間享受，實現住宅衛浴的智能化設計，應當遵循如圖 10-42 所示的幾條原則。

注重便利

在家居中，衛浴占地面積並不大，因此在有限的空間內要充分考慮使用者的使用要求，提供便利的人性化服務。總地來說，住宅智能衛浴不僅要滿足用戶如廁、洗漱、沐浴、更衣、洗衣、化妝以及用品貯藏等功能，還要滿足衛浴設備的自我調控、遠端調控等自動化功能，力求實現集約型的高效空間。

注重自然生態

衛浴的智能化設計要與環境形成共生的意識，在設計中，要給予自然環境更多的關心和尊重，提倡節能、節材、省空間和能源回收循環利用，採用被動式設計，充分利用智能化滿足相容性。

圖 10-42 衛浴智能設計原則

資訊通暢

衛浴是一個隱私性較高的空間，因此在住宅內所處的位置一般較隱蔽。在這樣一個隱私空間內也應保證與外界的聯繫和資訊交流不間斷，使住宅衛浴成為隱蔽卻不閉塞的空間，讓人使用得放心、無後顧之憂。

注重安全健康

衛浴的獨特功能要求它的空間有特殊的處理方式，因此在這樣的空間中要滿足特殊的安全健康需求，如防水、防滑、防漏電、防潮、防黴、防污、防噪音、抗菌、通風、換氣、保溫、健康提示、安全警報、自動求醫等。

圖 10-42（續）

10.7.2 衛浴智能化產品

衛浴智能化的設計方案，要從主要的產品入手，同時還需要足夠的技術支援。目前，世界各地都在進行智能化技術和智能化產品的研究與開發，各種智能化技術和產品已推廣到實際應用中，取得了很好的效果，如人體感應開關燈、電腦馬桶座、感應小便池、感應蹲便池、按摩浴缸、淋浴保溫房等。下面為讀者介紹幾款應用到智能衛浴中的產品。

1. 智能鏡子

有一款鏡子，表面上是極其普通的鏡子，如圖 10-43 所示，但鏡子背後富有玄機，這是一款能夠智能化拍照的鏡子，當用戶在使用該鏡子時，做好準備、保持微笑直到系統提示已經完成拍攝，就可以查看自己當天的狀態如何，這樣一來，用戶就可以透過鏡子來調整自己的狀態，並且留下最完美的印記。

1. 智能馬桶

目前市面上出現的智能馬桶很多，這裡為讀者介紹一款科勒 Numi 智能馬桶，如圖 10-44 所示。科勒 Numi 智能馬桶的設計靈感源於建築學直角幾何的理念，它的技術包括：感應式自動開蓋、腳感應開啟座墊、座墊加熱、足部暖風 SPA 功能、附帶 UV 紫外線除菌、暖風、夜燈功能並可設定水溫水壓的噴嘴、4.3 英吋超大觸控螢幕遙控器、高效領先的智能電子雙沖系統、夢幻背燈設計、內建音響系統、竹炭過濾

除臭器等，同時，Numi 智能馬桶還內建了一個藍牙接收器、一個可用於登錄自訂播放清單的記憶卡、用於軟體更新的 USB 介面，可供 7 種顏色選擇的環境照明模式。

圖 10-43 智能拍照的鏡子

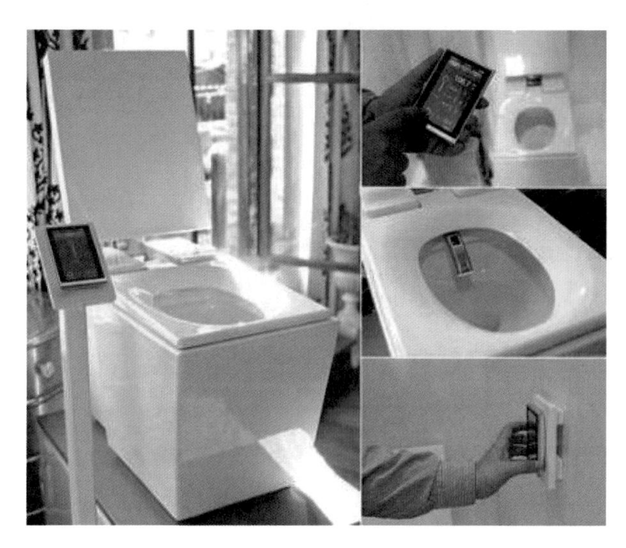

圖 10-44 科勒 Numi 智能馬桶

微信應用與軟體控制實戰

第11章

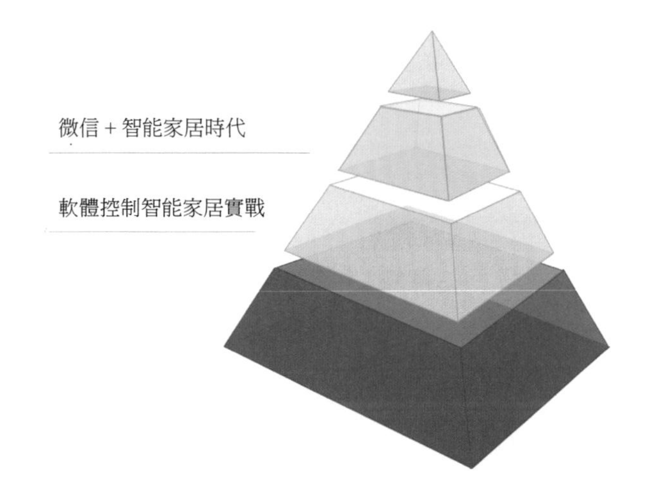

11.1 微信 + 智能家居時代

在互聯網、移動互聯網發展迅速的今天，微信透過文字、圖片、語音、視頻等資訊，讓人與人之間的交流變得更加簡單，更有效率，可以說，微信的出現改變了人們的溝通方式。然而，隨著微信電視、微信空調的出現，人們漸漸意識到，微信不僅僅只是一種社交工具，在智能家居應用方面，也隱約地有了新的發展方向。

11.1.1 微信實現智能家電應用

目前，微信在智能家居中的應用大多數以控制為主，兼顧資訊查詢和支付等功能，如圖 11-1 所示為物聯網智能家居領航者 GKB 的微信控制智能家居介面。

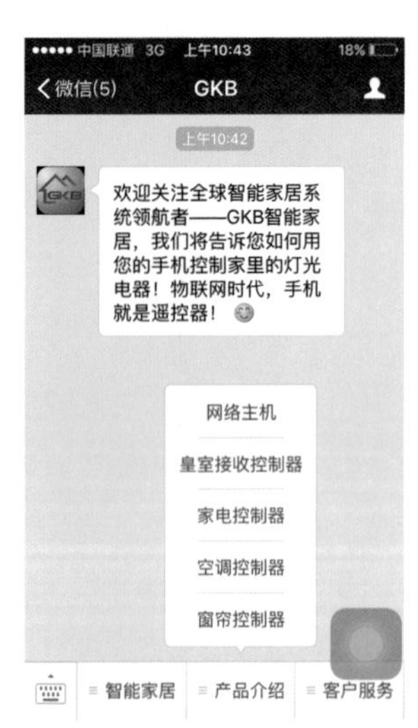

圖 11-1 微信控制功能

雖然這些功能看似簡單又平常，但在實際應用中，卻給人們帶來了極大的方便。目前市面上，有些智能家電已經能夠透過微信來控制了。

1. 微信控制智能電視

2013 年，ICNTV、創維與騰訊三強聯合推出了微信電視，融合了互聯網電視作為家庭娛樂終端與微信作為個人智能終端機的雙重優勢，實現了家庭互聯網和移動互聯網的共享、融合，如圖 11-2 所示。

圖 11-2 微信電視

在微信電視中，用戶只要將電視與「中國互聯網電視」的微信服務號綁定後，即可實現微信掃一掃、一鍵綁定、語音搜尋、高級搜尋、高清電影院、一鍵收藏、微信照片電視看、一鍵服務、微遙控器、遠端點播、微信支付等應用，如圖 11-3 所示。

圖 11-3 微信點播

例如，通過微電子節目功能表，用戶只要用語音告訴微信想看什麼頻道，就會有相關節目發送過來；如果是在地鐵裡瀏覽微信發送過來的最新節目單，只要收藏節目名稱，回到家後，在電視上打開我的最愛，就能直接觀看節目；同時，用戶還可以透過微電子節目功能表直接遙控電視，帶給人們極大的便利；透過一鍵分享功能，用戶能夠把照片、視頻等即時同步到電視上，如圖 11-4 所示；甚至，遇到需要付費的電影時，用戶只須透過微信掃一掃，就可以直接付費觀看了。

圖 11-4 微信遠端發送照片、視頻到電視上

據悉，未來微信電視還將進一步開發節目分享、UGC 內容營運等多種創新功能，這些功能的實現，將會把互聯網電視的客廳視聽體驗推向一個新境界。

2. 微信控制智能空調

微信在智能家居領域中應用成功的另一個案例是微信空調。2013 年，騰訊與海爾聯合推出了微信空調，用戶只要掃描相關二維碼或是關注「海爾智能空調」的公眾帳號，並綁定家中的智能空調，就可以實現微信操控了。

透過微信，用戶可以直接完成空調的開關指令，除了完成開關指令外，還可以透過語音、文字等方式調節空調，比如用戶說「開機」，空調就會自動打開了；用戶說「關機」，空調就會自動關閉了；用戶說「將溫度調到 23 度」，空調就會自動將溫度調節到 23 度。可以說，微信就像是一個空調遙控器，人們用微信控制空調就像是與空調進行一次聊天。

11.1.2 微信在智能家電中的未來展望

未來，微信在智能家電領域中還會有哪些升級功能和應用？

1. 更人性化的控制

目前，微信在智能家電中的應用，最直接、最普及的算是各種控制功能了，如控制智能電視，控制智能空調，甚至控制家裡的照明系統。但是，目前這些對智能家電產品的應用，仍然還只是初級階段，未來還會有更多、更便捷的控制功能。

（1）語音、簡訊預約。 微信的語音、簡訊功能是人們最常用的功能之一，但在智能家居中，利用語音或簡訊來控制電視、空調等家電產品還處於初級階段，雖然單一的指令操作已經比遙控器便捷了很多，但仍然還有可提升的空間。

在未來，微信可以與電視、空調、洗衣機、電燈等所有家電綁定在一起，用戶在早上離開家門去上班的時候，可以直接用語音或者簡訊來預約安排這些家電的開啟、關閉時間，比如發出這樣一連串的指令：6 點開啟飲水機；7 點關閉飲水機；18：30 開啟空調，溫度設為 26°；20：00 打開熱水器等。

透過微信來對家電進行預約控制的操作，在多數情況下是要基於遠端控制模式來實現的，也就是說，只要微信與家電產品綁定之後，即便是不在同一區域網下，也能實現對家電的管理。

（2）同步控制。 除了透過微信語音、簡訊預約控制智能家電外，還可以利用微信與家電的綁定來實現同步控制。同步控制是指當用戶家中所有家電與微信進行綁定後，他們可以對所有產品進行情境模式「程式設計」，比如，當用戶在看電視時，突然有電話打來，只要接通電話，電視或背景音樂就會自動降低音量；用戶也可利用微信把家中的幾個家電組合起來後，設置成不同的情境模式，當需要某個情境模式時，用戶只要在微信點一下，就能實現該模式的同步控制。

（3）交水電費。 水電費與人們的生活息息相關，隨著移動互聯網的發展，智能化繳費應用也將慢慢普及，人們透過微信，可以即時查詢自身用電量情況、交費購電情況、欠費及餘額情況，當年階梯用電量情況等，同時還可以直接在微信上查閱資費標準、服務承諾、用電常識等，透過綁定驗證設置密碼後，用戶就可以在微信上即時繳費了。其實，微信繳費的這項服務功能，有些企業已經開始實施了，但我們認為，未來在以智能家庭、智能社區、智能建築為基礎前提下，微信智能繳費功能一定會更加人性化和智能化。

2. 更客製化的應用

未來，微信對智能家電的控制不僅會更人性化，還會更客製化，下面就與讀者一起分享一下微信在智能家居中的客製化應用。

（1）身分辨識。 在未來的智能家庭中，各種智能電子鎖的應用將會代替傳統鑰匙的功能，成為家庭安全屏障的首選。微信被應用到門鎖領域，可能用戶只要用手機微信對著門鎖「一掃」，即可讓大門自動開啟；如果有人想要強行打開門鎖，微信會發送即時提醒給用戶，達到防盜的作用。

（2）微信影像化。 傳統的視頻門禁系統，需要用戶站在屋內影像門鈴的位置才能看到門外的人，並進行交流。而將裝有微信的手機與戶外的鏡頭門鈴進行綁定後，一旦有人按動門鈴，微信就會即時提醒，並開啟視訊模式進行通話，因此用戶不必離開沙發。微信影像化的另外一個好處是，即便用戶不在家，也可以隨時隨地知道家中有誰來拜訪。

（3）冰箱定時提醒。 微信與智能冰箱綁定後，冰箱中的各種食物資訊就會馬上顯示到手機上，包括還有多少雞蛋、多少肉、多少啤酒、它們的有效日期如何，需不需要補充、如何購買等。當冰箱中的某種食物即將過期或者所剩無幾時，微信就會不定期提示用戶儘快食用，或者詢問是否繼續購買。當然，微信定時提醒的功能不只是用在智能冰箱上，像抽油煙機的定時清洗、水電煤氣表的閾值設定等都可以透過這個功能來實現。

（4）微信美食。 未來透過微信，人們還可以學習烹飪：在事先添加好的美食帳戶中搜尋食譜，按照食譜中的要求自行購買食材進行烹飪；或者直接到超市中對著食材掃一掃，美食帳戶就會自動出現可以與其搭配的各種食材與食譜。同時，在食譜中配備即時的視頻教學課程，用戶可以利用微信的語音功能來控制視頻教學課程的進度。

▶ 3. 更健康化的功能

隨著人們對健康的重視程度逐步加深，市面上各種以健康為主題的小家電產品慢慢風靡起來，未來某一天微信也能成為人們的私人醫生。

（1）微信規劃健身計劃。 在這個快節奏的社會中，幾乎每個人都為自己規劃過健身計畫，但真正堅持下來的人並不多，主要的原因是沒時間。但是，未來，當微信應用到智能家居領域後，智能化的健身計畫將會為人們解決這個問題。譬如，透過微信精準的位置服務，即時地給用戶規劃一個短期的健身計畫，計畫會透過發送資訊傳送給用戶，用戶不用擔心因太忙而沒時間運動了。

（2）微信規劃飲食計劃。 除了健身應用以外，用戶還可以用微信直接綁定自己的體檢中心，每次體檢後，系統都會將詳細的體檢報告發到健身中心裡去，然後微信會根據用戶的身體狀況規劃一個合理的膳食計畫，當遇到某些不確定是否能食用的食物時，就透過微信掃一下食物，微信就會告訴用戶該食物能不能吃、吃多少合適。

（3）微信看病治療計劃。 在未來的健康應用上，微信將與各類家用電子血壓器、血糖機等健康小家電進行綁定，同時與醫院的主治醫師建立共同的帳號。在每次利用這些小家電進行身體測試後，結果都會傳輸到主治醫師的手機上。如果檢查結果出現偏差，醫師就會在第一時間通知病人去醫院就診，這樣既省時又便捷。另外，未來還將有可能拋開各種家用健康電子產品，利用微信的語音、視頻等功能就能夠直接與醫院的主治醫師建立聯繫，讓人們在家就擁有自己的私人醫生。

11.2 軟體控制智能家居實戰

前面已經得知家居布線系統、智能家居控制管理系統（包括數據安全管理系統）、家居照明控制系統、家庭安防系統、家用網路系統、背景音樂系統、家庭電影院與多媒體系統、家庭環境控制系統都可用電腦、手機隨時隨地控制，那麼究竟該如何控制呢？下面就以 KC868 系統為例進行說明。

KC868 系統是杭州晶控電子有限公司 2010 年率先推出的智能家居控制系統，該公司成立於 2005 年，是一家專注於研發智能化控制產品、智能家居控制系統的創新型企業。

杭州晶控電子有限公司是業界領先的智能家居產品製造商和系統方案提供商，現已研發並生產了一系列智能家居主機及產品，如今，晶控 KC868 系列主機已形成了豐富的產品線，並贏得了國家技術專利、國家註冊商標、歐盟 CE 認證證書及國家版權登記中心著作權登記等數項榮譽，為全球用戶提供著別墅會所、家居住宅、星級酒店、辦公自動化等領域的專業設備和解決方案。

11.2.1 電腦控制實戰

專業人士架設好智能家居系統後，會協助安裝好軟體，下面介紹如何登錄與控制設備。

1. 用戶登錄

（1）按兩下桌面上的 KC868 圖示，打開智能主機控制軟體，顯示用戶端軟體登錄介面，如圖 11-5 所示。

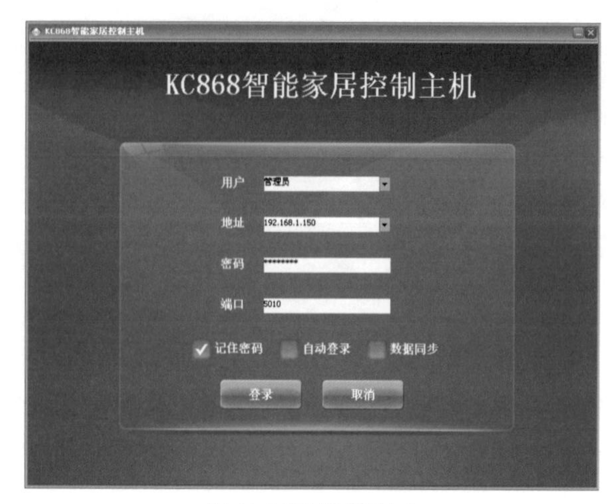

圖 11-5 控制主機介面

• 專家提醒

該軟體用户端分爲兩種登錄帳户，即管理員帳户和普通用户。其中普通用户許可權較低，只能進行電器的控制操作，無權配置與更改系統設定；而管理員則擁有全部功能許可權。

（2）在登錄介面輸入相關資訊，包括用戶名、位址、密碼以及埠。按一下「登錄」按鈕，顯示動態進度條，如圖 11-6 所示。

圖 11-6 動態進度條介面

（3）稍等片刻後，登錄完成，便會出現軟體主介面，如圖 11-7 所示。

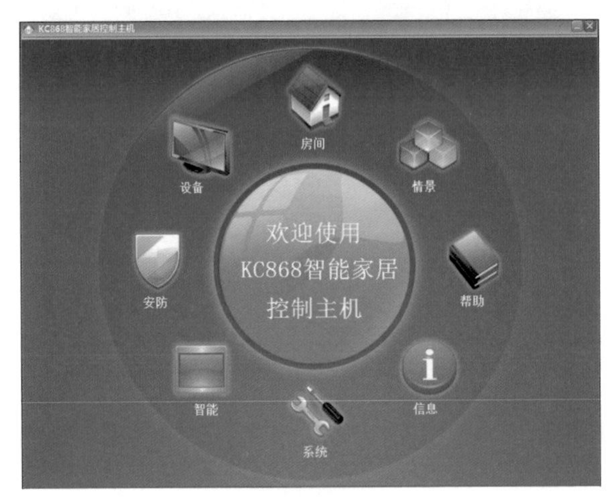

圖 11-7 智能家居控制主介面

（4）如果用戶覺得這個預設的介面太過簡單死板，不夠美觀好看，也可以設置自訂介面，如圖 11-8 所示。

圖 11-8 自訂控制主介面

2. 設備控制

下面介紹如何控制樓層、房間，以及相關家電等設備。

（1）控制樓層。 按一下打開主介面中的「設備」按鈕，選擇位於首位的「樓層」選項，然後按一下選擇左上角的「輸出」按鍵，選擇「樓層名稱」，如 3 樓，即可進入樓層介面，如圖 11-9 所示。

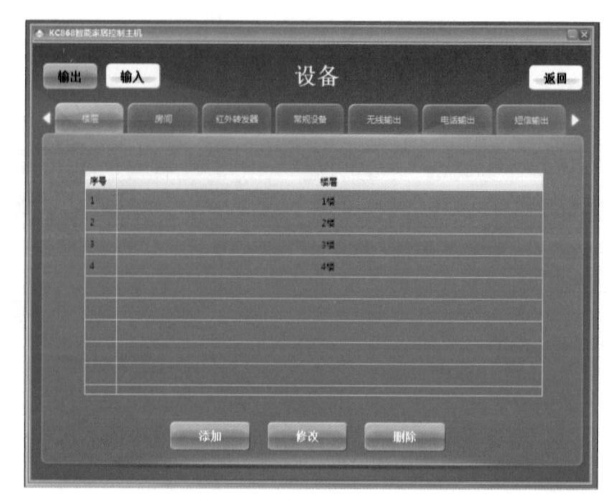

圖 11-9「樓層」介面

• 專家提醒

樓層創建介面可適用於普通公寓，也適用於別墅住宅，進行樓層管理設置時，如果是普通公寓，則只須輸入一個樓層的名稱就可以了，如果是多樓層的用戶，點擊介面最下面的「添加」按鍵，介面處會彈出一個「樓層名稱」輸入介面，在裡面輸入「X 樓」之後，點擊確定即可，可進行多次創建。

- 「添加」按鍵：添加新的樓層名稱。
- 「修改」按鍵：修改已創建的樓層名稱。
- 「刪除」按鍵：刪除已創建的樓層。

（2）控制房間。 房間的設置跟樓層的設置步驟是相同的，多個房間的創建步驟參照樓層設置即可。

（3）控制紅外線轉發器。 紅外線轉發器與智能主機配合，可以實現對家電等設備的無線遙控，用戶不需要修改電器設備的線路，也不需要線纜連接設備，只須在需要進行紅外線遙控的電器設備房間內，安裝一個紅外線轉發器，對軟體進行配置，即可實現空調、電視機、藍光播放機以及音響等紅外線裝置的智能控制。

（4）控制常規設備。 在「常規設備」裡，列出了創建的常規項目的名稱，打開主介面中的「設備」，選擇左上角的「輸出」按鈕，選擇「常規設備」，介面如圖 11-10 所示。

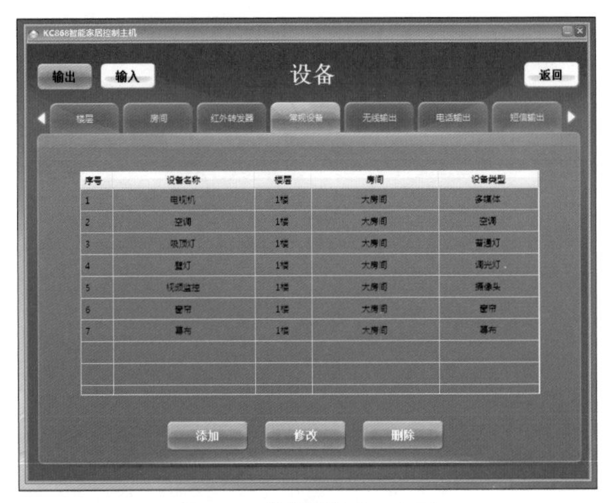

圖 11-10「常規設備」介面

添加、修改、刪除「常規設備」的步驟參照「控制樓層」步驟即可。

① 「空調」設置：點擊「常規設備」裡的空調，若「常規設備」裡還沒有「空調」選項，可按一下「添加」按鈕進行添加。按一下「空調」按鍵後，則會出現「空調遙控器」的控制介面，如圖 11-11 所示，即可對空調進行智能控制。

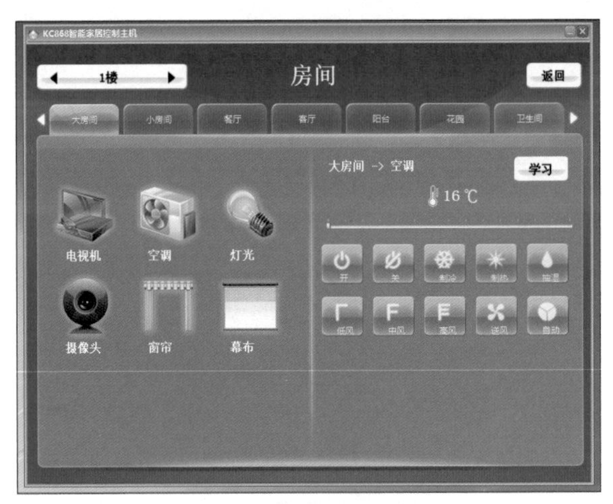

圖 11-11 空調遙控器控制介面

② 「窗簾」控制介面如圖 11-12 所示，從中可以控制智能窗簾。

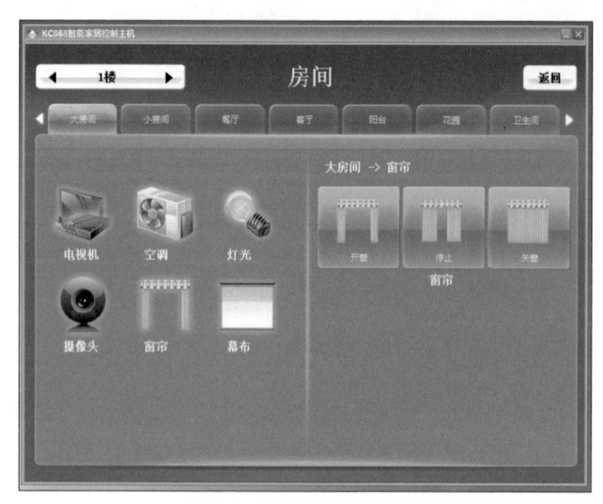

圖 11-12 窗簾控制介面

③ 「燈光」控制介面如圖 11-13 所示，從中可以控制智能燈光。

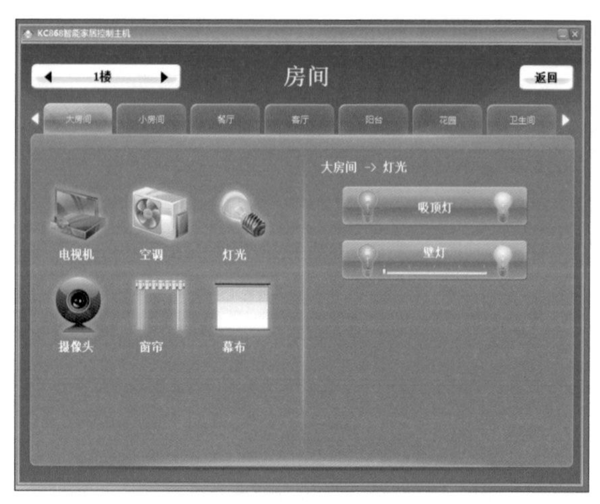

圖 11-13 燈光控制介面

鏡頭、幕布（布幕）、多媒體（例如電視）都是各自需要設置的，之後便可進行無線遙控，這裡不再一一列舉。

（5）電話輸入與簡訊輸出。 智能主機支援 GSM 手機卡的配合使用，可以實現電話和簡訊的功能，主人撥打主機電話卡號和發簡訊給主機電話卡都能實現遠端控制，電話輸入和簡訊輸出介面如圖 11-14 和 11-15 所示。

圖 11-14「電話輸入」介面

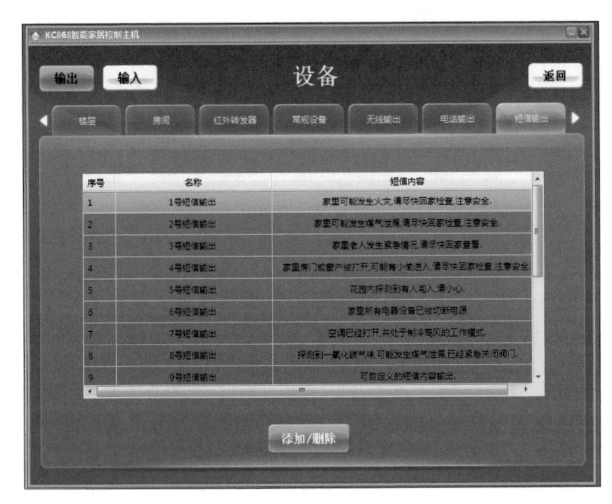

圖 11-15「簡訊輸出」介面

3. 安防

打開主介面中的「安防」，則會出現「安防」介面，如圖 11-16 所示。點擊「設防」，主機可接收所有無線輸入裝置的訊號，進入設防警報狀態，當進行無線輸入裝置學習的時候，必須讓主機處於「設防」狀態。

4. 情境

點擊介面中的「情境」圖示，會列出所有設定過的情境模式按鍵，以滑鼠直接點擊，就可進行控制了，如圖 11-17 所示。

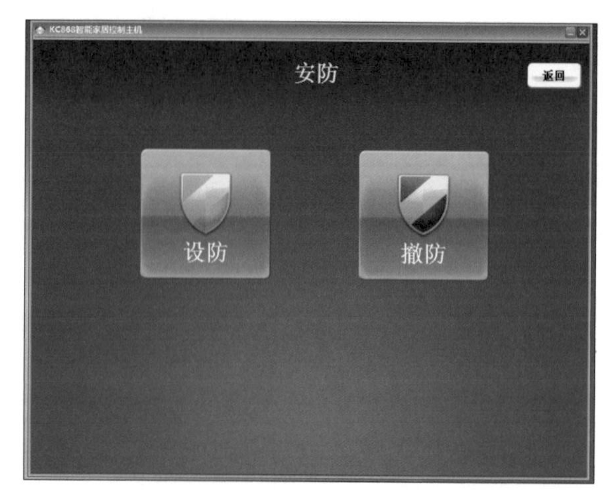

圖 11-16「安防」介面

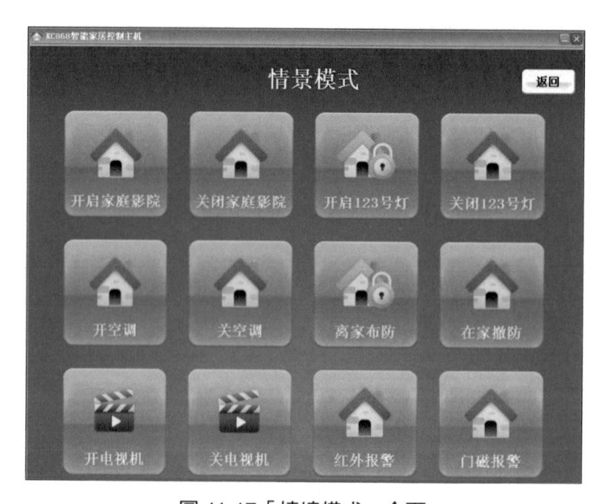

圖 11-17「情境模式」介面

11.2.2 蘋果手機（iPhone）或平板（iPad）控制實戰

目前，智能控制系統已經與蘋果相關產品達成合作，iPad 或 iPhone 用戶可以直接登錄蘋果官網下載智能控制軟體，透過 iStore 或者 PC 端安裝使用，具體應用流程如下所示。

（1）KC868 智能家居控制系統在 iPad 上的應用介面如圖 11-18 ～ 11-22 所示。

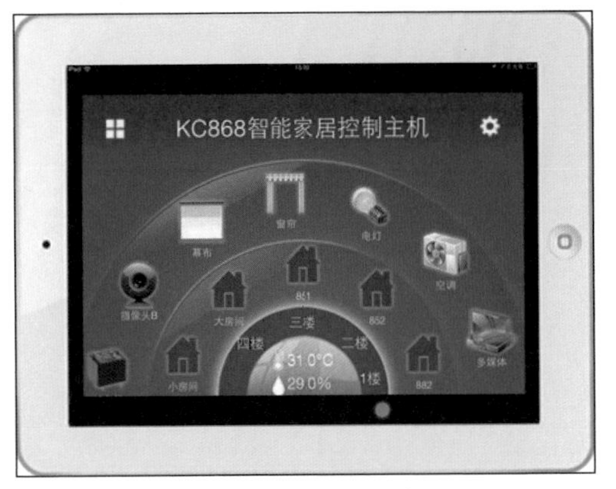

圖 11-18 iPad 控制主介面

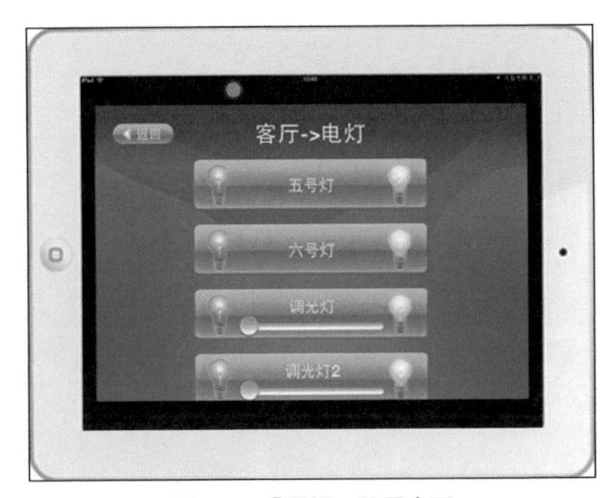

圖 11-19「電燈」設置介面

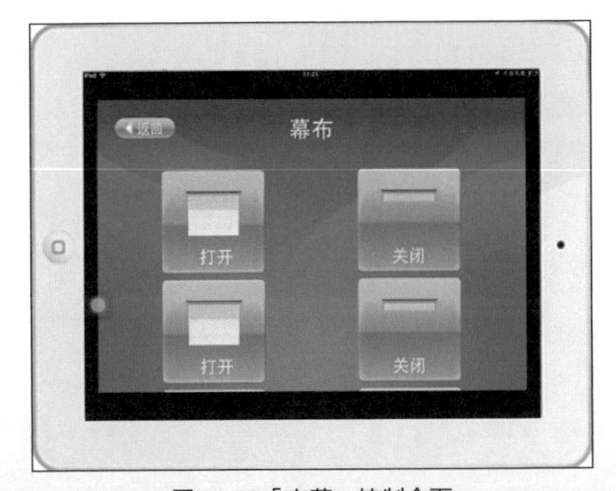

圖 11-20「布幕」控制介面

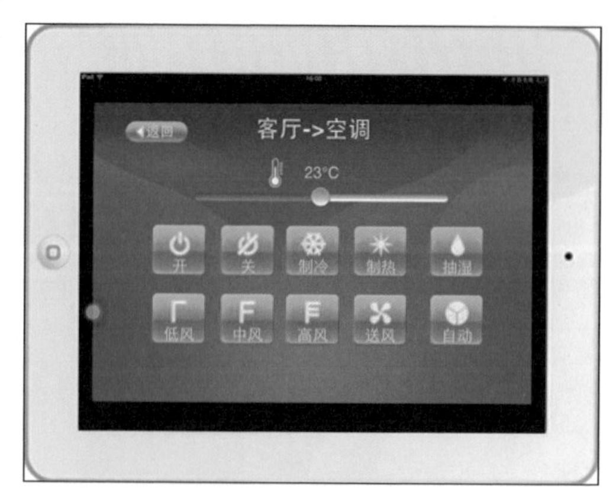

圖 11-21「空調」控制介面

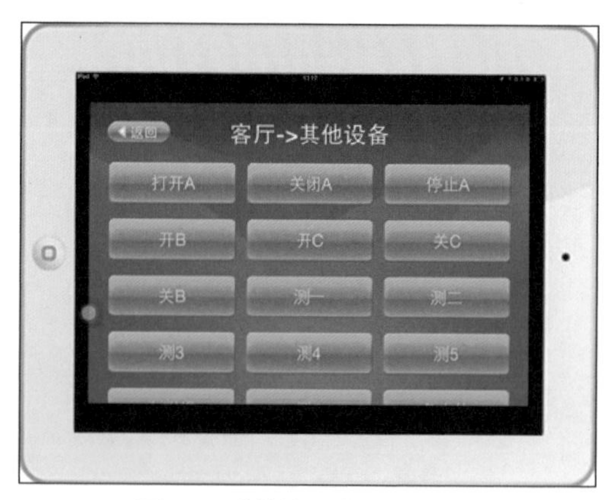

圖 11-22「其他設備」控制介面

（2）KC868智能家居控制系統在iPhone上的應用介面如圖11-23～11-28所示。

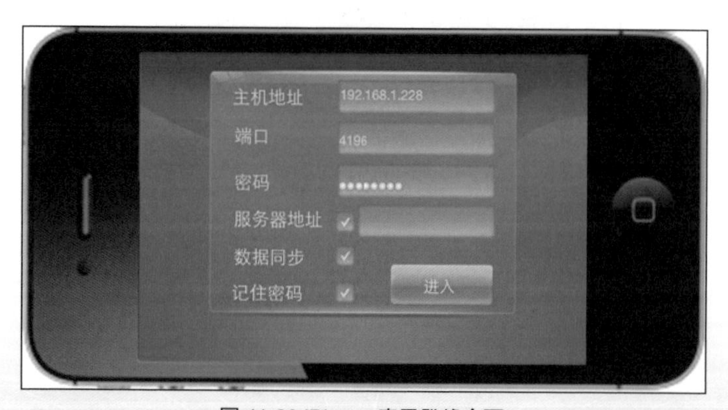

圖 11-23 iPhone 應用登錄介面

圖 11-24 首頁介面

圖 11-25「電燈」控制介面

圖 11-26「電視機」控制介面

圖 11-27 各房間多頁面監控

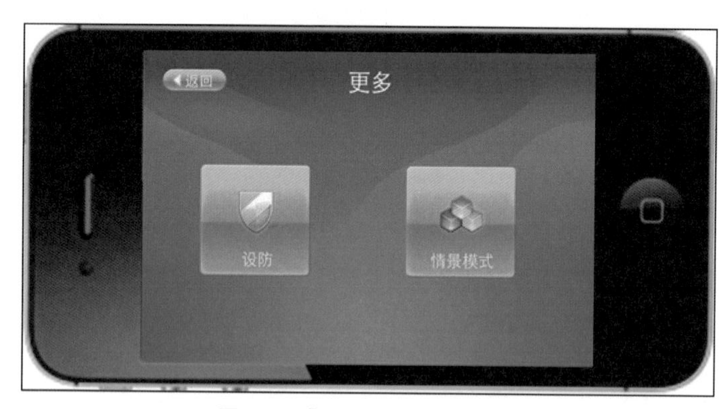

圖 11-28「更多」選項控制介面

11.2.3 安卓（Andriod）手機控制實戰

安卓（Android）系統的用戶，可以透過「91 助手」或「360 手機助手」等軟體進行線上安裝；或是直接在官網下載 APK 軟體安裝軟體，並透過電腦 USB 線進行安裝，具體下載安裝步驟此處不再說明。

軟體安裝完成後，安卓用戶便可在手機上登錄用戶端並進行智能操控了。下面以安卓手機的應用為例進行詳細介紹，應用介面如圖 11-29 ～ 11-33 所示。

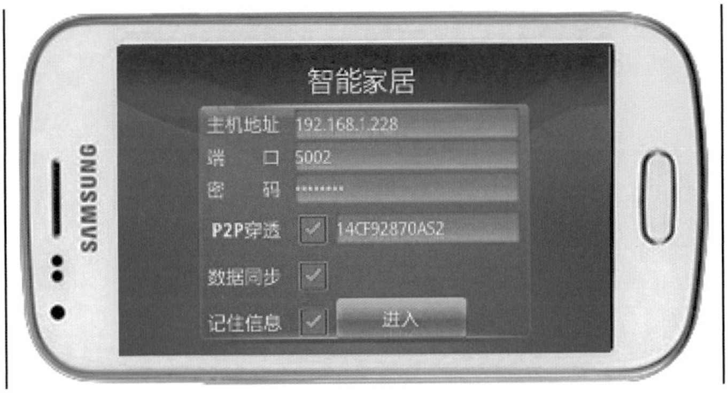

圖 11-29 安卓手機智能家居登錄介面

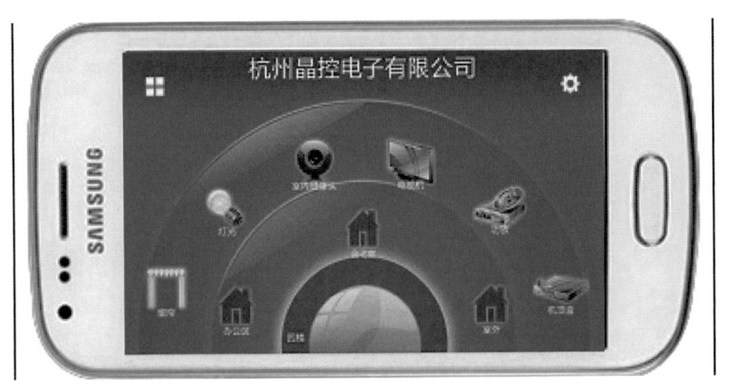

圖 11-30 首頁介面

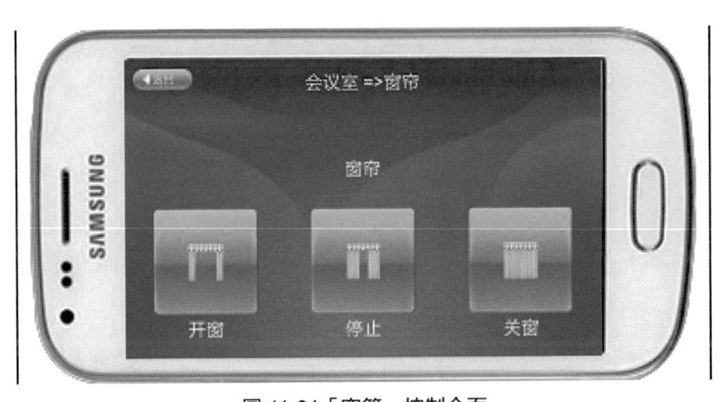

圖 11-31「窗簾」控制介面

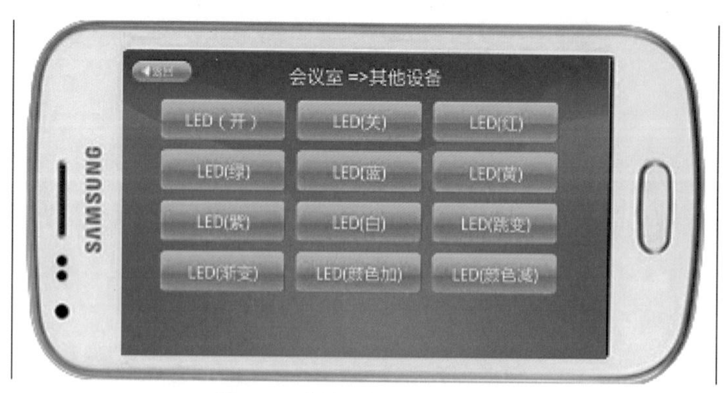

圖 11-32「其他設備」控制介面

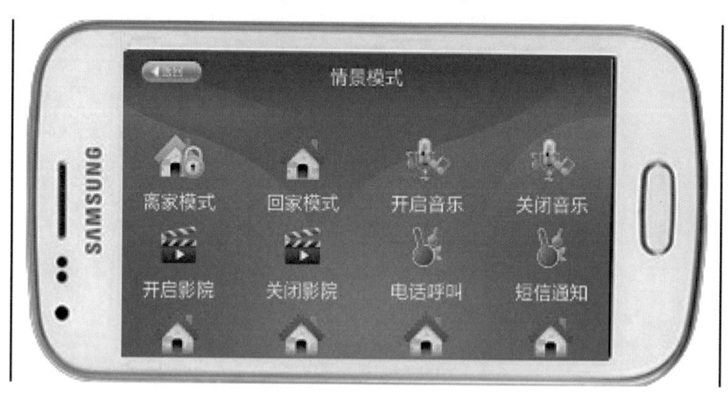

圖 11-33「情境模式」控制介面

• 專家提醒

家庭自動化市場每年都在成長，房子的主人都會希望擁有一個更加「聰明」的房子，所以未來家居的智能化是不可避免的趨勢。

智能家居控制系統—KC868，是史上第一臺打造平民化智能家居的多功能主機，是第一臺由研發、工程、用户共同設計的智能主機，是第一臺完全對用户開放，高度支持 DIY 精神的主機。

KC868 系統安裝簡單方便，軟體介面美觀漂亮，還擁有強大的自助硬體更新工具、超強的控制功能以及遠端網路控制等優點。

產品對照表

頁碼	本書中列舉的中國商品	臺灣同類型商品	國外同類型臺灣可使用商品
P.23	體感遊戲	華碩 Xtion Christmas Limited Edition	Xbox360
P.24	親子 APP	DCS-850L 媽咪愛	國外目前沒有同類型商品
P.26	墨跡天氣空氣果	InFocus airPro 小清新	小米空氣淨化器
P.28	智能電子鍋	臺灣目前沒有同類型商品	Panasonic SR-SX2 電鍋
P.30	小米智能插座	AIFA i-ctrl（艾控 WIFI 智能家電）、In-Snergy Family	BelkinWeMo
P.58	靈犀語音助手 3.0	臺灣目前沒有同類型商品	Google Home
P.58	中國電信悅 me	大大寬頻數位機上盒	Q-Point QP-168 數位機上盒
P.59	海爾阿里電視	臺灣目前沒有同類型商品	LG 49UB850T Ultra HD 4K 3D Smart TV
P.60	QQ 物聯社交平臺	Yahoo、ebay	Facebook、Google
P.62	T3 空氣衛士	大同智慧空氣清淨	飛利浦 Jaguar 頂級淨化空氣機 AC4374
P.63	海爾 U+	Krc 智慧生活 +	
P.69	格力全能王 -U 尊 smart 智能空調	LeOne 智能雲端空調小館家、大同智慧空調	Panasonic ECONAVI 空調
P.83	iRobot 吸塵機器人	Mr.Smart 8S 掃地機	ECOVACS D83 掃地機器人
P.90	三星智能鎖（臺灣可使用）	君茂 PDL-250　智慧電子鎖	GATEMAN 智慧指紋門鎖
P.103	監視器連接手機	智能無線網路攝影機 X8100-MH36	美國看門狗 手機監看型
P.108	紅外探測器	Oplink 雲端監控防盜系統 -C2S6	美國 FLIR 紅外熱成像探測器
P.110	煙霧感測器	智能煙霧警報器 Nest Protect	Kidde i9070 Front Load Battery Powered
P.129	智能插座	EDIMAX 訊舟 SP-2101W 智慧電能管家	BelkinWeMo
P.141	杜亞智能雲電動窗簾	GLYDEA WT 尚飛室內電動窗簾	Hunter Douglas PowerView TW 窗簾智能電動遙控
P.145	溫濕度感測器	In-Snergy Family 雲端智能溫濕度感測器	美國 Eagle Tree 微型溫度感測器
P.157	無線音箱	HANLIN Q-BOX	FUGOO 藍芽無線音箱
P.172	智能電子鍋	大同智慧 AI 電鍋	飛利浦智慧萬用鍋 HD2179
P.177	智能油煙機	多德仕 RH-168DT	摩堤 MULTEE- 移動雙濾網抽油煙機
P.181	手機操作洗碗機	臺灣目前沒有同類型商品	Frigidaire FDW-5003T 智慧洗碗機
P.185	智能微波爐	MD200S 智慧型微波爐	Maytag-MD200S 智慧型微波爐
P.187	手機操作麵包機	臺灣目前沒有同類型商品	柏翠雲智能 PE9500WT
P.189	防抖湯匙	臺灣目前沒有同類型商品	智慧型湯匙 Liftware
P.192	CloudCUP 智能雲杯	臺灣目前沒有同類型商品	YECUP 365 智慧型隨身杯
P.198	智能手環、錶	Fiwatch 智能悠遊運動環錶	Jawbone UP24
P.209	智能感應燈	臺灣阿福自動感光小夜燈	MIGHTY LIGHT 人體感應 LED 小夜燈
P.213	智能相框	臺灣目前沒有同類型商品	Samsung SPF-87H

好書推薦

預見 起飛中的智能穿戴商業契機

ISBN：978-986-5661-94-6

定價：300 元

陳根◎著

如海嘯般的資訊革命，將顛覆人類的生活方式和習慣。由智慧型手機走向智能穿戴時代，以自然的方式融入人體，介入人們的生活。未來的全球經濟將面臨智能穿戴的全新革命與洗禮。讓我們一起建立廣闊的商業視野，實現商業價值。

一本書讀懂移動大數據

ISBN：978-986-5661-90-8

定價：320 元

海天電商金融研究中心◎著

技術 x 知識 x 理論 x 實務，讓數據分析、營銷人員等能多元應用數據，帶領大家精準找到目標群眾！從基本定義到知識面理論，並進一步帶你了解如何運用移動大數據找到目標群眾，做出精準的行銷策略。

【黏貼處】對折後寄回，謝謝。

親愛的讀者：

感謝您購買《一本書讀懂智能家居》一書，為感謝您的支持與愛護，只要填妥本回函，並寄回本社，即可成為三友圖書會員，將定時提供新書資訊及各種優惠給您。

1 您從何處購得本書？
□博客來網路書店 □金石堂網路書店 □誠品網路書店 □其他網路書店
□實體書店______

2 您從何處得知本書？
□廣播媒體 □臉書 □朋友推薦 □博客來網路書店 □金石堂網路書店
□誠品網路書店 □其他網路書店______□實體書店______

3 您購買本書的因素有哪些？(可複選)
□作者 □內容 □圖片 □版面編排 □其他______

4 您覺得本書的封面設計如何？
□非常滿意 □滿意 □普通 □很差 □其他______

5 非常感謝您購買此書，您還對哪些主題有興趣？(可複選)
□中西食譜 □點心烘焙 □飲品類 □瘦身美容 □手作DIY
□養生保健 □兩性關係 □心靈療癒 □小說 □其他______

6 您最常選擇購書的通路是以下哪一個？
□誠品實體書店 □金石堂實體書店 □博客來網路書店 □誠品網路書店
□金石堂網路書店 □PC HOME網路書店 □Costco
□其他網路書店______ □其他實體書店______

7 若本書出版形式為電子書，您的購買意願？
□會購買 □不一定會購買 □視價格考慮是否購買 □不會購買
□其他______

8 您是否有閱讀電子書的習慣？
□有，已習慣看電子書 □偶爾會看 □沒有，不習慣看電子書
□其他______

9 您認為本書尚需改進之處？以及對我們的意見？
____

10 日後若有優惠訊息，您希望我們以何種方式通知您？
□電話 □E-mail □簡訊 □書面宣傳寄送至貴府 □其他______

謝謝您的填寫，
您寶貴的建議是我們進步的動力！

姓名______________ 出生年月日______________
電話______________ E-mail______________
通訊地址____________________________

【黏貼處】對折後寄回，謝謝。

地址：　　縣/市　　鄉/鎮/市/區　　路/街

段　巷　弄　號　樓

廣　告　回　函
台北郵局登記證
台北廣字第2780號

三友圖書有限公司　收

SANYAU PUBLISHING CO., LTD.

106　台北市安和路2段213號4樓